高职高专土木与建筑规划教材

建筑施工组织与管理

杨 静 冯 豪 主 编

清华大学出版社
北京

内 容 简 介

建筑施工组织与管理是研究在市场经济条件下，工程施工阶段统筹规划和实施管理客观规律的一门综合性边缘学科，它需要运用建设法规、组织、技术、经济、合同、信息管理及计算机等各方面的专业知识，实践性很强。

本书适合作为高职高专建筑工程技术专业、工程监理专业、工程管理专业等土建类专业及与土建类相关的桥梁、市政、道路、水利等专业的教学用书，也可作为在职职工的岗前培训教材和成人高校函授、自学教材，还可作为工程技术人员的参考用书。

图书在版编目(CIP)数据

建筑施工组织与管理/杨静，冯豪主编. —北京：清华大学出版社，2020.4(2024.7重印)
高职高专土木与建筑规划教材
ISBN 978-7-302-54757-0

Ⅰ. ①建… Ⅱ. ①杨… ②冯… Ⅲ. ①建筑工程—施工组织—高等职业教育—教材 ②建筑工程—施工管理—高等职业教育—教材 Ⅳ. ①TU7

中国版本图书馆 CIP 数据核字(2020)第 013282 号

责任编辑：石　伟
装帧设计：刘孝琼
责任校对：王明明
责任印制：沈　露

出版发行：清华大学出版社
　　　　网　　址：https://www.tup.com.cn，https://www.wqxuetang.com
　　　　地　　址：北京清华大学学研大厦 A 座　　　　邮　　编：100084
　　　　社 总 机：010-83470000　　　　　　　　　　邮　　购：010-62786544
　　　　投稿与读者服务：010-62776969, c-service@tup.tsinghua.edu.cn
　　　　质量反馈：010-62772015, zhiliang@tup.tsinghua.edu.cn
　　　　课件下载：https://www.tup.com.cn，010-62791865
印 装 者：小森印刷霸州有限公司
经　　销：全国新华书店
开　　本：185mm×260mm　　　印　张：16.75　　　字　数：407千字
版　　次：2020 年 4 月第 1 版　　　　　　　印　次：2024 年 7 月第 7 次印刷
定　　价：49.00 元

产品编号：082657-01

前　言

　　建筑工程施工组织是建筑工程技术专业的一门主要专业必修课，具有较强的综合性和应用性。这门课的理论性和实践性都很强。理论性体现在编制施工组织设计的步骤及方法上，尤其对于编制施工进度计划方法中的流水施工和施工网络计划理论两方面的内容更加重要。

　　本书的研究对象是各种类型的施工项目，研究范围包括施工项目的组织理论、施工方法和实施管理，主要任务是针对各类不同的项目建设特点，结合具体自然环境条件、技术经济条件和现场施工条件，总结工程项目施工组织的基本原则和规律，从系统的观点出发研究施工项目的组织方式、施工方案、施工进度、资源配置、施工平面设计等施工规划设计方法，探讨施工生产过程中的技术、质量、进度、资源、现场、信息等动态管理的控制措施，从而能高效低耗地完成建设项目的施工任务，保证施工项目质量、安全、工期、造价目标的实现。

　　本书共分为 10 章，主要内容包括绪论、建筑施工组织概述、建筑工程流水施工、网络计划技术、施工组织总设计、单位工程施工组织设计、建设工程项目管理概述、建筑施工目标管理、施工合同管理、职业健康安全与环境管理、建筑施工信息管理等。

　　本书的编者结合从事施工项目管理工作的经验和教学体会，吸收了国内外最新的研究成果和工程实践，根据高等职业技术教育培养目标和教学要求，针对高职高专院校建筑工程技术、工程造价、建筑工程管理等相关专业进行编写。本书在编写时对基本理论的讲授以应用为目的，教学内容以必需、够用为度，突出实训、实例教学，力求体现高职高专、应用型本科教育注重职业能力培养的特点，强化实际操作训练，力求使学生学习完本课程后，就可以把知识及理论应用到施工组织与管理中去。

　　为了能更好地丰富学生的学习内容并激发学生的学习兴趣，本书每章均添加了大量针对不同知识点的案例，结合案例和上下文可以帮助学生更好地理解教学内容，同时配有实训工作单，让学生及时达到学以致用的目的。

　　本书与同类书相比具有以下几个显著特点。

　　(1) 新，穿插案例，清晰明了，形式独特。

　　(2) 全，知识点分门别类，包含全面，由浅入深，便于学习。

　　(3) 系统，知识讲解前后呼应，结构清晰，层次分明。

　　(4) 实用，理论和实际相结合，举一反三，学以致用。

　　(5) 赠送：除了必备的电子课件、教案、每章习题答案及模拟测试 AB 试卷外，还相应地配套有大量的讲解音频、动画视频、三维模型、扩展图片等以扫描二维码的形式再次拓展建筑施工组织与管理的相关知识点，力求让初学者在学习时最大化地接受新知识，快速、高效地达到学习目的。

本书由北京建筑大学杨静主编，三亚红树林旅业有限公司冯豪任第二主编，参加编写的还有黄河水利职业技术学院孙玉龙、王斌，中煤邯郸特殊凿井有限公司高利森，广东水利电力职业技术学院张军，三门峡职业技术学院王毅，南水北调中线干线工程建设管理局河南分局李文晖，河南城建学院王小召。其中杨静负责编写绪论、第 2 章、第 3 章，并对全书进行统稿，张军负责编写第 1 章，孙玉龙负责编写第 4 章，王斌负责编写第 5 章，李文晖负责编写第 6 章，王毅与高利森合编第 7 章，冯豪负责编写第 8 章、第 9 章，王小召负责编写第 10 章，在此对在本书编写过程中的全体合作者和帮助者表示衷心的感谢！

本书在编写过程中，得到了许多同行的支持与帮助，在此一并表示感谢。由于编者水平有限，书中难免有疏漏和不妥之处，望广大读者批评指正。

编　者

目 录

教案及试卷答案
获取方式.pdf

建筑施工组织与管理 A 卷.docx

建筑施工组织与管理 B 卷.docx

绪　　论

0.1　建筑施工组织与管理的研究对象

建筑施工组织与管理是研究建筑产品(一个建筑项目或单位工程等)生产过程(即从施工准备、组织施工到竣工验收、回访保修为止的全过程)中生产诸要素(劳动力、材料、机具、资金施工方法等)之间合理组织和系统管理的学科。

建筑施工组织与管理所研究的是生产力的组织问题。因此，建筑施工组织与管理就是针对工程施工的复杂性，探讨与研究建筑施工的全过程，为达到最优效果，寻求最合理的统筹安排与系统管理的客观规律的一门学科。

本学科所涉及的生产力组织问题只是一个具体的建筑产品或生产过程(施工)中的生产诸要素，即直接使用的建筑工人、施工机械和建筑材料与构件等的组织问题。

0.2　建筑施工组织与管理的主要任务

本学科的主要任务在于深入研究国内外施工组织与管理科学的成就，总结我国施工组织与管理实践的规律，从而为建设工程的施工提供良好的组织与管理方案，为社会主义现代化建设服务。具体来讲，就是根据建筑施工的技术经济特点、国家的建设方针政策和法规、业主(建设单位)的计划与要求所提供的条件与环境，对耗用的大量人力、资金、材料、机械以及施工方法等进行合理的安排，协调各种关系，使之在一定的时间和空间内，得以实现有组织、有计划、有秩序的施工，以期使整个工程施工达到相对最优的效果(即进度上耗工少，工期短；质量上精度高，功能好；经济上资金省，成本低)。

在我国，建筑施工组织与管理作为一门学科还很年轻，也还不够完善，但正日益引起广大施工管理者的重视。因为，科学的施工组织与管理可为企业带来直接的、巨大的经济效益。目前，建筑施工组织与管理学科已作为建筑工程专业的必修课程，也是工程项目管理者必备的知识。

学习和研究建筑施工组织与管理，必须具有本专业的基础知识、建筑结构知识和施工技术知识。进行施工的组织与管理工作，即是对专业知识组织管理能力、应变能力等的综合运用。目前，在施工组织与管理中还引入了现代化的计算机技术以及组织方法(即采用立体交叉流水作业等)，以使得在组织施工和工程的进度、质量、安全、成本控制中，达到更

快、更准、更简便的目的。

　　必须指出，施工对象千差万别，需要组织协调的关系错综复杂，不能局限于一种固定不变的管理方法与模式，必须充分掌握施工的特点和规律，从每个环节入手，做到精心组织，科学管理与安排，制定切实可行的施工组织设计，并据此严格控制与管理，全面协调施工中的各种关系，充分利用各种资源以及时间和空间，以取得最佳效果。

第1章　建筑施工组织概述

【教学目标】

(1) 熟悉基本建设项目的分类和组成。
(2) 了解工程基本建设的程序。
(3) 了解建筑产品与建筑施工的特点。
(4) 掌握施工组织设计的定义和内容。

【教学要求】

第1章.pptx

本章要点	掌握层次	相关知识点
基本建设项目	(1) 了解基本建设项目的概念 (2) 掌握基本建设项目的分类 (3) 掌握基本建设项目的组成	(1) 基本建设项目的分类方法 (2) 建设项目的分解
基本建设程序	掌握基本建设的程序	(1) 项目建议书的内容 (2) 可行性研究报告的基本内容 (3) 竣工验收的规程
建筑产品与施工特点	(1) 了解建筑产品的特点 (2) 了解建筑施工的特点	(1) 建筑产品的特点 (2) 建筑施工的特点
施工组织设计	(1) 了解施工组织设计的概念 (2) 掌握施工组织设计的分类 (3) 掌握施工组织设计的编制依据和原则	(1) 施工组织设计的分类方法 (2) 施工组织设计的编制依据 (3) 工程施工组织设计编制的基本原则

【案例导入】

2007 年 5 月 30 日，安徽省合肥市某市政道路排水工程在施工过程中，发生一起边坡坍塌事故，造成 4 人死亡、2 人重伤，直接经济损失约为 160 万元。

该排水工程造价约为 400 万元，沟槽深度约为 7m，上部宽度为 7m，沟底宽度为 1.45m。事发当日在浇筑沟槽混凝土垫层作业中，东侧边坡发生坍塌，将 1 名工人掩埋。正在附近作业的其余几名施工人员立即下到沟槽底部，从南、东、北 3 个方向围成半月形扒土施救，并用挖掘机将塌落的大块土清出，然后用挖掘机斗抵住东侧沟壁，保护沟槽底部的救援人员。经过约半个小时的救援，被埋人员的双腿已露出。此时，挖掘机司机发现沟槽东侧边坡又开始掉土，立即向沟底的人喊叫，沟底的人听到后，立即向南撤离，但仍有 6 人被塌

落的土方掩埋。

根据事故调查和责任认定，对有关责任方作出以下处理：施工单位负责人、项目负责人、监理单位项目总监等 4 名责任人移交司法机关依法追究刑事责任；施工单位董事长、施工带班班长、监理单位法人等 13 名责任人分别受到罚款、吊销执业资格证书、记过等行政处罚；施工、监理等单位受到相应经济处罚。

【问题导入】

基本建设的一系列特点，决定了基本建设工作是一项量大面广、十分复杂和十分细致的工作，需要很强的专业知识和管理水平，稍有失误或疏漏，就有可能造成严重的经济损失。

1.1 基本建设项目

建筑业是我国国民经济的一项支柱产业，担负着当前国家经济发展与工程建设的重大任务。随着社会经济的发展和建筑技术的进步，现代化建筑产品的施工生产已成为一项多工种、多专业的综合而复杂的系统工程。在建筑施工过程中要做到提高工程质量、缩短施工工期、降低工程成本、实现绿色文明施工，就必须运用科学方法进行施工管理，统筹施工全过程。

建筑施工组织.mp4

1.1.1 基本建设

基本建设是一种综合性的宏观经济活动。它横跨于国民经济各部门，包括生产、分配和流通各环节。基本建设是指国民经济各部门为了扩大再生产而进行的增加固定资产的建设工作，也就是指建造、购置和安装固定资产的活动以及与此有关的其他工作。简言之，即是形成新的固定资产的过程。

基本建设是一项极为复杂而又对国家建设和提高人民物质文化生活水平关系密切的工作，能否把这一工作做好，意义甚为重大。其主要内容有建筑工程、安装工程、设备购置、列入建设预算的工具及器具购置、列入建设预算的其他基本建设工作。

1.1.2 基本建设项目的分类

建筑工程是指通过对各类房屋建筑及其附属设施的建造和与其配套的线路、管道、设备的安装活动所形成的工程实体。其中，"房屋建筑"是指有顶盖、梁柱、墙壁、基础以及能够形成内部空间，满足人们生产、居住、学习、公共活动等需要的建筑。基本建设项目可按不同的角度进行分类。

(1) 按照使用性质划分，基本建设项目可分为民用建筑工程、工业建筑工程、构筑物工程及其他建筑工程等。

(2) 按照组成结构划分，基本建设项目可分为地基与基础工程、主体结构工程、建筑

屋面工程、建筑装饰装修工程和室外建筑工程。

(3) 按照空间位置划分,基本建设项目可分为地下工程、地上工程、水下工程、水上工程等。

1.1.3 基本建设项目的组成

基本建设项目简称建设项目,是指有独立计划和总体设计文件,并能按总体设计要求组织施工,工程完工后可以形成独立生产能力或使用功能的工程项目。在工业建设中,一般以拟建的厂矿企业单位为一个建设项目,如一个制药厂、一个客车厂等;在民用建设中,一般以拟建的企事业单位为一个建设项目,如一所学校、一所医院等。

建设项目的规模和复杂程度各不相同。一般情况下,将建设项目按其组成内容从大到小划分为若干个单项工程、单位工程、分部工程和分项工程等项目,如图1-1所示。

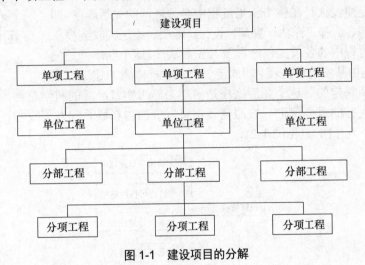

图1-1 建设项目的分解

1. 单项工程

单项工程是指具有独立的设计文件,能够独立地组织施工,竣工后可以独立发挥生产能力和效益的工程,又称为工程项目。一个建设项目可以由一个单项工程组成,也可由若干个单项工程组成。单项工程主要体现了建设项目的主要建设内容,其施工条件往往具有相对的独立性,如一所学校中的教学楼、图书馆和办公楼等。

2. 单位工程

单位工程是指具有单独设计图纸,可以独立施工,但竣工后一般不能独立发挥生产能力和经济效益的工程。一个单项工程通常都由若干个单位工程组成,如一个工厂车间通常由建筑工程、管道安装工程、设备安装工程、电器安装工程等单位工程组成。

3. 分部工程

分部工程是组成单位工程的若干个分部。一般按单位工程的部位、构件性质、使用的材料或设备种类等不同而划分。例如,一幢房屋的土建单位工程,按其部位可以划分为基础、主体屋面和装修等分部工程;按其工种可以划分为土石方工程、砌筑工程、钢筋混凝

土工程、防水工程和抹灰工程等。

4. 分项工程

分项工程是指组成分部工程的若干个施工过程。一般按分部工程的施工方法、使用材料、结构构件的规格等不同因素进行划分。例如，房屋的基础分部工程可划分为基础开挖、混凝土垫层、砌毛石基础和回填土等分项工程。

1.2 工程基本建设程序

工程建设基本程序.docx

把投资转化为固定资产的经济活动，是一种多行业、多部门密切配合的综合性比较强的经济活动，它涉及面广、环节多。因此，建设活动必须有组织、有计划，按顺序进行，这个顺序就是建设程序。

建设程序是建设项目在整个施工过程中必须遵循的先后顺序，即建设项目从设想、选择、评估、决策、设计、施工、竣工验收到投入生产整个建设过程中的各项工作过程及其先后次序。这个顺序不是任意安排的，而是由基本建设进程，即固定资产和生产能力的建造和形成过程的规律所决定的。这个先后次序是多年来施工实践经验的科学总结，是建设项目科学决策和顺利进行的重要保证。按照建设项目发展的内在联系和发展过程，我国项目建设程序划分为以下几个阶段(见图 1-2)。

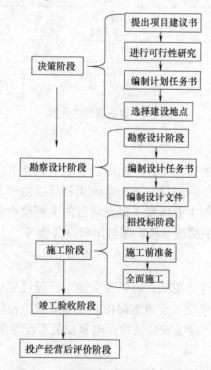

图 1-2　我国项目建设程序的几个阶段

1.2.1 决策阶段

1. 提出项目建议书

项目建议书是由投资者(目前一般是项目主管部门或企、事业单位)对准备建设项目提出的大体轮廓性设想和建议。主要是为确定拟建项目是否有必要建设,是否具备建设的条件,是否需要再做进一步的研究论证工作提供依据。国家规定,项目建议书经批准后,可以进行详细的可行性研究工作,但仍不表明项目非上不可,项目建议书还不是项目的最终决策。

项目建议书的内容,视项目的不同情况而有繁有简。一般应包括以下几个方面。

(1) 建设项目提出的必要性、可行性和依据。

(2) 建设项目的用途、产品方案、拟建规模和建设地点的初步设想。

(3) 项目所需资源情况、建设条件、协作关系等的初步分析。

(4) 投资估算和资金筹措设想。

(5) 项目的进度安排并对项目期限进行预估。

(6) 经济效益、社会效益和环境效益的估计。

编报项目建议书是项目建设最初阶段的工作。其主要作用是为了推荐建设项目,以便在一个确定的地区或部门内,以自然资源和市场预测为基础,选择建设项目。

2. 进行可行性研究

可行性研究是在项目建议书被批准后,对项目在技术上和经济上是否可行所进行的科学分析和论证。其目的是从技术、工程和经济等方面论证建设项目是否适当。国家规定的可行性研究报告的基本内容如下。

音频 .可行性研究报告的内容.mp3

(1) 项目提出的背景和依据。

(2) 建设规模、产品方案、市场预测和确定的依据。

(3) 技术工艺、主要设备、建设标准。

(4) 资源、原材料、燃料供应、动力、运输、供水等协作条件。

(5) 建设地点、平面布置方案、占地面积。

(6) 项目设计方案,协作配套工程。

(7) 环保、防震等要求。

(8) 劳动定员和人员培训。

(9) 建设工期和实施进度。

(10) 投资估算和资金筹措方式。

(11) 经济效益和社会效益。

3. 编制计划任务书

计划任务书又称设计任务书,是确定建设项目和建设方案的基本文件。建设单位根据可行性研究报告的结论和报告中提出的内容来编制计划任务书。计划任务书是对可行性研究最佳方案的确认,是编制设计文件的依据,是可行性研究报告的深化和细化,必须报上级主管部门审核。

4. 选择建设地点

建设地点选择前应征得有关部门的同意，选址时应考虑以下几个方面。

(1) 工程地质、水文地质等自然条件是否可靠。

(2) 建设所需水、电、运输条件是否落实。

(3) 投产所需原材料、燃料是否具备。

(4) 是否满足环保要求。

(5) 项目生产人员的生活条件、生活环境是否安全。

1.2.2 勘察设计阶段

勘察设计是工程建设的重要环节，勘察设计的好坏不仅影响建设工程的投资效益和质量安全，其技术水平和指导思想对城市建设的发展也会产生重大影响。

1. 进行现场勘察

对地形、地貌、地质构造等一系列地质条件进行勘察。同时提供整治不良地质现象的地质资料、危害程度及建议。特别是涉及边坡开挖稳定的评价报告，并有明确的判断、结论和防治方案。

【案例 1-1】在一房地产开发项目中，业主向承包商提供了地质勘查报告，证明地下土质很好。承包商据此设计施工方案，用挖方的余土作通往住宅区道路基础的填方。由于基础开挖施工时正值雨季，开挖后土方潮湿，且易碎，不符合道路填筑要求。承包商不得不将余土外运，另外取土作道路填方材料。对此承包商提出索赔要求。试结合上下文分析勘察工作的重要性。

2. 编制设计任务书

根据批准的项目建议书和可行性研究报告，编制设计任务书。设计任务书是编制设计文件的主要依据，由建设单位组织设计单位编制。设计任务书是编制设计文件的主要依据，由建设单位组织设计单位编制。设计任务书的内容一般包括：建设目的和依据；建设规模；水文地质资料；主要技术指标；抗震方案；完成设计时间；建设工期；投资估算额度；达到的经济效益和社会效益等。

3. 编制设计文件

设计任务书报有关部门批准后，建设单位就可委托设计单位编制设计文件。

设计分阶段进行，对于技术复杂而又缺乏经验的建设项目，分三阶段设计，即初步设计、技术设计和施工图设计。一般建设项目均按两阶段设计，即初步设计和施工图设计。对于技术简单、方案明确的小型建设项目，可采用一阶段设计，即施工图设计。

初步设计阶段编制初步设计总概算，经有关部门批准后，即作为拟建项目工程投资的最高限额。技术设计阶段编制修正设计总概算，经批准后则作为编制施工图设计和施工图预算的依据。施工图设计阶段编制施工图预算，用以核实施工图预算造价是否超过批准的初步设计总概算，超过的话就要调整修正初步设计内容。

【案例1-2】××项目多层复式楼，砌筑工程开始阶段，原精装修方案取消，如按原有砌筑图施工，毛坯交房会有诸多问题，需对原砌筑图修改。因砌筑在施工过程中发生方案重大变更，以及砌筑图修改速度与施工进度不匹配，以致现场工期滞后且发生可避免的签证费用及质量隐患。

设计阶段是工程项目建设过程中的重要阶段，不合理的设计图纸，不仅会造成财产损失，严重的还会危及使用者的人身安全，因此要重视设计阶段。

1.2.3 施工阶段

1. 招投标阶段

施工招标是建设单位将拟建工程的工程内容、建设规模、建设地点、施工条件、质量标准和工期要求等，制作成招标文件，通过报刊或网上平台发布公告，告知有意承包者前来响应，以便吸引有意投标的单位参加竞争。施工单位获知招标信息后，根据设计文件中的各项条件和要求，并结合自身能力，提出愿意承包工程的条件和报价，参加施工投标。建设单位从多个投标的施工单位中，选定施工技术好、经济实力强、管理经验多、报价较合理、信誉好的施工单位承揽招标工程的施工任务。

施工招投标是以施工图预算为基础，承包合同价以中标价为依据确定。施工单位中标后，应与建设单位签订施工承包合同，明确承发包关系。

2. 施工前准备

施工准备阶段的主要内容包括：组建项目法人、征地、拆迁、"三通一平"乃至"七通一平"；组织材料、设备订货；办理建设工程质量监督手续；委托工程监理；准备必要的施工图纸；组织施工招投标，择优选定施工单位；办理施工许可证等。按规定做好施工准备工作，具备开工条件后，建设单位申请开工，进入施工安装阶段。

按规定进行了施工准备并具备了各项开工条件以后，建设单位要求批准新开工建设时，需向主管部门提出申请。项目在报批新开工前，必须由审计机关对项目的有关内容进行审计证明。审计机关主要是对项目的资金来源是否正当、落实项目开工前的各项支出是否符合国家的有关规定，资金是否存入规定的专业银行进行审计。建设单位在向审计机关申请审计时，应提供资金的来源及存入专业银行的凭证、财务计划等有关资料。国家规定，新开工的项目还必须具备按施工顺序需要，至少有 3 个月以上的工程施工图纸；否则不能开工建设。

3. 全面施工

建设工程具备开工条件并取得施工许可证后方可开工。项目新开工时间，按设计文件中规定的任何一项永久性工程第一次正式破土开槽时间而定。不需开槽的以正式打桩作为开工时间。铁路、公路、水库等以开始进行土石方工程作为正式开工时间。

施工阶段是基本建设程序中的关键阶段，是对酝酿决策已久的项目具体付诸实施，使之尽快建成投资发挥效益的关键环节。在这个阶段中建设单位起着至关重要的作用，对工程进度、质量、费用的管理和控制责任重大。

1.2.4 竣工验收阶段

竣工验收是建设项目完成建设目标的重要标志，也是全面检验基本建设成果、检验设计水平和工程质量的重要步骤。只有竣工验收合格的项目，才能转入生产或使用。

当建设项目的建设内容全部完成，而且建设内容满足设计要求，并按有关规定经过了单位工程阶段、专项验收，完成竣工报告、竣工决算等必需文件的编制后，项目法人按建设限度管理规定，向验收主管部门提出申请，验收主管部门按规程组织验收。

1. 竣工验收的范围

根据国家规定，所有建设项目按照上级批准的设计文件所规定的内容和施工图纸的要求全部建成，工业项目经负荷试运转和试生产考核能够生产合格产品，非工业项目符合设计要求并能够正常使用，都要及时组织验收。

2. 竣工验收的依据

按国家现行规定，竣工验收的依据是经过上级审批机关批准的可行性研究报告、初步设计或扩大初步设计(技术设计)、施工图纸和说明、设备技术说明书、招标投标文件和工程承包合同、施工过程中的设计修改签证、现行的施工技术验收标准及规范以及主管部门有关审批、修改、调整文件等。

3. 竣工验收的准备

竣工验收主要有三方面的准备工作：一是整理技术资料，各有关单位(包括设计、施工单位)应将技术资料进行系统整理，由建设单位分类立卷，交生产单位或使用单位统一保管，技术资料主要包括土建方面和安装方面各种有关的文件、合同和试生产的情况报告等；二是绘制竣工图纸，竣工图必须准确、完整、符合归档要求；三是编制竣工决算，建设单位必须及时清理所有财产、物资和未花完或应收回的资金，编制工程竣工决算，分析预(概)算执行情况，考核投资效益，报规定的财政部门审查。

竣工验收必须提供的资料文件。一般非生产项目的验收要提供以下文件资料：项目的审批文件、竣工验收申请报告、工程决算报告、工程质量检查报告、工程质量评估报告、工程质量监督报告、工程竣工财务决算批复、工程竣工审计报告以及其他需要提供的资料。

4. 竣工验收的程序和组织

按国家现行规定，建设项目的验收根据项目的规模大小和复杂程度可分为初步验收和竣工验收两个阶段进行。规模较大、较复杂的建设项目应先进行初步验收，然后进行全部建设项目的竣工验收；规模较小、较简单的项目，可以一次进行全部项目的竣工验收。

建设项目全部完成，经过各单项工程的验收，符合设计要求，并具备竣工图表、竣工决算、工程总结等必要文件资料，由项目主管部门或建设单位向负责验收的单位提出竣工验收申请报告。竣工验收的组织要根据建设项目的重要性、规模大小和隶属关系而定，大中型和限额以上基本建设和技术改造项目，由国家发展和改革委员会或由国家发展和改革委员会委托项目主管部门、地方政府部门组织验收，小型项目和限额以下基本建设和技术改造项目由项目主管部门和地方政府部门组织验收。竣工验收要根据工程的规模大小和复杂程度组成验收委员会或验收组。验收委员会或验收组负责审查工程建设的各个环节，听取各有关单位的工作总结汇报，审阅工程档案并实地查验建筑工程和设备安装，并对工程设计、施工和设备质量等方面作出全面评价。不合格的工程不予验收；对遗留问题提出具体解决意见，限期落实完成。最后经验收委员会或验收组一致通过，形成验收鉴定意见书。验收鉴定意见书由验收会议的组织单位印发，各有关单位执行。

生产性项目的验收根据行业不同又有不同的规定。工业、农业、林业、水利及其他特殊行业，要按照国家相关的法律、法规及规定执行。上述程序只是反映项目建设共同的规律性程序，不可能反映各行业的差异性。因此，在建设实践中，还要结合行业项目的特点和条件，有效地去贯彻执行基本建设程序。

1.2.5 投产经营后评价

投产经营后评价这一阶段主要是为了总结项目建设成功或失误的经验教训，供以后项目决策时借鉴；同时，也可为决策和建设中的各种失误找出原因，明确责任；还可对项目投入生产或使用后还存在的问题提出解决办法，弥补项目决策和建设中的缺陷。

1.3 建筑产品与建筑施工的特点

1.3.1 建筑产品的特点

1. 建筑产品的固定性

建筑产品都是在选定的地点上建造和使用的，它在建造过程中直接与地基基础相连，从建造开始直至拆除一般均不能移动。因此，只能在建造地点固定地使用，而无法移动。所以，建筑产品的建造和使用地点在空间上是固定的。

2. 建筑产品的多样性

建筑产品不但要满足各种使用功能的要求，而且还要体现出各地区的民族风格、物质文明和精神文明，同时也受到各地区的自然条件等诸因素的限制，使建筑产品在建设规模、结构类型、构造型式、基础设计和装饰风格等诸方面变化繁杂，各不相同。即使是同一类型的建筑产品，也因所在地点、环境条件不同而建造出类型多样的建筑产品。

建筑产品.docx

3. 建筑产品体形庞大

建筑产品与一般工业产品相比，建造时需要消耗大量的物质资源。无论是复杂的建筑产品还是简单的建筑产品，为了满足其使用功能的需要，都需要使用大量的物质资源，占据广阔的平面与空间，因而体形庞大。

4. 建筑产品的综合性

建筑产品是一个完整的实物体系，它不仅综合了土建工程的艺术风格、建筑功能、结构

构造、装饰做法等多方面的技术成就，而且也综合了工艺设备、采暖通风、供水供电、卫生设备、安全监控、通信网络等各类设备的先进水平，从而使建筑产品变得更加错综复杂。

【案例 1-3】2009 年 6 月 27 日清晨 5 时 35 分，上海闵行区梅陇镇"莲花河畔景苑"一栋在建的 13 层楼倒塌。倒塌的 7 号楼整体向南倾倒，倒塌后，其整体结构基本没有遭到破坏，甚至其中玻璃都完好无损，大楼底部的桩基则基本完全断裂。网友戏称为"楼脆脆"。请结合上下文分析发生这种情况与建筑产品的哪个特点有关。

1.3.2 建筑施工的特点

建筑施工的特点主要由建筑产品的特点所决定。和其他工业产品相比较，建筑产品具有体积庞大、复杂多样、整体难分、不易移动等特点，从而使建筑施工除了具有一般工业生产的基本特性外，还具有下述主要特点。

1. 生产的流动性

一是施工机构随着建筑物或构筑物坐落位置变化而整个地转移生产地点；二是在一个工程的施工过程中施工人员和各种机械、电气设备随着施工部位的不同而沿着施工对象上下左右流动，不断转移操作场所。

2. 产品的形式多样

建筑物因其所处的自然条件和用途的不同，工程的结构、造型和材料也不同，施工方法必将随之变化，很难实现标准化。

3. 施工技术复杂

建筑施工常需要根据建筑结构情况进行多工种配合作业，多单位(土石方、土建、吊装、安装、运输等)交叉配合施工，所用的物资和设备种类繁多，因而施工组织和施工技术管理的要求较高。

4. 露天和高处作业多

建筑产品的体形庞大、生产周期长，施工多在露天和高处进行，常常受到自然气候条件的影响。

5. 机械化程度低

目前我国建筑施工机械化程度还很低，仍要依靠大量的手工操作。

1.4　施工组织设计

施工组织是施工管理的重要组成部分，对统筹建筑施工全过程、优化建筑施工管理及推动建筑施工企业技术进步具有核心作用。建筑施工组织是针对不同工程施工的复杂程度来研究工程建设的统筹安排与系统管理的客观规律。它是以一定的生产关系为前提，以施工技术为基础，着重研究一个或几个建筑产品(建设项目或单位工程)生产过程中各生产要素之间合理的组织问题。

1.4.1 施工组织设计的概念

1. 施工组织设计的含义

施工组织设计是以施工项目为对象编制的,用以指导施工的技术、经济和管理的综合性文件。施工组织设计是一项特殊的技术工作,它不同于指导施工的实施性施工组织设计,有其特定的规律和基本要求。

建筑工程施工组织设计是规划和指导拟建工程从施工准备到竣工验收全过程的综合性技术经济文件。由于受建筑产品及其施工特点的影响,每个工程项目开工前必须根据工程特点与施工条件编制施工组织设计。

音频.施工组织内容.mp3

2. 编制施工组织设计的必要性

编制施工组织设计,有利于反映客观实际,符合建筑产品及施工特点要求,也是由建筑施工在工程建设中的地位决定的,更是建筑施工企业经营管理程序的需要。因此,编好并贯彻好施工组织设计,就可以保证拟建工程施工的顺利进行,取得好、快、省和安全的施工效果。

3. 施工组织设计的作用

施工组织设计就是对拟建工程的施工提出全面的规划、部署、组织、计划的一种技术经济文件,作为施工准备和指导施工的依据。它在每项工程中都具有重要的规划作用、组织作用、指导作用,具体表现在以下几个方面。

(1) 施工组织设计是对拟建工程施工全过程合理安排,实行科学管理的重要手段和措施。

(2) 施工组织设计是统筹安排施工企业投入与产出过程的关键和依据。

(3) 施工组织设计是协调施工中各种关系的依据。

(4) 施工组织设计为施工的准备工作、工程的招投标以及有关建设工作的决策提供依据。

通过编制施工组织设计,可以全面考虑拟建工程的具体施工条件、施工方案、技术经济指标。在人力和物力、时间和空间、技术和组织上,做出一个全面而合理且符合好、快、省、安全要求的计划安排,为施工的顺利进行做充分的准备,预防和避免工程事故的发生,为施工单位切实地实施进度计划提供坚实可靠的基础。根据以往工程实践经验,合理地编制施工组织设计,能准确反映施工现场实际,节约各种资源,在满足建设法规规范和建设单位要求的前提下,有效地提高施工企业的经济效益。

4. 施工组织设计的任务

施工组织设计的任务是对具体的拟建工程(建筑群或单个建筑物)的施工准备工作和整个施工过程,在人力和物力、时间和空间、技术和组织上,做出一个全面、合理且符合好、快、省、安全要求的计划安排。

【案例1-4】某市政道路施工工期紧张，为了全面响应和贯彻实施招标文件中的各项目标和要求，现场施工队将结合现场实际做出全面而细致的施工策划与部署，根据整体到局部、由简至繁、由浅入深的方法，逐步深化本工程的建设流程。为保证本道路工程施工的顺利进行和施工质量，本着最大限度地降低施工难度、施工干扰以及最高限度地加大对工期的保障，计划对整个标段采用分区域、分阶段进行施工布置，相互穿插、协调各子项工程同时展开施工。试结合本书内容说明该如何进行总体部署。

1.4.2 施工组织设计的分类

1. 按编制目的不同分类

1) 投标性施工组织设计

投标性施工组织设计是指在投标前，由企业有关职能部门(如总工办)负责牵头编制，在投标阶段以招标文件为依据，为满足投标书和签订施工合同的需要编制的施工组织设计。

2) 实施性施工组织设计

实施性施工组织设计是指在中标后施工前，由项目经理(或项目技术负责人)负责牵头编制，在实施阶段以施工合同和中标施工组织设计为依据，为满足施工准备和施工需要编制的施工组织设计。

2. 按编制对象范围不同分类

1) 施工组织总设计

施工组织总设计是以整个建设项目或群体工程为对象，规划其施工全过程各项活动的技术、经济的全局性、指导性文件，是整个建设项目施工的战略部署，内容比较概括。

施工组织总设计一般是在初步设计或扩大设计批准之后，由总承包单位的总工程师负责，会同建设、设计和分包单位的总工程师共同编制。对整个项目的施工过程起统筹规划、重点突出的作用。

2) 单位(单项)工程施工组织设计

单位(单项)工程施工组织设计是以单位(单项)工程为对象编制的，是用以直接指导单位(单项)工程施工全过程各项活动的技术经济的局部性、指导性文件，是施工组织总设计的具体化，具体地安排人力、物力和实施工程，是施工单位编制月旬作业计划的基础性文件，是拟建工程施工的战术安排。

单位(单项)工程施工组织设计是在施工图设计完成后，以施工图为依据，由工程项目的项目经理或主管工程师负责编制的。

3) 分部(分项)工程施工组织设计

分部(分项)工程施工组织设计一般针对工程规模大、特别重要的、技术复杂、施工难度大的建筑物或构筑物，或采用新工艺、新技术的施工部分，或冬雨季施工等为对象编制，是专门的、更为详细的专业工程设计文件。

分部(分项)工程施工组织设计是在编制单位(单项)工程施工组织设计之后，由单位工程的技术人员负责编制。其设计应突出作业性。要注意施工组织总设计、单位(单项)工程施工组织设计、分部(分项)工程施工组织设计三者的联系和区别。

1.4.3 施工组织设计的编制依据和原则

1. 施工组织设计的编制依据

施工组织设计的编制依据主要包括以下内容。

(1) 与工程建设有关的法律、法规和文件。

(2) 国家现行有关标准和技术经济指标。

(3) 工程所在地区行政主管部门的批准文件,建设单位对施工的要求。

音频.施工组织设计的
编制依据.mp3

(4) 工程施工合同或招标投标文件。

(5) 工程设计文件。

(6) 工程施工范围内的现场条件,工程地质及水文地质、气象等自然条件。

(7) 与工程有关的资源供应情况。

(8) 施工企业的生产能力、机具设备状况、技术水平等。

前 6 个一般为具有法律效应的法规、规范和文件,后两个与企业的技术标准、工法、生产管理制度、规定等有关。

但由于施工组织设计的类型不同,具体到不同的施工组织设计文件的编制,其依据略有不同。

施工组织总设计的编制依据主要有:计划文件;设计文件;合同文件;建设地区基础资料;有关的标准、规范和法律;类似建设工程项目的资料和经验。

单位工程施工组织设计的编制依据主要有:建设单位的意图和要求,如工期、质量、预算要求等;工程的施工图纸及标准图;施工组织总设计对本单位工程的工期、质量和成本的控制要求;资源配置情况;建筑环境、场地条件及地质、气象资料,如工程地质勘测报告、地形图和测量控制等;有关的标准、规范和法律;有关技术新成果和类似建设工程项目的资料和经验。

2. 施工组织设计的编制原则

工程施工组织设计编制的基本原则有以下几个方面。

(1) 认真贯彻国家对工程建设的各项方针和政策,严格执行工程建设程序。建设程序是指建设项目从决策、设计、施工到竣工验收整个建设过程的各个阶段及其先后顺序。各个阶段有着不容分割的联系,但不同阶段有不同的内容,既不能相互替代又不能颠倒或跳跃。

(2) 保证重点,统筹安排,遵守招标文件的规定与投标书的承诺。

(3) 遵循建筑施工工艺及其技术规律,坚持合理的施工程序和顺序。施工顺序的科学、合理能使施工过程在时间、空间上得到合理的安排,坚持合理的施工顺序主要是指要符合"先地下后地上,先主体后围护,先结构后装修,先土建后水电"的原则。

(4) 采用流水施工方法、工程网络计划技术和其他现代管理方法,组织有节奏、均衡和连续的施工。科学地安排施工进度计划,保证人力、物力充分发挥作用。

(5) 科学地安排冬季和雨季施工项目,保证全年施工的均衡性和连续性。为了确保全年连续施工,在组织施工时应充分了解当地的气象条件和水文地质条件,尽量避免把土方

工程、地下工程、水下工程安排在雨季施工；避免把混凝土工程安排在冬季施工；对于那些必须在冬雨季施工的项目，则应采取相应的技术措施，保证施工的安全性及连续性。

(6) 充分利用现有施工机械和设备，扩大机械施工范围，提高施工机械化使用率；不断改善劳动条件，提高劳动生产率。

(7) 尽量利用先进施工技术，科学地确定施工方案。先进的施工技术是提高生产率、改善工程质量、加快施工进度、降低工程成本的主要途径。在选择施工方案时，要积极采用新材料、新设备、新工艺和新技术，使技术的先进性与经济性相结合，同时还要符合国家现行施工及验收标准，确保工程质量。

(8) 科学地规划施工平面图，减少施工用地，确保不对周边环境破坏；合理储存建设物资，减少物资运输量。

(9) 做好现场文明施工和环境保护工作。

(10) 严格控制工程质量，确保安全施工，努力缩短工期，不断降低工程成本。

1.4.4　施工组织设计的审批和动态管理

1. 施工组织设计的审批

(1) 施工组织设计应由项目负责人主持编制，可根据需要分阶段编制和审批。

(2) 施工组织总设计应由总承包单位技术负责人审批；单位工程施工组织设计应由施工单位技术负责人或技术负责人授权的技术人员审批，施工方案应由项目技术负责人审批；重点、难点分部(分项)工程和专项工程施工方案应由施工单位技术部门组织相关专家评审，施工单位技术负责人批准。

(3) 由专业承包单位施工的分部(分项)工程或专项工程的施工方案，应由专业承包单位技术负责人或技术负责人授权的技术人员审批；有总承包单位时，应由总承包单位项目技术负责人核准备案。

(4) 规模较大的分部(分项)工程和专项工程的施工方案应按单位工程施工组织设计进行编制和审批。

2. 建筑施工组织设计的动态管理

(1) 项目施工过程中，出现工程设计有重大修改；有关法律、法规、规范和标准实施、修订和废止；主要施工方法有重大调整；主要施工资源配置有重大调整；施工环境有重大改变等情况时，施工组织设计应及时进行修改或补充。

(2) 经修改或补充的施工组织设计应重新审批后实施。

(3) 项目施工前应进行施工组织设计逐级交底；项目施工过程中，应对施工组织设计的执行情况进行检查、分析并适时调整。

1.5　组织施工的原则

根据我国建筑业几十年来积累的经验和教训，总结出在组织工程项目施工时应遵循以下几项基本原则。

1. 认真执行基本建设程序

基本建设程序是建设项目从设想、选择、评估、决策、设计、施工到竣工验收、投入生产或交付使用的整个建设过程中各项工作必须遵守的先后顺序，是项目建设客观规律的正确反映。如果违背了基本建设程序，就会给施工带来混乱，造成时间上的浪费、资源上的损失，甚至无法保证工程质量。因此，施工中必须认真执行基本建设程序。

2. 合理安排施工顺序的原则

施工顺序的科学、合理，能够使施工过程在时间、空间上得到最优统筹安排，尽管施工顺序随工程性质、施工条件不同而有所变化，但是在安排施工顺序时一般遵循下列原则：先地下，后地上；先主体，后围护；先结构，后装修；先土建，后设备(对于特殊、大型设备，要合理安排土建和设备之间的先后顺序)。

安排施工计划时，适当安排冬、雨季施工项目，组织全年生产，提高施工的连续性和均衡性。即在保证重点项目的同时，可以将一些辅助项目或者受气候影响较小的项目安排在冬、雨季。

施工顺序不是固定不变的，随着不同的技术措施，可以采用不同的施工顺序。总之，在保证质量的前提下，尽量做到施工的连续性、均衡性、紧凑性，充分利用时间、空间上的优势发挥其最大效益是追求的目标。

3. 采用流水施工和网络计划技术

在编制施工进度计划时，从实际出发，采用网络计划技术和流水施工方法安排进度计划，以保证施工连续、均衡、有节奏地进行，合理地使用人力、物力、财力，做好人力、物力的综合平衡，做到多、快、好、省、安全地完成施工任务。

4. 提高建筑施工的工业化程度

应根据地区条件和作业性质，通过技术经济比较，恰当地安排某些施工内容工业化生产，充分利用现有的机械设备，以发挥其最高的机械效率，努力提高建筑工程施工的工业化程度。

5. 采用先进施工技术和科学管理方法

先进的科学技术是提高劳动生产率、加快施工速度、降低工程成本、提高工程质量的重要方法和手段。产品工业化生产是先进科学技术在土木工程施工中的一种体现，是工程工业现代化的发展方向。

在选择施工方案时，要积极采用新材料、新工艺、新技术；注意结合工程特点和现场条件，使技术的先进适用性和经济合理性相结合，防止单纯追求技术的先进而忽视经济效益的做法。

6. 科学布置施工平面图

施工平面图是布置施工现场的基本依据，是实现有组织、有计划、顺利进行施工的重要条件，也是施工现场文明施工的重要保证。

施工平面图应严格按照平面图设计原则和步骤，根据拟建工程具体情况科学布置。布

置时需要考虑的因素有：尽可能减少材料的二次搬运；需要垂直运输的材料、构件尽可能堆放在垂直运输机械的服务范围之内；生活性临时设施和生产性临时设施应划分区域等。

7. 质量第一、重视施工安全

施工过程中要严格按设计要求组织施工，严格执行施工验收规范、操作规程和质量检验评定标准，从各方面制订保证质量的措施，预防和控制影响工程质量的各种因素。

要贯彻"安全为了生产，生产必须安全"的方针，建立健全各项安全管理制度，制订确保安全施工的措施，做到预防为主，并在施工过程中经常进行检查和监督，发现问题要及时提出整改措施，消除安全隐患，确保安全生产。

8. 有效降低施工成本、提高经济效益

要贯彻勤俭节约的原则，因地制宜，就地取材；充分利用已有的设施、设备，提高机械设备利用率，制订节约能源和材料的措施，合理安排人力、物力，做好综合平衡调度，提高经济效益。

9. 正确处理施工与环保的关系

环境保护是我国的一项基本国策。各施工企业应按照国家和地方法律、法规的要求，采取措施控制施工现场的粉尘、废气、固体废弃物以及噪声、振动等对环境的污染和危害，并且注意对资源的节约，做到既要保证工程顺利施工，又要保护和改善施工现场的环境。

能力训练 现场教学：施工组织实地调研

1. 目的

组织学生到施工现场，了解实际工程施工中施工组织设计到底发挥怎样的意义与作用，为学生今后学习确立目标与方向，激发其学习本课程的积极主动性。

2. 内容与要求

1） 现场教学内容

(1) 选择现场教学基地，进行工程实际施工情况的分析，提出需要解决的问题(例如材料、构件、各种加工棚、临时设施怎样在现场布置比较合理；各个施工过程什么时候开工、完工、用多少个施工人员来砌筑墙体等)。

(2) 了解现场施工准备工作包括哪些内容，各个阶段准备工作的侧重点。

(3) 使施工组织设计的抽象概念在施工现场具体化。

2） 现场教学要求

(1) 所有学生应对现场仔细观察，提出问题，进一步明确本课程研究的对象与任务。

(2) 记录现场的各项实际施工准备工作，与教材中介绍的施工准备工作进行对照。

(3) 汇总全班同学提出的问题，请同学做出回答，教师点评。

3. 组织方法

如果条件允许，可以组织学生到施工现场进行了解，明确学习本门课程的意义、要求，同时对施工现场准备工作有直观的认识。

时间安排：1天。

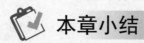 本章小结

本章简单介绍了基本建设项目的相关概念、工程基本建设程序、建筑产品与建筑施工的特点及施工组织设计的相关概念等内容，通过这些内容的学习，让学生对建筑工程的相关知识有个大概的了解，为以后章节内容的学习打下基础。

 实训练习

1. 单选题

(1) 建设项目的管理主体是( )。

    A. 建设单位　　　B. 设计单位　　　C. 监理单位　　　D. 施工单位

(2) 施工项目的管理主体是( )。

    A. 建设单位　　　B. 设计单位　　　C. 监理单位　　　D. 施工单位

(3) 具有独立的施工条件，并能形成独立使用功能的建筑物及构筑物称为( )。

    A. 单项工程　　　B. 单位工程　　　C. 分部工程　　　D. 分项工程

(4) 一个学校的教学楼的建设属于( )。

    A. 单项工程　　　B. 单位工程　　　C. 分部工程　　　D. 分项工程

(5) 施工准备工作基本完成后，具备了开工条件，应由( )向有关部门交出开工报告。

    A. 施工单位　　　B. 设计单位　　　C. 建设单位　　　D. 监理单位

(6) 以一个施工项目为编制对象，用以指导整个施工项目全过程的各项施工活动的技术、经济和组织的综合性文件叫( )。

    A. 施工组织总设计　　　　　　　B. 单位工程施工组织设计

    C. 分部分项工程施工组织设计　　D. 专项施工组织设计

2. 多选题

(1) 建筑产品的特点是( )。

    A. 固定性　　　　　B. 流动性　　　　　C. 多样性

    D. 综合性　　　　　E. 单件性

(2) 建筑施工准备包括( )。

    A. 工程地质勘查　　　　　　　B. 完成施工用水、电、通信及道路等工程

    C. 征地、拆迁和场地平整　　　D. 劳动定员及培训

    E. 组织设备和材料订货

(3) 建设项目投资决策阶段的主要工作是( )。

    A. 可行性研究　　　B. 估算和立项　　　C. 设计准备

    D. 选择建设地点　　E. 经济分析

(4) 建筑施工的特点是( )。

A. 流动性　　　　B. 庞大性　　　　C. 单件性

D. 多样性　　　　E. 复杂性

3. 简答题

(1) 基本建设项目可以分为哪几类？

(2) 简述基本建设项目的组成。

(3) 工程基本建设的程序有哪些？

(4) 简述建筑产品及建筑施工的特点。

第 1 章习题答案.doc

实训工作单

班级		姓名		日期	
教学项目		建筑施工组织概述			
任务	了解建筑施工组织的基本流程和概念		要求	文献、资料、实际施工组织设计，参考、学习总结	
相关知识			建筑施工组织基本知识		
其他要求					

学习总结记录

评语			指导教师	

第2章　建筑工程流水施工

【教学目标】

(1) 了解组织施工方式中的平行施工和依次施工的概念和特点。

(2) 掌握流水施工的基本概念、分类、具体的组织方式。

(3) 熟悉流水施工的主要参数。

【教学要求】

第2章.pptx

本章要点	掌握层次	相关知识点
建筑流水施工概述	(1) 了解建筑流水施工的含义 (2) 掌握建筑流水施工的表达方式 (3) 了解建筑流水施工的分类	(1) 横道图、斜线图、网络图 (2) 建筑流水施工的分类方法 (3) 流水施工的条件
流水施工参数	(1) 掌握工艺参数 (2) 掌握空间参数 (3) 掌握时间参数	(1) 施工过程数 n (2) 划分施工段的原则 (3) 流水节拍的计算
流水施工的组织方式	(1) 掌握等节奏流水施工 (2) 了解异节奏流水施工 (3) 了解无节奏流水施工	(1) 计算流水施工工期 (2) 等步距异节拍流水施工 (3) 组织施工步骤

【案例导入】

　　现有 3 幢同类型房屋基础进行施工，按一幢为一个施工段。已知每幢房屋基础都可以分为土方开挖、垫层、砖基础、回填土四个部分。各部分所花时间分别为 4 周、1 周、3 周、2 周，土方开挖施工班组的人数为 10 人，垫层施工班组的人数为 15 人，砖基础施工班组人数为 10 人，回填土施工班组人数为 5 人。

【问题导入】

　　请结合本章内容，分别采用依次、平行、流水的施工方式组织施工，并分析各种施工方式的特点。

2.1 建筑流水施工概述

流水施工来源于工业生产的"流水作业"，在工程建设中，流水作业是组织施工时广泛运用的一种科学有效的方法。流水作业能使工程连续、均衡施工，使工地的各种业务组织安排比较合理，可以为文明施工创造条件，同时，可以降低工程成本和提高经济效益，也是施工组织设计中编制施工进度计划、劳动力调配、提高建筑施工组织与管理水平的理论基础。

建筑工程流水施工.mp4

2.1.1 建筑流水施工的含义

流水施工是工程项目组织实施的一种管理形式，它是由固定组织的工人在若干个工作性质相同的施工环境中依次连续地工作的一种施工组织方法。在工程施工中，可以采用依次施工方式(也称为顺序施工方式)、平行施工方式和流水施工方式等方式组织施工。对于相同的施工对象，当采用不同的作业组织方法时，其效果也各不相同。

建筑施工流水作业与一般工业生产的组织方式有所不同，它有自身的特点，具体如下。

(1) 产品固定。

(2) 施工人员同所使用的机械设备一起流动。

2.1.2 建筑流水施工的表达方式

在实际工程施工中，一般用横道图、斜线图和网络图来表达施工的进度计划。

1. 横道图

横道图是以施工过程的名称和顺序为纵坐标、以时间为横坐标而绘制的一系列分段上下相错的水平线段，用来分别表示各施工过程在各个施工段上工作的起止时间和先后顺序的图形，如图 2-1 所示。

流水施工图.docx

2. 斜线图

斜线图是以施工段及其施工顺序为纵坐标、以时间为横坐标绘制而成的斜线图形。用斜线图绘制的施工进度计划如图 2-2 所示。斜线图的最大缺点是实际工程施工中同时开始施工并同时完工的若干个不同施工过程，在斜线图上只能用一条斜线表示，不能直观地看出一条斜线代表多少个施工过程，同时，无法绘制劳动力或其他资源消耗动态曲线图，为指导施工带来了极大的不便。因此，在实际工程施工中很少采用斜线图。

3. 网络图

网络图是由一系列的圆圈节点和箭线组合而成的网状图形，用来表示各施工过程或施工段上各项工作的先后顺序和相互依赖、相互制约的关系。

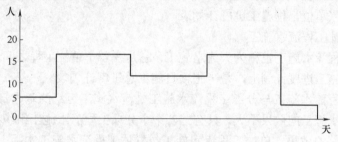

施工过程	施工队人数/人	进度计划 /d							
		1	2	3	4	5	6	7	8
挖土	5	①	②	③					
砌基础	10			①	②		③		
回填土	5						①	②	③

图 2-1　施工进度计划横道图(水平图)

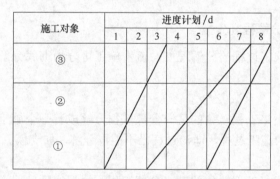

施工对象	进度计划 /d							
	1	2	3	4	5	6	7	8
③								
②								
①								

图 2-2　施工进度计划斜线图(垂直图)

2.1.3　建筑流水施工的分类

1. 按流水施工的组织范围分类

根据流水施工组织的范围不同,流水施工可分为分项工程流水施工、分部工程流水施工、单位工程流水施工和群体工程流水施工等。

音频.建筑流水施工的分类.mp3

1)　分项工程流水施工

分项工程流水施工也称为细部流水施工,它是在一个专业工程内部组织起来的流水施工。在项目施工进度计划表上,它由一组标有施工段或工作队编号的水平进度指示线段表示,如安装塑钢窗户的流水组织情况。分项工程是组织流水施工中范围最小的流水施工。

2) 分部工程流水施工

分部工程流水施工也称为专业流水施工，它是在一个分部工程内部、各分项工程之间组织起来的流水施工，是组织项目流水的基础。在项目施工进度计划表上，它由一组标有施工段或工作队编号的水平进度指示线段来表示。例如，某办公楼的基础工程是由基槽开挖、混凝土垫层、砌砖基础和回填土 4 个在工艺上有密切联系的分项工程组成的分部工程。施工时，将该办公楼的基础在平面上划分为几个区域，组织 4 个专业工作队，依次连续地在各施工区域中各自完成同一施工过程的工作，即为分部工程流水施工。

3) 单位工程流水施工

单位工程流水施工也称为综合流水施工，它以各分部工程的流水为基础，是各分部工程流水的组合。在项目施工进度计划表上，它由若干组分部工程的进度指示线段表示，并由此构成一张单位工程施工进度计划表。

4) 群体工程流水施工

群体工程流水施工也称为大流水施工，它是在若干单位工程之间组织起来的流水施工。反映在项目施工进度计划上，是一张项目施工总进度计划表。

分项工程流水施工与分部工程流水施工是流水施工组织的基本形式。在实际施工中，分项工程流水施工的效果不大，只有把若干个分项工程流水施工组织成分部工程流水施工，才能取得良好的效果。单位工程流水施工与群体工程流水施工实际上是分部工程流水施工的扩大应用。

2. 按施工过程的分解程度分类

根据流水施工各施工过程的分解程度，流水施工可分为彻底分解流水和局部分解流水两大类。

1) 彻底分解流水

彻底分解流水是指将工程对象的某一分部工程分解成若干个施工过程，且每个施工过程均为单一工种完成的施工过程，即该过程已不能再分解，如支模。

2) 局部分解流水

局部分解流水是指将工程对象的某一分部工程，根据实际情况进行划分，有的过程已彻底分解，有的过程则不彻底分解。而不彻底分解的施工过程是由混合的施工班组来完成的，如钢筋混凝土工程。

3. 按流水施工的节奏特征分类

根据流水施工的节奏(节拍)特征，流水施工可以划分为有节奏流水和无节奏流水。

1) 有节奏流水

有节奏流水是指同一施工过程在各施工段上的流水节拍都完全相等的一种流水施工方式。有节奏流水又根据不同施工过程之间的流水节拍是否相等，分为等节奏流水和异节奏流水两大类型。

2) 无节奏流水

无节奏流水是指同一施工过程在各施工段上的流水节拍不完全相等的一种流水施工方式。

2.1.4 建筑流水施工的组织方式

任何建筑工程的施工都可以分解为许多施工过程，每个施工过程又可由一个或多个专业或混合的施工班组负责施工。在每个施工过程中，都包括各项资源的调配问题，其中最基本的是劳动力的组织安排问题。通常情况下，工程项目的施工组织方式根据其工程特点、平面及空间布置、工艺流程等要求，可以采用依次施工、平行施工、流水施工等方式组织施工。

1. 依次施工

依次施工也叫顺序施工，方式是将拟建工程项目中的每个施工对象分解为若干个施工过程，按施工工艺要求依次完成每个施工过程；当一个施工对象完成后，再按同样的顺序完成下一个施工对象，依次类推，直至完成所有施工对象。具体说，依次施工可分为以下两种。

1) 按施工段依次施工

(1) 按施工段依次施工的概念。

按施工段依次施工是指第一个施工段的所有施工过程全部施工完毕后，再进行第二个施工段的施工，以此类推的一种组织施工的方式。其中，施工段是指同一施工过程的若干个部分，这些部分的工程量一般应大致相等。按施工段依次施工的进度安排如图 2-3 所示。

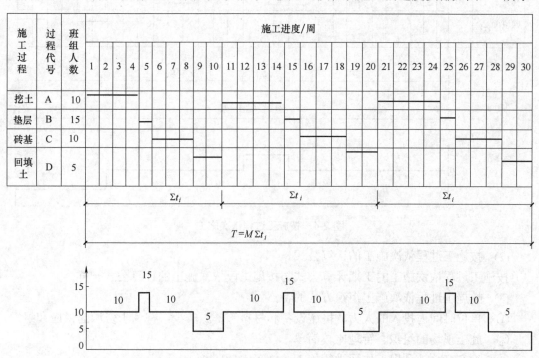

图 2-3　按施工段依次施工

(2) 按施工段依次施工的工期。

$$T = M\sum t_i \tag{2-1}$$

式中：M ——施工段数或房屋幢数；

        t_i ——各施工过程在一个施工段数上完成施工任务所需时间；

        T ——完成该工程所需总工期。

(3) 按施工段依次施工的特点。

按施工段依次施工的优点是单位时间内投入的劳动力和各项物资较少，便于施工现场管理。按施工段依次施工的缺点是从事某过程的施工班组不能连续均匀地施工，工人存在窝工现象；施工工期较长。

2) 按施工过程依次施工

(1) 按施工过程依次施工的概念。

按施工过程依次施工是指第一个施工过程在所有施工段全部施工完毕后，再开始第二个施工过程，以此类推的一种组织施工的方式。按施工过程依次施工的进度安排如图 2-4 所示。

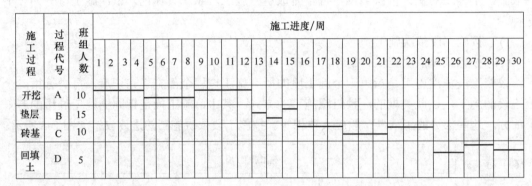

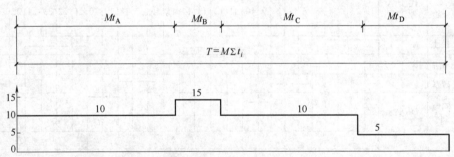

图 2-4　按施工过程依次施工

(2) 按施工过程依次施工的计算公式。

按施工过程依次施工的工期计算公式与按施工段依次施工的计算公式一样。

(3) 按施工过程依次施工组织方式的特点。

① 单位时间内投入的人力、机械设备和材料等资源较少，有利于资源的供应和组织。

② 施工现场的组织、管理比较简单。

③ 没有充分地利用工作面进行施工，施工工期较长。

④ 若采用专业施工班组作业，施工班组不能连续施工，存在时间间歇，人力及物资消耗不连续。

⑤ 若由一个工作队完成全部施工任务，则不能实现专业化施工，不利于提高劳动生

产率和工程质量。

2. 平行施工

1) 平行施工的概念

平行施工是指组织多个施工班组使所有施工段的同一施工过程，在同一时间、不同空间同时施工，同时竣工的施工组织方式。某工程平行施工进度计划如图 2-5 所示。

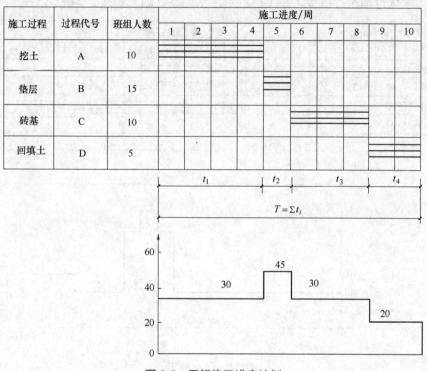

施工过程	过程代号	班组人数	施工进度/周										
			1	2	3	4	5	6	7	8	9	10
挖土	A	10										
垫层	B	15										
砖基	C	10										
回填土	D	5										

图 2-5 平行施工进度计划

由图 2-5 可知，平行施工的工期表达式为

$$T = \sum t_i \tag{2-2}$$

式中各参数含义同式(2-1)。

2) 平行施工组织方式的特点

(1) 充分利用了工作面，工期最短。

(2) 若采用一个施工队伍完成一个工程的全部施工任务，则不能实现专业化生产，不利于提高劳动生产率和工程质量。

(3) 若每个施工对象均按专业成立工作队，则各专业队不能连续作业，人力及施工机具等资源无法均衡使用。

(4) 由于同一施工过程在各工作面同时进行，因此，单位时间内投入的人力、机械设备和材料等资源消耗量成倍增加，给资源供应的组织带来压力。

(5) 施工现场的组织、管理复杂。平行施工能够实现多个施工段同时施工，因此，适用于工期要求紧、工作面充足、资源供应有保障的大规模同类型的建筑群工程或分批分期进行施工的工程。

3. 流水施工

1) 流水施工的概念

流水施工是将拟建工程的建造过程按照工艺先后顺序划分成若干施工过程，每个施工过程由专业施工班组负责施工，同时，将施工对象在平面或空间上划分成劳动量大致相等的施工段。各专业施工班组要依次连续完成各施工段的施工任务，同时，相邻两个专业施工班组应最大限度地平行搭接。某工程流水施工进度计划，如图 2-6 所示。

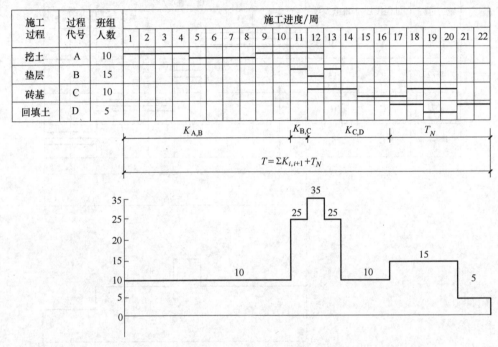

图 2-6 流水施工

从图 2-6 可知，流水施工的工期计算公式可以表达为

$$T = \sum K_{i,i+1} + T_N \tag{2-3}$$

式中：$K_{i,i+1}$——相邻两个施工过程的施工班组开始投入施工的时间间隔；

T_N——最后一个施工过程的施工班组完成施工任务所花的时间。

2) 流水施工组织方式的特点

(1) 尽可能地利用工作面进行施工，工期比较短。

(2) 各工作队实现了专业化施工，有利于提高技术水平和劳动生产率，也有利于提高工程质量。

(3) 专业工作队能够连续施工，同时，使相邻专业队的开工时间能够最大限度地搭接。

(4) 单位时间内投入的人力、施工机具、材料等资源量较为均衡，有利于资源供应的组织。

(5) 为施工现场的文明施工和科学管理创造有利条件。

3) 流水施工概念的引申

在工期要求紧张的情况下组织流水施工时，可以在主导工序连续均衡施工的条件下，间断安排某些次要工序的施工，从而达到缩短工期的目的。注意，如果没有使工期缩短，只是使施工班组没有连续施工，存在窝工现象，则不能安排该次要工作间断施工。

4.3 种施工方式的比较

由以上分析可知，依次施工、平行施工和流水施工是组织施工的 3 种基本方式，其特点及适用范围不尽相同，三者的比较见表2-1。

表2-1 3 种施工方式的比较

方式	工期	资源投入	评价	适用范围
依次施工	最长	投入强度低	人力投入少，资源投入不集中，有利于组织工作，现场管理工作相对简单，可能会产生窝工现象	规模较小，工作面有限的工程适用
平行施工	最短	投入强度大	资源投入集中，现场组织管理复杂，不能实现专业化生产	工程工期紧迫，有充分的资源保障及工作面允许情况下可采用
流水施工	较短，介于依次施工与平行施工之间	投入连续均匀	结合了依次施工与平行施工的优点，作业队伍连续，充分利用工作面，是较理想的组织施工方式	一般项目均可适用

由表2-1可以看出，流水施工综合了依次施工和平行施工的优点，是建筑施工中最合理、最科学的一种施工组织方式。

2.1.5 组织流水施工的条件及技术经济效果

1. 流水施工的条件

流水施工的实质是分工协作和成批生产。在社会化大生产的条件下，随着社会的进步，分工将越来越细，专业化程度越来越高，分工协作的体现越来越明显。由于建筑产品的庞体性，划分施工段可以将单件产品转化成假想的多件同类型产品，从而达到成批生产的目的。因此，组织流水施工的条件可归纳为以下几点。

1) 划分施工段

根据组织流水施工的需要，将拟建工程尽可能地划分为劳动量大致相等的若干个施工区域，每个施工区域就是一个施工段。

建筑工程组织流水施工的关键是将建筑单件产品变成多件产品，以便成批生产。由于建筑产品体形庞大，通过划分施工段就可将单件产品变成"批量"的多件产品，从而形成流水作业的前提。没有"批量"就不可能也没必要组织任何流水作业。每个区段就是一个假定"产品"。

2) 划分施工过程

把拟建工程的整个建造过程分解为若干个施工过程，划分施工过程的目的是对施工对

象的建造过程进行分解，以便逐一实现局部对象的施工，从而使施工对象整体得以实现。

　　3）　每个施工过程组织独立的施工班组

　　在一个流水分部中，每个施工过程尽可能组织独立的施工班组，其形式可以是专业班组，也可以是混合班组，这样可使每个施工班组按施工顺序，依次、连续、均衡地从一个施工段转移到另一个施工段进行相同的操作。

　　4）　主要施工过程必须连续、均衡地施工

　　主要施工过程是指工程量较大、作业时间长的施工过程。对于主要的施工过程必须连续、均衡地施工；对其他次要施工过程，可考虑与相邻的施工过程合并，如不能合并，为缩短工期，可安排间断施工。

　　5）　不同施工过程之间尽可能组织平行搭接施工

　　不同施工过程之间的关系，关键是工作时间、上有搭接和工作空间上有搭接。在有工作面的条件下，除必要的技术和组织间歇时间外，应尽可能组织平行搭接。

　　2. 流水施工的技术经济效果

　　流水施工的连续性和均衡性方便了各种生产资源的组织，使施工企业的生产能力可以得到充分的发挥，人力、机械设备可以得到合理的安排和使用，进而提高了生产的经济效率，流水施工方式是一种先进、科学的施工方式，目前在施工现场被广泛采用，它具有以下几方面的技术经济效果。

　　1）　施工工期较短

　　由于流水施工的节奏性、连续性，可以加快各专业队的施工进度，减少时间间隔。特别是相邻专业队在开工时间上可以最大限度地进行搭接，充分利用工作面，做到尽可能早地开始工作，从而达到缩短工期的目的，使工程尽快交付使用或投产，尽早获得经济效益和社会效益。

　　2）　实现专业化生产

　　由于流水施工实现了专业化的生产，为工人提高技术水平、改进操作方法以及革新生产上创造了有利条件，因此改善了工作的劳动条件，可以不断地提高施工技术水平和劳动生产率。

　　3）　连续施工

　　由于流水施工组织合理，工人连续作业，没有窝工现象，机械闲置时间少，增加了有效劳动时间，从而使施工机械和劳动力的生产效率得以充分发挥。

　　4）　提高工程质量

　　由于流水施工实现了专业化生产，工人技术水平高，而各专业队之间紧密地搭接作业，互相监督，可以使工程质量得到提高。因而，可以延长建设工程的使用寿命，同时，可以减少建设工程使用过程中的维修费用。

　　5）　降低工程成本

　　由于工期缩短、劳动生产率提高、资源供应均衡，各专业施工队连续均衡作业，减少了临时设施数量，从而节约了人工费、机械使用费、材料费和施工管理费等相关费用，有效地降低了工程成本。工程成本的降低可以提高承包单位的经济效益。

2.2 流水施工参数

在组织流水施工时，用以表达流水施工在工艺流程、空间布置、时间安排等方面的特征和各种数量关系的参数，称为流水施工参数。只有对这些参数进行认真、有预见的研究和计算，才可能成功地组织流水施工。在施工组织设计中，一般把流水施工参数分为三类，即工艺参数、空间参数和时间参数。

2.2.1 工艺参数

工艺参数是指在组织流水施工时，用来表达施工工艺开展的顺序及其特征的参数，具体地说，是指在组织流水施工时，将拟建工程项目的整个建造过程分解为施工过程的种类、性质和数目的总称。通常，工艺参数包括施工过程数和流水强度两种。

1. 施工过程数 n

施工过程数是指一组流水施工的施工过程数目，用 n 表示。施工过程所包含的施工内容，既可以是分项工程或者分部工程，也可以是单位工程或者单项工程。施工过程划分的数目多少、粗细程度与下列因素有关。

(1) 施工进度计划的对象范围和作用。编制控制性流水施工的进度计划时，划分的施工过程通常较粗，数目要少，一般情况下，施工过程最多分解到分部工程；编制实施性进度计划时，划分的施工过程通常较细，数目要多，绝大多数施工过程要分解到分项工程。

(2) 工程建筑和结构的复杂程度。工程建筑和结构越复杂，相应的施工过程数目就越多。

(3) 工程施工方案。不同的施工方案，其施工顺序和施工方法也不相同，因此施工过程数也不相同。

(4) 劳动组织及劳动量大小。劳动量小的施工过程，当组织流水施工有困难时，可与其他施工过程合并。如垫层劳动量较小时可与挖土合并成一个施工过程。这样可以使各个施工过程的劳动量大致相等，便于组织流水施工。

此外，施工过程的划分与施工班组及施工习惯有关。例如，安装玻璃、油漆施工可分可合，因为有的是混合班组，有的是单一专业的班组。

划分施工过程数目时要适量，分得过多、过细，会使施工班组多、进度计划烦琐，指导施工时，抓不住重点；分得过少、过粗，则会使计划过于笼统，而失去指导施工的作用。

对一单位工程而言，其流水进度计划中不一定包括全部施工过程数。因为有些过程并非都按流水方式组织施工，如制备类、运输类施工过程。

2. 流水强度 V

流水强度又称为流水能力、生产能力，一般用 V 表示，是指某一施工过程在单位时间内能够完成的工程量。它取决于该施工过程投入的工人数和机械台数及劳动生产率(定额)。

2.2.2 空间参数

空间参数是指在组织流水施工时，用以表达流水施工在空间上开展状态的参数，主要包括工作面、施工段和施工层。

1. 工作面 a

工作面又称为工作前线，一般用 a 表示，是指安排专业工人进行操作或者布置机械设备进行施工所需的活动空间。工作面根据专业工种的计划产量定额和安全施工技术规程确定，反映了工人操作、机械运转在空间布置上的具体要求，在施工作业时，无论是人工还是机械都需有一个最佳的工作面，才能发挥其最佳效率。

最小工作面对应安排的施工人数和机械数是最多的，它决定了某个专业队伍的人数及机械数的上限，直接影响某个工序的作业时间，因而工作面确定的合理性直接关系到作业效率和作业时间。主要工种的工作面参考数据见表 2-2。

表 2-2　主要工种的工作面参考数据

工作项目	每个技工的工作面	说　明
砖基础	7.6m/人	以 1/2 砖计，2 砖乘 0.8，3 砖乘 0.55
砌砖墙	8.5m/人	以 1 砖计，3/2 砖乘 0.71，2 砖乘 0.57
毛石墙基	3m/人	以 60cm 计
毛石墙	3.3m/人	以 40cm 计
混凝土柱、墙基础	8m³/人	机拌、机捣
现浇钢筋混凝土梁	3.2m³/人	机拌、机捣
现浇钢筋混凝土墙	5m³/人	机拌、机捣
现浇钢筋混凝土楼梯	5.3m³/人	机拌、机捣
预制钢筋混凝土柱	3.6m³/人	机拌、机捣
预制钢筋混凝土梁	3.6m³/人	机拌、机捣
预制钢筋混凝土屋架	2.7m³/人	机拌、机捣
预制钢筋混凝土平板、空心板	1.9m³/人	机拌、机捣
预制钢筋混凝土大型屋面板	2.6m³/人	机拌、机捣
混凝土地坪及面层	40m²/人	机拌、机捣
外墙抹灰	16m²/人	
内墙抹灰	18.5m²/人	
卷材屋面	18.5m²/人	
防水水泥砂浆屋面	16m²/人	
门窗安装	11m²/人	

2. 施工段 m

1) 施工段的概念

为方便组织流水施工，将施工对象在平面上划分为若干个劳动量大致相等的施工区段，这些施工区段称为施工段。在流水施工中，用 m 来表示施工段的数目，它是流水施工的基本参数之一。一般情况下，一个施工段内只能安排一个施工过程的专业工作队进行施工。在一个施工段上，只有前一个施工过程的工作队提供足够的工作面，后一个施工过程的工作队才能进入该段从事下一个施工过程的施工。

2) 划分施工段的原则

划分施工段是组织流水施工的基础。施工段的划分，在不同的流水线中可采用不同的划分方法，但在同一流水线中最好采用统一的划分办法。在划分时应注意施工段数要适当，过多，势必要减少工人人数而延长工期；过少，又会造成资源供应过分集中，不利于组织流水施工。因此，为了使施工段划分得更科学、更合理，一般应遵循以下原则。

音频.划分施工段的
原则.mp3

(1) 各施工段的劳动量基本相等，以保证流水施工的连续性、均衡性和节奏性。各施工段劳动量相差不宜超过 10%～15%。

(2) 应满足专业工种对工作面的空间要求，以发挥人工、机械的生产作业效率，因而施工段不宜过多，最理想的情况是平面上的施工段数与施工过程相等。

(3) 有利于结构的整体性，施工段的界限应尽量与结构的变形缝一致。

(4) 尽量使各专业队(组)连续作业，这就要求施工段数与施工过程数相适应。划分施工段数应尽量满足下列要求，即

$$m \geqslant n \tag{2-4}$$

式中：m——每层的施工段数；

n——每层参加流水施工的施工过程数或作业班组总数。

注：① 当 $m>n$ 时，各专业队(组)能连续施工，但施工段有空闲；

② 当 $m=n$ 时，各专业队(组)能连续施工，各施工段上也没有限制。这种情况是最理想的；

③ 当 $m<n$ 时，对单幢建筑物组织流水时，专业队(组)就不能连续施工而产生窝工现象。但在数幢同类型建筑的建筑群中，可在各建筑物之间组织大流水施工。

在工程项目实际施工中，若某些施工过程需要技术与组织间歇，则可用式(2-5)确定每层最少的施工段数，即

$$m_{\min} = n + \frac{\sum Z}{K} \tag{2-5}$$

式中：$m_{\min}$——每层需要划分的最少施工段数；

n——施工过程或专业工作队数；

$\sum Z$——某些施工过程要求的间歇时间的总和；

K——流水步距。

3. 施工层 j

对于多层建筑物、构筑物，应既分施工段又分施工层。

划分施工层是指为组织多层建筑物的竖向流水施工，在垂直方向上将建筑物划分为若干区段，用 j 来表示施工层的数目，通常以建筑物的结构层作为施工层，有时为方便施工，也可以按一定高度划分一个施工层，如单层工业厂房砌筑工程一般按 1.2～1.4m(即一步脚手

架的高度)划分为一个施工层。

2.2.3 时间参数

时间参数是指用来表达组织流水施工时,各施工过程在时间排列上所处状态的参数。主要包括流水节拍、流水步距、平行搭接时间、间歇时间及施工过程流水持续时间和流水施工工期。

1. 流水节拍 t

1) 定义

流水节拍是指一个施工过程(或作业队伍)在一个施工段上作业持续的时间,用 t 表示,它是流水施工的基本参数之一。其大小受到投入的劳动力、机械及供应量的影响,也受到施工段大小的影响。

2) 流水节拍的计算

根据资源的实际投入量计算,其计算式为

$$t_i = \frac{Q_i}{S_i \cdot R_i \cdot a} = \frac{Q_i \cdot Z_i}{R_i \cdot a} = \frac{P_i}{R_i \cdot a} \qquad (2\text{-}6)$$

式中: t_i ——流水节拍;

Q_i ——施工过程在一个施工段上的工程量;

S_i ——完成该施工过程的产量定额;

Z_i ——完成该施工过程的时间定额;

R_i ——参与该施工过程的工人数或施工机械台数;

P_i ——该施工过程在一个施工段上的劳动量;

a ——每天的工作班次。

【案例 2-1】某土方工程施工,工程量为 213.68m³,采用人工开挖,每段的工程量相等,每班人数为 18 人,一个工作班次挖土,已知劳动定额为 0.58 工日/m³,试求该土方施工的流水节拍。

【解】由 $t = \dfrac{Q \cdot Z}{R \cdot a}$ 得

$$t = \frac{213.68 \times 0.58}{1 \times 18} = 7(\text{天})$$

所以该土方工程的流水节拍为 7 天。

3) 根据施工工期确定流水节拍

流水节拍的大小对工期有直接影响,通常在施工段数不变的情况下,流水节拍越小,工期就越短,当施工工期受到限制时,就应从工期要求反求流水节拍,然后用式(2-6)求得所需的人数或机械数,同时检查最小工作面是否满足要求及人工机械供应的可行性。若检查发现按某一流水节拍计算的人工数或机械数不能满足要求,供应不足,则可采取延长工期,从而增加大流水节拍,减少人工;机械的需求量,以满足实际的资源限制条件为准。若工期不能延长,则可增加资源供应量或采取一天多班次(最多 3 次)作业以满足要求。

4) 确定流水节拍应注意的问题

(1) 流水节拍的取值必须考虑到专业工作队组织方面的限制和要求，尽可能不过多地改变原来劳动组织的状况，以便对施工队进行领导。专业工作队的人数应有起码的要求，以使他们具备集体协作的能力。

(2) 流水节拍的确定，应考虑到工作面条件的限制，必须保证有关专业工作队有足够的施工操作空间，保证施工操作安全和能充分发挥专业工作队的劳动效率。

(3) 流水节拍的确定，应考虑到机械设备的实际负荷能力和可能提供的机械设备数量。也要考虑机械设备操作场所安全和质量的要求。

(4) 有特殊技术限制的工程，如有防水要求的钢筋混凝土工程、受潮汐影响的水工作业、受交通条件影响的道路改造工程、铺管工程以及设备检修工程等，都受技术操作和安全质量等方面的限制，对作业时间长度和连续性都有限制和要求，在安排其流水节拍时，应当满足这些限制要求。

(5) 必须考虑材料和构配件供应能力和水平对进度的影响和限制，合理确定有关施工过程的流水节拍。

(6) 首先应确定主导施工过程的流水节拍，并以它为依据确定其他施工过程的流水节拍。主导施工过程的流水节拍应是各施工过程流水节拍的最大值，应尽可能是有节奏的，以便组织节奏流水。

2. 流水步距 K

1) 定义

流水步距是指相邻两个专业工作队在保证施工顺序、满足连续施工、最大限度搭接和保证工程质量要求的条件下，相继投入施工的最小时间间隔，一般用 K 表示。

2) 确定流水步距应考虑的因素

流水步距应根据施工工艺、流水形式和施工条件来确定，在确定流水步距时应尽量满足以下要求。

(1) 始终保持两施工过程间的顺序施工，即在一个施工段上，前一施工过程完成后，下一施工过程方能开始。

(2) 任何作业班组在各施工段上必须保持连续施工。

(3) 前后两施工过程的施工作业应能最大限度地组织平行施工。

3. 间歇时间 t_j

1) 技术间歇

在流水施工中，除了考虑两相邻施工过程间的正常流水步距外，有时应根据施工工艺的要求考虑工艺间合理的技术间歇时间。例如，混凝土浇筑完成后应养护一段时间才能进行下一道工艺，这段养护时间即为技术间歇，它的存在会使工期延长。

2) 组织间歇

组织间歇时间是指施工中由于考虑施工组织的要求，两相邻的施工过程在规定的流水步距以外增加的必要时间间隔，以便施工人员对前一施工过程进行检查验收，并为后续施工过程做好必要的技术准备工作等。如基础混凝土浇筑并养护后，施工人员必须进行主体结构轴线位置的弹线等。

4. 组织搭接时间 t_d

组织搭接时间是指施工中由于考虑组织措施等原因，在可能的情况下，后续施工过程在规定的流水步距以内提前进入该施工段进行施工的时间，这样工期可进一步缩短，施工更趋合理。

5. 流水工期 T

流水工期是指一个流水施工中，从第一个施工过程(或作业班组)开始进入流水施工，到最后一个施工过程(或作业班组)施工结束所需的全部时间。一般采用公式计算完成一个流水组的工期，即

$$T=\sum K_{i,i+1}+T_n+\sum Z_{i,i+1}-\sum C_{i,i+1} \tag{2-7}$$

式中：T——流水施工工期；

$\sum K_{i,i+1}$——流水施工中各流水步距之和；

T_n——流水施工中最后一个施工过程的持续时间；

$\sum Z_{i,i+1}$——第 i 个施工过程与第 $i+1$ 个施工过程之间的间歇时间；

$\sum C_{i,i+1}$——第 i 个施工过程与第 $i+1$ 个施工过程之间的平行搭接时间。

2.3   流水施工的组织方式

流水施工的前提是节奏，没有节奏就无法组织流水施工，而节奏是由流水施工的节拍决定的。由于建筑工程的多样性，使得各分项工程的数量差异很大，要把施工过程在各施工段的工作持续时间都调整到一样是不可能的，经常遇到的大部分是施工过程流水节拍不相等，甚至一个施工过程在各流水段上流水节拍都不同，因此形成了各种不同形式的流水施工。通常根据各施工过程的流水节拍不同，可分为有节奏流水施工和无节奏流水施工。有的也将其分为等节拍、异节拍、无节奏流水施工。它们之间的关系可用如图 2-7 所示的框图来说明。

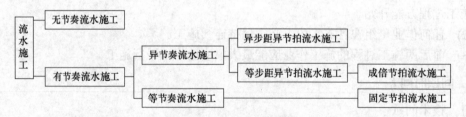

图 2-7   流水施工分类框图

从图 2-7 中可以看出，流水施工总的可分为无节奏流水施工和有节奏流水施工两大类，而建筑工程流水施工中，有节奏流水施工又可分为等节奏流水施工和异节奏流水施工。异节奏流水施工又可分为等步距异节拍流水施工和异步距异节拍流水施工。

2.3.1   等节奏流水施工

等节奏流水施工是指在组织流水施工时，所有的施工过程在各个施工段上的流水节拍

彼此相等的流水施工方式。这种流水施工组织方式也称为固定节拍流水施工、全等节拍流水施工或同步距流水施工。

1. 等节奏流水施工的特点

(1) 所有施工过程在施工段上的流水节拍均相等。

(2) 相邻施工过程的流水步距相等，且等于流水节拍。

(3) 专业工作队数等于施工过程数，即每一个施工过程成立一个专业工作队，由该队完成相应施工过程所有施工任务。

(4) 各个专业工作队在各施工段上能连续作业，施工段之间没有空闲时间。

2. 等节奏流水施工的步骤

(1) 确定施工顺序，划分施工段。划分施工段时，无层间关系或无施工层时，取 $m=n$；有层间关系或有施工层时，施工段数目 m 根据以下两种情况确定。

① 无技术和组织间歇时，取 $m=n$。

② 有技术和组织间歇时，为了保证各施工班组能连续施工，应取 $m \geqslant n$。此时，每层施工段数的空闲数为 $m-n$，一个空闲施工段的时间为 t，则每层的空闲时间为

$$(m-n) \cdot t = (m-n) \cdot K \tag{2-8}$$

若一个楼层内各施工过程间的技术、组织间歇时间之和为 $\sum Z_1$，楼层间技术组织间歇时间为 Z_2。如果每层的 $\sum Z_1$ 均相等、Z_2 也相等，而且为了保证连续施工，施工段上除 $\sum Z_1$ 和 Z_2 无空闲，则

$$(m-n) \cdot K = \sum Z_1 + Z_2 \tag{2-9}$$

所以，每层的施工段数 m 可按下式确定，即

$$m = n + \frac{\sum Z_1}{K} + \frac{Z_2}{K} \tag{2-10}$$

式中：m ——施工段数；

n ——施工过程数；

$\sum Z_1$ —— 一个楼层内各施工过程间技术、组织间歇时间之和；

Z_2 ——楼层间技术、组织间歇时间；

K ——流水步距。

如果每层的 $\sum Z_1$ 不完全相等，Z_2 也不完全相等，应取各层中最大的 $\sum Z_1$ 和 Z_2，并按下式确定施工段数，即

$$m = n + \frac{\max \sum Z_1}{K} + \frac{\max Z_2}{K} \tag{2-11}$$

式中符号意义同前。

(2) 确定流水节拍，此时 $t_i^j = t$。

(3) 确定流水步距，此时 $K_{i,i+1} = K = t$。

(4) 计算流水施工工期。

① 有间歇时间的固定节拍流水施工。间歇时间是指相邻两个施工过程之间由于工艺或者组织安排需要而增加的额外等待时间，包括组织间歇时间 $G_{j,j+1}$ 和技术间歇时间 $Z_{j,j+1}$。

对于有间歇时间的固定节拍流水施工，其流水施工工期 T 可按下式计算，即

$$T=(n-1)t+\sum G+mt$$
$$=(m+n-1)t+\sum G+\sum Z \qquad (2\text{-}12)$$

式中：$\sum G$——各施工过程之间组织间歇时间之和；

$\sum Z$——各施工过程之间技术间歇时间之和；

式中其他符号意义同前。

② 有平行搭接时间的固定节拍流水施工。平行搭接时间 $C_{j,j+1}$ 是指相邻两个施工班组在同一施工段上共同作业的时间。在工作面允许和资源有保证的前提下，施工班组平行搭接施工，可以缩短流水施工工期。对于有平行搭接时间的固定节拍流水时，其流水施工工期 T 可按下式计算，即

$$T=(n-1)t+\sum G+\sum Z-\sum C+mt$$
$$=(m+n-1)t+\sum G+\sum Z-\sum C \qquad (2\text{-}13)$$

式中：$\sum C$——施工过程中平行搭接时间之和；

式中其他符号意义同前。

(6) 绘制流水施工指示图表。

【案例 2-2】某分部工程分为 A、B、C、D 这 4 个施工过程，每个施工过程分 3 个施工段，各施工段的流水节拍均为 4 天，试确定该分部工程的流水工期。

【解】(1) 确定流水步距。

因为：$t_A=t_B=t_C=t_D=4$(天)

故：$K=4$(天)

(2) 确定流水工期

$T=(m+n-1)t+\sum G+\sum Z-\sum C=(3+4-1)\times 4=24$(天)

2.3.2 异节奏流水施工

异节奏流水施工是指同一施工过程在各施工段上的流水节拍都相等，不同施工过程之间的流水节拍不一定相等的流水施工方式。异节奏流水施工又可分为等步距异节拍(也称成倍节拍)流水施工和异步距异节拍流水施工两种方式。

1. 等步距异节拍流水施工

等步距异节拍流水施工，在组织固定节拍流水施工时，可能遇到非主导施工过程所需劳动力、施工机械超过了施工段上工作面所能容纳数量的情况，这时非主导施工过程只能按施工段所能容纳的劳动力或机械的数量来确定流水节拍，可能出现两个或两个以上的专业施工队在同一施工段内流水作业，而形成成倍节拍流水情况。成倍节拍流水施工是指在组织流水施工时，如果同一施工过程在各个施工段上的流水节拍彼此相等，而不同施工过程在同一施工段上的流水节拍之间存在一个最大公约数，为加快流水施工速度，可按最大公约数的倍数确定每个施工过程的施工班组，这样便构成了一个工期最短的等步距异节拍流水施工方案。

1) 等步距异节拍流水施工的特点

(1) 同一施工过程在其各个施工段上的流水节拍均相等；不同施工过程的流水节拍不等，但其值为倍数关系。

(2) 相邻施工过程的流水步距相等，且等于流水节拍的最大公约数。

(3) 施工班组数大于施工过程数，即有的施工过程只成立一个专业工作队，而对于流水节拍大的施工过程，可按其倍数增加相应专业工作队数目。

(4) 各个施工班组在施工段上能够连续作业，施工段之间没有空闲时间。

(5) 因增加了专业施工队的数量，故加快了施工过程的速度，从而缩短了总工期。

(6) 各施工过程的持续时间之间也存在公约数。

2) 等步距异节拍流水施工的步骤

(1) 确定施工起点流向，划分施工段。

(2) 分解施工过程，确定施工顺序。

(3) 按上述要求确定每个施工过程的流水节拍。

(4) 确定流水步距。

$$K_b = 最大公约数\{各流水节拍\} \qquad (2\text{-}14)$$

式中：K_b——等步距异节拍流水的流水步距。

(5) 确定专业工作队数目。

$$\begin{cases} b_j = \dfrac{t_i^j}{K_b} \\ n_1 = \sum_{j=1}^{n} b_j \end{cases} \qquad (2\text{-}15)$$

式中：b_j——施工过程 j 的专业班组数目，$n \geqslant j \geqslant 1$；

　　　n_1——成倍节拍流水的专业班组总和；

式中其他符号意义同前。

(6) 确定计算总工期。

$$T = (m+n_1-1)K_b + \sum Z_{j,j+1} + \sum G_{j,j+1} - \sum C_{j,j+1} \qquad (2\text{-}16)$$

式中符号意义同前。

(7) 绘制流水施工进度图。

2. 异步距异节拍流水施工

异步距异节拍流水施工是指同一施工过程在各个施工段的流水节拍相等，不同施工过程之间的流水节拍不完全相等的流水施工方式。

1) 异步距异节拍流水施工的特点

(1) 同一施工过程流水节拍相等，不同施工过程之间的流水节拍不一定相等。

(2) 各个施工过程之间的流水步距不一定相等。

(3) 各施工班组能够在施工段上连续作业，但有的施工段之间可能有空闲。

(4) 施工班组数 n_1 等于施工过程数 n。

2) 异步距异节拍流水施工的步骤

(1) 确定施工起点流向，划分施工段。

(2) 分解施工过程，确定施工顺序。

(3) 确定流水步距。

$$K_{i,i+1}=\begin{cases}t_i & (\text{当 } t_i \leqslant t_{i+1}\text{时})\\ mt_i-(m-1)t_{i+1} & (\text{当 } t_i > t_{i+1}\text{时})\end{cases} \tag{2-17}$$

式中：t_i——第 i 个施工过程的流水节拍；

t_{i+1}——第 $i+1$ 个施工过程的流水节拍。

(4) 计算流水施工工期。

$$T=\sum K_{i,i+1}+mt_n+\sum Z_{i,i+1}-\sum C_{i,i+1} \tag{2-18}$$

式中：t_n——最后一个施工过程的流水节拍；

式中其他符号意义同前。

(5) 绘制流水施工进度图。

【案例 2-3】某工程划分为 A、B、C、D 这 4 个施工过程，分 3 个施工段组织施工，各施工过程的流水节拍分别为 t_A=3 天，t_B=4 天，t_C=5 天，t_D=3 天；施工过程 B 完成后有两天的技术间歇时间，施工过程 D 与 C 搭接 1 天。试求各施工过程之间的流水步距及该工程的工期，并绘制流水施工进度图。

【解】(1) 确定流水步距。

根据题中给出的条件，可按式(2-17)计算，即

$$K_{i,i+1}=\begin{cases}t_i & (\text{当 } t_i \leqslant t_{i+1}\text{时})\\ mt_i-(m-1)t_{i+1} & (\text{当 } t_i > t_{i+1}\text{时})\end{cases}$$

各流水施工步距计算如下。

因为 $t_A < t_B$，所以 $K_{A,B}=t_A$=3 天。

因为 $t_B < t_C$，所以 $K_{B,C}=t_B$=4 天。

因为 $t_C > t_D$，所以 $K_{C,D}=mt_C-(m-1)t_D=3\times5-(3-1)\times3=9$ (天)。

(2) 计算流水工期。

根据式(2-16)计算，即

$$T=\sum K_{i,i+1}+mt_n+\sum Z_{i,i+1}-\sum C_{i,i+1} \text{ 得}$$

$$T=(3+4+9)+3\times3+2-1=26 (\text{天})$$

(3) 绘制施工进度图，如图 2-8 所示。

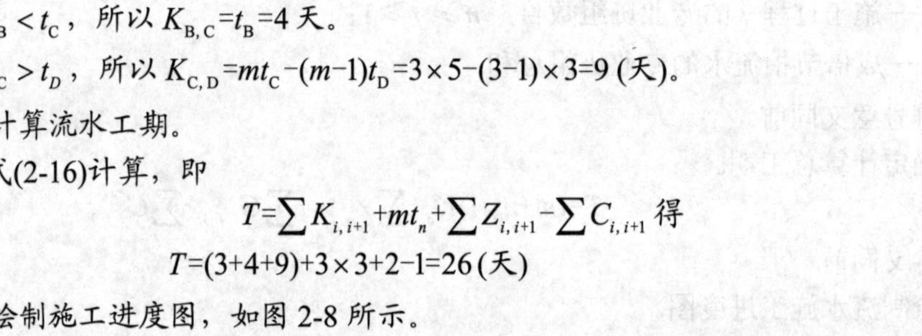

施工过程	施工进度/d												
	2	4	6	8	10	12	14	16	18	20	22	24	26
A	①	②	③										
B		①	②		③								
C						①			②		③		
D									①		②	③	

图 2-8　某工程异步距异节拍流水施工进度图

2.3.3　无节奏流水施工

无节奏流水施工方式又称为分别流水施工方式，是指在流水施工中，同一施工过程不同施工段上流水节拍不完全相等的一种流水施工方式。无节奏流水施工是利用流水施工的基本概念，在保证施工工艺、满足施工顺序要求的前提下，按照一定的计算方法，确定相邻专业工作队之间的流水步距，使其在开工时间上最大限度地、合理地搭接起来，从而保证每个专业工作队都能连续工作。

音频.无节奏流水施工

组织施工步骤.mp3

1．无节奏流水施工的基本特点

(1) 每个施工过程在各施工段上的流水节拍不完全相等。

(2) 各个施工过程之间流水步距不一定相等。

(3) 施工专业工作队的队数等于施工过程数。

(4) 每个施工专业工作队在各施工阶段上都能够连续施工，个别施工段可能有空闲。

2．无节奏流水施工组织步骤

(1) 确定项目施工起点流向，分解施工过程。

(2) 确定施工顺序，划分施工段 m。

(3) 根据无节奏流水要求，计算各施工过程在各个施工段上流水节拍的值。

(4) 按照"累加斜减计算法"原则，确定相邻两个施工专业工作队之间的流水步距 K。

① 将每个施工过程的流水节拍值逐段累加。

② 错位相减，即从前一个施工专业队由加入流水施工开始到完成该施工段工作为止的持续时间之和，减去后一个施工专业队由加入流水施工起止完成前一个施工段工作为止的持续时间之和(相邻斜减)，得到一组差数。

③ 取上一步斜减差数中的最大值作为流水步距。

(5) 计算流水施工的工期 T。

$$T=\sum_{i=1}^{n-1}K_{i,i+1}+T_n+\sum t_j+\sum t_z-\sum t_d \qquad (2\text{-}19)$$

式中：T——流水施工工期；

$\sum_{i=1}^{n-1}K_{i,i+1}$——流水施工中各流水步距之和；

T_n——流水施工中最后一个施工过程的持续时间；

$\sum t_j$——所有技术间歇之和；

$\sum t_z$——所有组织间歇之和；

$\sum t_d$——所有平行搭接时间之和。

(6) 绘制流水施工指示图。

【案例 2-4】某工程可以分为 4 个施工过程，4 个施工段，各施工过程在各施工段上的流水节拍见表 2-3。试计算流水步距和工期，绘制流水施工进度计划表。

表 2-3 某工程流水节拍

施工过程 \ 施工段	I	II	III	IV
A	5	4	2	3
B	4	1	3	2
C	3	5	2	3
D	1	2	2	3

【解】(1)流水步距计算。每一施工过程在各施工段的流水节拍不相等，没有任何规律，因此，采用"逐段累加，错位相减，差值取大"的方法进行计算，无数据的地方补 0 计算，计算过程结果如下。

① 求 $K_{A,B}$

$$
\begin{array}{ccccc}
5 & 9 & 11 & 14 & 0 \\
-) \quad 0 & 4 & 5 & 8 & 10 \\
\hline
5 & 5 & 6 & 6 &
\end{array}
$$

$$K_{A,B} = \max\{5,5,6,6\} = 6\,(天)$$

② 求 $K_{B,C}$

$$
\begin{array}{ccccc}
4 & 5 & 8 & 10 & 0 \\
-) \quad 0 & 3 & 8 & 10 & 13 \\
\hline
4 & 2 & 0 & 0 &
\end{array}
$$

$$K_{B,C} = \max\{4,2,0,0\} = 4\,(天)$$

③ 求 $K_{C,D}$

$$
\begin{array}{ccccc}
3 & 8 & 10 & 13 & 0 \\
-) \quad 0 & 1 & 3 & 5 & 8 \\
\hline
3 & 7 & 7 & 8 &
\end{array}
$$

$$K_{C,D} = \max\{3,7,7,8\} = 8\,(天)$$

(2) 工期计算。

$$T = \sum_{i=1}^{n-1} K_{i,i+1} + T_N + \sum T_j + \sum t_z + \sum t_d$$

$$= K_{A,B} + K_{B,C} + K_{C,D} + 1 + 2 + 2 + 3$$

$$= 6 + 4 + 8 + 8$$

$$= 26(天)$$

(3) 绘制流水施工图。

该工程的流水施工进度图如图 2-9 所示。

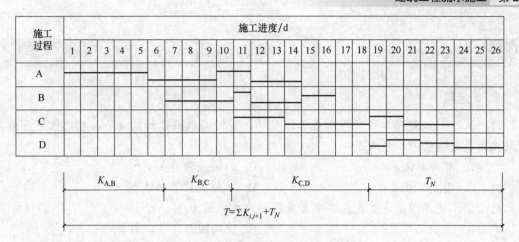

图 2-9　某工程无节奏流水施工进度图

2.3.4 选择流水施工的思路和前提条件

在建筑施工中，流水施工是一种行之有效的科学组织施工的计划方法。编制施工进度计划时应根据施工对象特点，选择适当的流水施工方式组织施工，以保证施工的节奏性、均衡性和连续性。

1. 选择流水施工方式的思路

(1) 根据工程具体情况，将单位工程划分为若干个分部工程流水，然后根据需要再划分成若干个子分部、分项工程流水，再根据组织流水施工的需要，将若干个子分部、分项工程分成若干个劳动量大致相等的施工段，并在各个流水段上选择施工班组进行流水施工。

(2) 分项工程的施工过程数目不宜过多，在工程情况允许的条件下，尽可能组织等节拍的流水施工方式是一种最理想、最合理的流水方式。

(3) 若分项工程的施工过程数过多，要使其流水节拍相等比较困难，则可考虑流水节拍的规律，分别选择异节拍、成倍节拍和无节奏流水的施工组织方式。

2. 选择流水施工方式的前提条件

(1) 施工段的划分应满足要求。

(2) 满足合同工期、工程质量、施工安全的要求。

(3) 满足现有的技术和机械设备以及人力的现实情况。

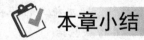 本章小结

本章着重介绍了流水施工的基本概念、流水施工参数的概念和含义、各参数的计算方法、组织流水施工的基本方式及其适用条件等内容。通过对本章内容的学习，学生可掌握不同流水施工的参数确定和计算方法，并能根据不同工程实际，选择合适的流水施工方式并组织流水施工。

实训练习

1. 单选题

(1) 流水作业是施工现场控制施工进度的一种经济效益很好的方法，相比之下在施工现场应用最普遍的流水形式是(　　)。

    A. 非节奏流水　　　　　　　　B. 加快成倍节拍流水

    C. 固定节拍流水　　　　　　　　D. 一般成倍节拍流水

(2) 流水施工组织方式是施工中常采用的方式，因为(　　)。

    A. 它的工期最短　　　　　　　　B. 现场组织、管理简单

    C. 能够实现专业工作队连续施工　　D. 单位时间投入劳动力、资源量最少

(3) 在组织流水施工时，(　　)称为流水步距。

    A. 某施工专业队在某一施工段的持续工作时间

    B. 相邻两个专业工作队在同一施工段开始施工的最小间隔时间

    C. 某施工专业队在单位时间内完成的工程量

    D. 某施工专业队在某一施工段进行施工的活动空间

(4) 下面所表示流水施工参数正确的一组是(　　)。

    A. 施工过程数、施工段数、流水节拍、流水步距

    B. 施工队数、流水步距、流水节拍、施工段数

    C. 搭接时间、施工队数、流水节拍、施工工期

    D. 搭接时间、间歇时间、施工队数、流水节拍

(5) 每个专业工作队在各个施工段上完成其专业施工过程所必需的持续时间是指(　　)。

    A. 流水强度　　　B. 时间定额　　　C. 流水节拍　　　D. 流水步距

2. 多选题

(1) 组织流水施工时，划分施工段的原则是(　　)。

    A. 能充分发挥主导施工机械的生产效率

    B. 根据各专业队的人数随时确定施工段的段界

    C. 施工段的段界尽可能与结构界限相吻合

    D. 划分施工段只适用于道路工程

    E. 施工段的数目应满足合理组织流水施工的要求

(2) 建设工程组织依次施工时，其特点包括(　　)。

    A. 没有充分地利用工作面进行施工，工期长

    B. 如果按专业成立工作队，则各专业队不能连续作业

    C. 施工现场的组织管理工作比较复杂

    D. 单位时间内投入的资源量较少，有利于资源供应的组织

    E. 相邻两个专业工作队能够最大限度地搭接作业

(3) 施工段是用以表达流水施工的空间参数。为了合理地划分施工段，应遵循的原则

包括( )。

    A. 施工段的界限与结构界限无关，但应使同一专业工作队在各个施工段的劳动量大致相等

    B. 每个施工段内要有足够的工作面，以保证相应数量的工人、主导施工机械的生产效率，满足合理劳动组织的要求

    C. 施工段的界限应设在对建筑结构整体性影响小的部位，以保证建筑结构的整体性

    D. 每个施工段要有足够的工作面，以满足同一施工段内组织多个专业工作队同时施工的要求

    E. 施工段的数目要满足合理组织流水施工的要求，并在每个施工段内有足够的工作面

(4) 流水施工的工艺参数主要包括( )。

    A. 施工过程   B. 施工段   C. 流水强度

    D. 施工层   E. 流水步距

(5) 流水施工的空间参数包括( )。

    A. 工作面   B. 流水步距   C. 流水节拍

    D. 施工段   E. 施工层

3. 简答题

(1) 简述流水施工的表达方式。

(2) 按流水施工的组织范围分类，流水施工可以分为哪几类？

(3) 流水施工的3个参数是指什么？请分别阐述其概念。

第2章习题答案.doc

实训工作单

班级		姓名		日期	
教学项目		建筑工程流水施工			
任务	编制流水施工方案		方式	查找学习完成的施工组织设计的流水施工方案	
相关知识			流水施工基本知识		
其他要求					
学习总结编制记录					
评语				指导教师	

第 3 章　网络计划技术

【教学目标】

(1) 熟悉网络计划技术的基本概述。
(2) 掌握双代号网络计划。
(3) 了解单代号网络计划。
(4) 掌握双代号时标网络计划。

第 3 章.pptx

【教学要求】

本章要点	掌握层次	相关知识点
网络计划技术的概述	(1) 发展历史 (2) 原理和特点 (3) 类型的划分	网络技术基本知识
双代号网络计划	(1) 双代号网络的构成 (2) 双代号网络图的绘制原则 (3) 双代号网络图的绘制方法 (4) 双代号网络图时间参数的计算	双代号网络图的基本知识
单代号网络计划	(1) 单代号网络图的基本形式 (2) 单代号网络图的绘制 (3) 单代号网络图时间参数计算	单代号网络计划的基本知识
双代号时标网络计划	(1) 双代号时标网络图的基本知识 (2) 双代号时标网络的绘制 (3) 网络计划的优化	双代号网络计划的基本知识

【案例导入】

　　A、B、C、D、E 这 5 个工作，它们的工作关系是：A、B 工作同时开始，A 工作完成后做 C 工作，B 工作完成后做 D 工作，A、B 工作都完成后做 E 工作。

【问题导入】

　　请根据本章内容，结合以上各个工作之间的逻辑关系，绘制双代号网络图。

3.1 网络计划技术概述

3.1.1 网络计划技术的发展历史

用网络分析的方法编制的计划称为网络计划，它是 20 世纪 50 年代末发展起来的一种编制大型工程进度计划的有效方法。

1956 年，美国杜邦公司在制定企业不同业务部门的系统规划时，制订了第一套网络计划。这个计划借助网络表示各项工作与所需要的时间，以及各项工作之间的相互关系。通过网络分析研究工程费用与工期的相互关系，并找出在编制计划时及计划执行过程中的关键路线。这种方法称为关键路线法(Critical Path Method，CPM)。

网络计划技术.mp4

1958 年，美国海军武器部在制订"北极星"导弹计划时应用了网络分析方法与网络计划。但它注重于对各项工作安排的评价和审查。这种计划称为计划评审方法(Program Evaluation and Review Technique，PERT)。

两种方法的差别在于，CPM 主要应用于以往在类似工程中已取得一定经验的承包工程；PERT 更多地应用于研究与开发项目。在这两种方法得到应用推广之后，又陆续出现了类似的最低成本和估算计划法、产品分析控制法、人员分配法、物资分配和多种项目计划制订法等。虽然方法很多，各自侧重的目标有所不同，但它们都应用的是 CPM 和 PERT 的基本原理和基本方法。

华罗庚教授将该方法引入我国，我国自 1965 年开始应用网络计划技术，经过多年的实践和应用，至今已得到不断扩大和发展。20 世纪 60 年代我国开始应用 CPM 与 PERT，并根据其基本原理与计划的表达形式，称它们为网络技术或网络方法，又按照其主要特点统筹安排，把这些方法称为统筹法。

国内外应用网络计划的实践表明，它具有一系列优点，特别适用于生产技术复杂、工作项目繁多且联系紧密的一些跨部门的工作计划，如新产品研制开发、大型工程项目、生产技术准备、设备大修等计划，还可以应用于人力、物力、财力等资源的安排，合理组织报表、文件流程等方面。

3.1.2 网络计划技术的原理和特点

1. 网络计划技术的基本原理

(1) 利用网络图的形式表达一项工程中各项工作的先后顺序及逻辑关系。

(2) 通过对网络图时间参数的计算，找出关键工作、关键线路。

(3) 利用优化原理，改善网络计划的初始方案，以选择最优方案。

音频.网络计划技术的
基本原理.mp3

(4) 在网络计划的执行过程中进行有效的控制和监督，保证合理地利用资源，力求以最少的消耗获取最佳的经济效益和社会效益。

2. 网络技术与横道图特点比较

建筑工程施工进度计划是通过施工进度图表来表达建筑产品的施工过程、工艺顺序和相互间逻辑关系的。施工进度的表达方式有横道图计划和网络计划两种。

1) 横道图计划的特点

横道图计划是结合时间坐标,用一系列的水平线段分别表示各工作施工起止时间及其先后顺序的,如图 3-1 所示。它也称为甘特图,是美国人甘特研究的,后来被广泛应用。

施工过程	施工进度/d														
	1	2	3	4	5	6	7	8	9	10	11	12	13	14	15
挖基槽															
作垫层															
作基础															
回填土															

图 3-1　横道图

我国长期以来一直是应用流水施工基本原理,采用横道图表的形式来编制工程项目的施工进度计划的。这种表达方式绘图简单、直观易懂、容易掌握,便于检查和计算劳动力、材料、机具等资源需求状况。但它在表现内容上有许多不足。例如,不能全面而准确地反映出各项工作之间相互制约、相互依赖、相互影响的逻辑关系;不能反映出整个计划(或工程)中哪些是关键工作,哪些是非关键工作;难以在有限的资源下合理组织施工,挖掘计划的潜力,不能准确评价计划经济指标;更重要的是不能应用现代计算机技术。这些不足从根本上限制了横道图进度计划的适应范围。

2) 网络计划的特点

网络计划是由一系列箭线和节点所组成的网状图形来表示各施工过程之间的逻辑关系的,如图 3-2 所示。

图 3-2　网络计划图

网络计划与横道图相比克服了许多缺点,但也有其自身的缺点。下面就来总结一下网络图的优、缺点。

(1) 优点。

① 网络图能明确反映各施工过程之间相互联系、相互制约的逻辑关系。

② 网络图能进行各种时间参数的计算,找出关键施工过程和关键线路,便于在施工中抓住主要矛盾,避免盲目施工。

③ 可通过计算各过程存在的机动时间,更好地利用和调配人力、物力等各项资源,

达到降低成本的目的。

④ 可以利用计算机对复杂的计划进行有目的的控制和优化,实现计划管理的科学化。

(2) 缺点。

① 绘图麻烦,不易看懂,表达不直观。

② 无法直接在图中进行各项资源需要量统计。

3.1.3 网络计划类型的划分

1. 按网络计划工程对象分类

根据计划的工程对象不同和使用范围大小,网络计划可分为局部网络计划、单位工程网络计划和综合网络计划。

1) 局部网络计划

以一个分部或分项工程为对象编制的网络计划称为局部网络计划,如基础、主体、装修等不同施工阶段分别编制的网络计划就属于局部网络计划。

2) 单位工程网络计划

以一个单位工程为对象编制的网络计划称为单位工程网络计划,如一栋教学楼、办公楼或住宅楼的施工网络计划就是单位工程网络计划。

3) 综合网络计划

以整个建筑项目或建筑群为对象编制的网络计划称为综合网络计划,如一个学校、医院或一个工厂等大中型项目的网络计划就属于综合网络计划。

2. 按网络计划性质分类

根据计划形成要素的性质不同,网络计划可分为实施性网络计划和控制性网络计划。

1) 实施性网络计划

实施性网络计划的编制对象是分部分项工程,以局部网络计划的形式编制,其施工过程划分较细,计划期较短。它是管理人员在现场具体指导施工的计划,是控制性进度计划的基础。

2) 控制性网络计划

控制性网络计划的编制对象是单位工程或整个建设项目,以单位工程网络计划和总体网络计划的形式编制。它是上级管理机构指导工作、检查和控制进度计划的依据,也是编制实施性网络计划的依据。

3. 按网络计划表达分类

根据计划的表达方式不同,网络计划可分为双代号网络计划(见图 3-3)、单代号网络计划(见图 3-4)和时标网络计划(见图 3-5)。

4. 按网络计划的目标分类

根据计划的目标个数不同,可分为单目标网络计划和多目标网络计划。

(1) 单目标网络计划。只有一个最终目标的网络计划称为单目标网络计划。单目标网络计划只有一个终节点。

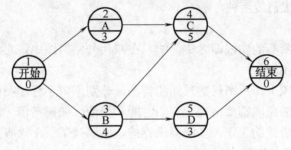

图 3-3 双代号网络图

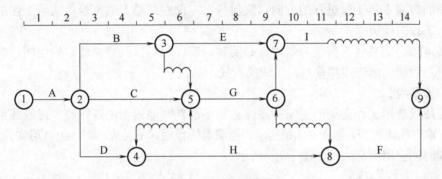

图 3-4 单代号网络图

图 3-5 时标网络图

(2) 多目标网络计划。由若干个独立的最终目标和与其相关的有关工作组成的网络计划称为多目标网络计划,多目标网络计划一般有多个终节点。

3.2 双代号网络计划

双代号网络图是目前应用较为普遍的一种网络计划形式,它用圆圈箭线表达计划内所要完成的各项工作的先后顺序和相互关系。其中箭线表示一个施工过程,施工过程名称写在箭线上方,施工持续时间写在箭线下方,箭尾表示施工过程开始,箭头表示施工过程结束。箭线两端的圆圈称为节点,在节点内进行编号,用箭尾节点号 i 和箭头节点号 j 作为这个施工过程的代号,如图 3-6 所示,由于各施工过程均用两个代号表示,所以叫作双代号法,用此办法绘制的网络图叫作双代号网络图。

网络计划.docx

图 3-6　双代号网络图中的工作表示

3.2.1　双代号网络图的构成

1. 双代号网络图的基本符号

1) 箭线

箭线有实箭线和虚箭线两种。

(1) 实箭线。

网络图中一端带箭头的实线即为实箭线。在双代号网络图中，它与其两端的节点表示一项工作，如图 3-7(a)所示。

一根箭线表示一项工作所消耗的时间和资源，分别用数字标注在箭线的下方和上方。一般而言，每项工作的完成都要消耗一定的时间和资源，如砌砖墙、浇混凝土等；也存在只消耗时间而不消耗资源的工作，如混凝土养护、砂浆找平层干燥等技术间歇，若单独考虑时，也应作为一项工作对待。

箭线的方向表示工作进行的方向，应保持自左向右的总方向。箭尾表示工作的开始，箭头表示工作的结束。

箭线可以画成直线、折线和斜线。必要时，箭线也可以画成曲线，为使图形整齐，宜画成水平直线或由水平线和垂直线组成的折线。

(2) 虚箭线。

虚箭线仅表示工作之间的逻辑关系，它既不消耗时间也不消耗资源。虚箭线可画成水平直线、垂直线或折线，如图 3-7(b)所示。当虚箭线很短，不易表示时，也可用实箭线表示，但其持续时间应用零标注，如图 3-7(c)所示。

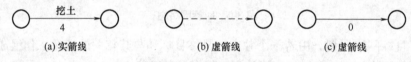

(a) 实箭线　　　　　　　(b) 虚箭线　　　　　　　(c) 虚箭线

图 3-7　箭线的表示

2) 节点

在双代号网络图中，箭线端部的圆圈就是节点。双代号网络图中的节点表示工作之间的逻辑关系。

(1) 节点表示前面工作结束和后面工作开始的瞬间，所以节点不需要消耗时间和资源。

(2) 箭线的箭尾节点表示该工作的开始，箭线的箭头节点表示该工作的结束。

(3) 根据节点在网络图中的位置不同，可以分为起点节点(也称起始节点)、终点节点(也称结束节点)和中间节点。网络图中的第一个节点就是起点节点，表示一项任务的开始。网络图中的最后一个节点就是终点节点，表示一项任务的完成。除起点节点和终点节点以外的节点称为中间节点，中间节点都有双重的含义，它既是前面工作的箭头节点，也是后面工作的箭尾节点，如图 3-8 所示。

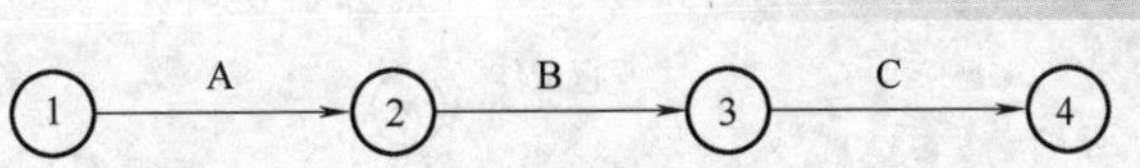

```
①———A———②———B———③———C———④
```

图 3-8 双代号网络节点示意图

3) 节点编号

网络图中的每个节点都要编号，以便于网络图时间参数的计算和检查网络图是否正确。

(1) 节点编号的基本规则是：箭头节点编号要大于箭尾节点编号。

(2) 节点编号的顺序是：从起点节点开始，依次向终点节点进行；箭尾节点编号在前，箭头节点编号在后，凡是箭尾节点没编号的，箭头节点不能编号。

(3) 在一个网络图中，所有节点不能出现重复编号，编号的号码可以按自然数顺序进行，也可以非连续编号，以便适应网络计划调整中增加工作的需要，编号留有余地。

2. 双代号网络图的逻辑关系

1) 工艺逻辑关系

工艺逻辑关系是由施工工艺所决定的各个施工过程之间客观上存在的先后顺序关系。对于一个具体的工程项目而言，当确定施工方法之后，各个施工过程的先后顺序一般是固定的，有的是绝对不允许颠倒的。如图 3-9 所示，支模 1→扎筋 1→混凝土 1 的顺序关系为工艺逻辑关系。

2) 组织逻辑关系

组织逻辑关系是施工组织安排中，考虑劳动力、机具、材料及工期等方面的影响，在各施工过程之间主观上安排的施工顺序，这种关系不受施工工艺的限制，不是由工程性质本身决定的，而是在保证工作质量、安全和工期等的前提下，可以人为安排的顺序关系。如图 3-9 所示，支模 1→支模 2、扎筋 1→扎筋 2 等顺序关系为组织逻辑关系。

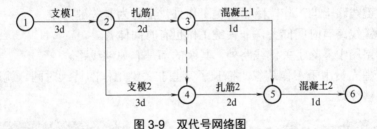

图 3-9 双代号网络图

3. 双代号网络图的基本概念

1) 紧前工作

在网络图中，相对于某工作而言，紧排在该工作之前的工作称为该工作的紧前工作。

2) 紧后工作

在网络图中，相对于某工作而言，紧排在该工作之后的工作称为该工作的紧后工作。

3) 平行工作

在网络图中，相对于某工作而言，可以与该工作同时进行的工作即为该工作的平行工作。

紧前工作、紧后工作和平行工作之间的关系如图 3-10 所示。

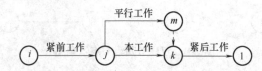

图 3-10　双代号网络图各个工作之间的逻辑关系

4. 线路、关键线路和关键工作

1) 线路

在网络图中从起点节点开始，沿箭头方向顺序通过一系列箭线与节点，最后到达终点节点的通路称为线路。线路上各工作持续时间之和，称为该线路的长度。

2) 关键线路和关键工作

沿着箭线的方向有很多条线路，通过对各条线路的工期计算，可以找到工期最长的线路，这种线路称为"关键线路"，位于关键线路上的工作称为关键工作。

3) 线路性质

(1) 关键线路的性质。

① 关键线路的线路时间代表整个网络计划的计划总工期。

② 关键线路上的工作都称为关键工作。

③ 关键线路没有时间储备，关键工作也没有时间储备。

④ 在网络图中关键线路至少有一条。

⑤ 当管理人员采取某些技术组织措施，缩短关键工作的持续时间，就可能使关键线路变为非关键线路。

(2) 非关键线路的性质。

① 非关键线路的线路时间只代表该条线路的计划工期。

② 非关键线路上的工作，除了关键工作外，都称为非关键工作。

③ 非关键线路有时间储备，非关键工作也有时间储备。

④ 在网络图中，除了关键线路外，其余的都是非关键线路。

⑤ 当管理人员由于工作疏忽，拖长了某些非关键工作的持续时间，就可能使非关键线路转变为关键线路。

3.2.2　双代号网络图的绘图规则

绘制正确的网络图是网络计划技术的基础和出发点，否则会导致计划失误而前功尽弃。正确的网络图所包括的工作项目齐全，施工过程的数目定得适当，各项工作的施工顺序均符合生产工艺的要求，并且各施工过程之间的逻辑关系正确。除以上要求外，绘制网络图时还要遵守以下规则。

1. 在网络图中不允许出现相同编号的箭线

网络图中每根箭线有一个开始节点和一个结束节点的编号，不允许出现相同编号的箭线。例如，图 3-11(a)中的两根箭线在网络图所表示的两个工作，其编号均是①②，这就无法分清①②箭线究竟是指哪一个工作。在这种情况下应增加一个节点和虚箭线，如图 3-11(b)所示，这才是正确的绘图法。

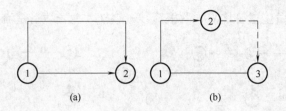

图 3-11 编号绘制

2. 在网络图中不允许出现循环回路

在网络图中出现循环回路是原则性的错误，因为工作的时间是矛盾的。如图 3-12(a)中的②④⑤即为循环回路，应按各施工过程的实际施工顺序予以更正，图 3-12(b)所示为正确的网络图。

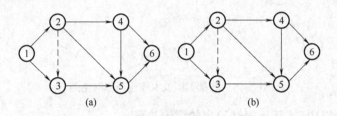

图 3-12 有无循环回路的网络图

3. 在同一个网络图中同一项工作不能出现两次

图 3-13(a)中活动 F 出现了两次，这是不允许的，应增加虚箭线来更正各工作之间逻辑关系，如图 3-13(b)所示。

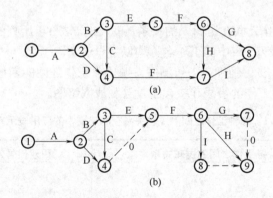

图 3-13 网络图中一个工作不能出现两次的实例

4. 一个网络图中只允许出现一个网络起始节点和一个网络结束节点

例如，图 3-14(a)所示的网络图中出现了两个网络起始节点，即节点①与②，这是不允许的，应加以归并，更正成图 3-14(b)所示的正确绘法。

5. 在网络图中，为了表达分段流水作业的情况，每个工作只反映每一施工段的工作

例如，图 3-15 所示为某基础工程应用流水作业的局部网络图，该基础分成两个施工段，

每项施工过程如挖土做垫层等均需画两根箭线，这样才能表达清楚流水施工的节奏。

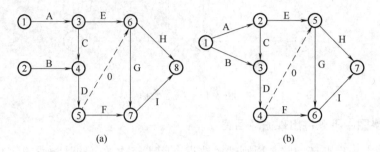

图 3-14 网络图中只可以出现一个起始节点示意图

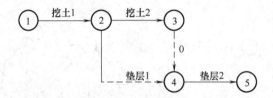

图 3-15 基础工程流水作业局部网络图

6. 双代号网络图必须正确表达已定的逻辑关系

在表示工程施工计划的网络图中，根据施工工艺和施工组织的要求，应正确反映各项工作之间的相互依赖和相互制约的关系，这也是网络图与横道图的最大不同点。各工作间的逻辑关系是否表示得正确，是网络图能否反映工程实际情况的关键。如果逻辑关系错了，网络图中各种时间参数的计算就会发生错误，关键线路和工程的计算工期也将跟着发生错误。

在网络图中，各工作之间在逻辑上的关系是变化的。表 3-1 所列的是网络图中常见的一些逻辑关系及其表示方法，表中的工作名称均以字母表示。

绘制网络图之前，要正确确定工作顺序，明确各工作之间的衔接关系，根据工作的先后顺序逐步把代表各项工作的箭线连接起来，绘制成网络图。

表 3-1 各种工作之间的逻辑关系在网络图中的应用表示方法

序号	各工作之间的逻辑关系	用双代号网络图的表达方式
1	A 完成后，进行 B 和 C	
2	A、B 完成后，进行 C 和 D	

续表

序号	各工作之间的逻辑关系	用双代号网络图的表达方式
3	A、B 完成后，进行 C	
4	A 完成后，进行 C A、B 完成后，进行 D	
5	A、B 完成后，进行 D A、B、C 完成后，进行 E D、E 完成后，进行 F	
6	A、B 工作分成 3 个施工段 A_1 完成后，进行 A_2、B_1 A_2 完成后，进行 A_3 A_2 及 B_1 完成后，进行 B_2 A_3 及 B_2 完成后，进行 B_3	
7	A 完成后，进行 B B、C 完成后，进行 D	

3.2.3 双代号网络图的绘图方法与要求

当已知每一项工作的紧前工作时，可按下述步骤绘制双代号网络图。

第 1 步　绘制没有紧前工作的工作箭线，使它们具有相同的起点节点，以保证网络图只有一个起点节点(用母线法)。

第 2 步　依次绘制其他工作箭线。这些工作箭线的绘制条件是其所有紧前工作箭线都已经绘制出来。在绘制这些工作箭线时，应按下列原则进行。

(1) 当所要绘制的工作只有一项紧前工作时，则将该工作箭线直接画在其紧前工作箭线之后即可。

(2) 当所要绘制的工作有多项紧前工作时，应按以下 4 种情况分别予以考虑。

音频.双代号1网络图的
绘图方法与要求.mp3

①　对于所要绘制的工作(本工作)而言，如果在其紧前工作中存在一项只作为本工作紧前工作的工作(即在紧前工作栏目中，该紧前工作只出现一次)，则应将本工作箭线直接画在该紧前工作箭线之后，然后用虚箭线将其他紧前工作箭线的箭头节点与本工作箭线的箭尾节点分别相连，以表达它们之间的逻辑关系。

②　对于所要绘制的工作(本工作)而言，如果在其紧前工作中存在多项只作为本工作紧前工作的工作，应先将这些紧前工作箭线的箭头节点合并，再从合并后的节点开始，画出本工作箭线，最后用虚箭线将其他紧前工作箭线的箭头节点与本工作箭线的箭尾节点分别相连，以表达它们之间的逻辑关系。

③　对于所要绘制的工作(本工作)而言，如果不存在情况①和情况②时，应判断本工作的所有紧前工作是否都同时作为其他工作的紧前工作(即在紧前工作栏目中，这几项紧前工作是否均同时出现若干次)。如果上述条件成立，应先将这些紧前工作箭线的箭头节点合并后，再从合并后的节点开始画出本工作箭线。

④　对于所要绘制的工作(本工作)而言，如果既不存在情况①和情况②，也不存在情况③时，则应将本工作箭线单独画在其紧前工作箭线之后的中部，然后用虚箭线将其各紧前工作箭线的箭头节点与本工作箭线的箭尾节点分别相连，以表达它们之间的逻辑关系。

第3步　当各项工作箭线都绘制出来之后，应合并那些没有紧后工作的工作箭线的箭头节点，以保证网络图只有一个终点节点(多目标网络计划除外)。

第4步　当确认所绘制的网络图正确后，即可进行节点编号。网络图的节点编号在满足前述要求的前提下，既可采用连续的编号方法，也可采用不连续的编号方法，以避免以后增加工作时改动整个网络图的节点编号。

以上所述是已知每项工作的紧前工作时的绘图方法，当已知每项工作的紧后工作时，也可按类似的方法进行网络图的绘制，只是其绘图顺序由前述的从左向右改为从右向左。

【案例3-1】已知各工作之间的逻辑关系如表3-2所示，则可按下述步骤绘制其双代号网络图。

表3-2　逻辑关系表

工作	A	B	C	D
紧前工作	—	—	A、B	B

(1) 绘制工作箭线A和工作箭线B，如图3-16(a)所示。
(2) 按前述原则2中的情况绘制工作箭线C，如图3-16(b)所示。

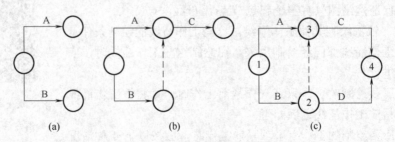

(a)　　　　　　　　(b)　　　　　　　　(c)

图3-16　绘制过程图

(3) 按前述原则 1 绘制工作箭线 D 后,将工作箭线 C 和 D 的箭头节点合并,以保证网络图只有一个终点节点。当确认给定的逻辑关系表达正确后,再进行节点编号。表 3-2 给定逻辑关系所对应的双代号网络图如图 3-16(c)所示。

【案例 3-2】试根据表 3-3 所示的各工作的逻辑关系,绘制双代号网络图。

表 3-3　某工作的逻辑关系

工作	A	B	C	D	E	F	G	H
紧前工作	—	A	A	A	B、C、D	C、D	D	E、F、G
紧后工作	B、C、D	E	E、F	E、F、G	H	H	H	—

【解】根据表 3-3 所示的逻辑关系,绘制的双代号网络图如图 3-17 所示。

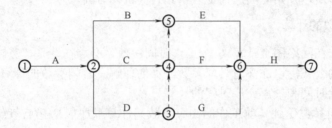

图 3-17　双代号网络图

3.2.4　双代号网络图时间参数的计算

网络计划是指在网络图上加注时间参数而编制的进度计划。网络计划时间参数的计算应在各项工作的持续时间确定之后进行。

1. 时间参数的概念

时间参数是指在网络计划、工作及节点上所具有的各种时间值。双代号网络图的时间参数包括各工作的时间参数、各节点的时间参数、有关工期的参数及时差。

1)　各工作的时间参数

工作持续时间(D)——一项工作从开始到完成的时间。

最早开始时间(ES)——各紧前工作全部完成后,本工作有可能开始的最早时刻。

最早完成时间(EF)——各紧前工作全部完成后,本工作有可能完成的最早时刻。

最迟开始时间(LS)——在不影响整个任务按期完成的前提下,工作必须开始的最迟时刻。

最迟完成时间(LF)——在不影响整个任务按期完成的前提下,工作必须完成的最迟时刻。

2)　各节点的时间参数

节点最早时间(ET)——双代号网络计划中,以该节点为开始节点的各项工作的最早开始时间。

节点最迟时间(LT)——双代号网络计划中,以该节点为完成节点的各项工作的最迟完成时间。

3)　工期

(1) 计算工期。根据时间参数计算所得到的工期,用 T_0 表示。

(2) 要求工期。任务委托人所提出的指令性工期，用 T_r' 表示。

(3) 计划工期。根据要求工期和计算工期所确定的作为实施目标的工期，用 T_p' 表示。

① 当规定了要求工期时，计划工期不应超过要求工期，即

$$T_p < T_r' \tag{3-1}$$

② 未规定要求工期时，可令计划工期等于计算工期，即

$$T_p' = T_c \tag{3-2}$$

4) 时差

(1) 自由时差。各工作在不影响后续工作最早开始时间的前提下，也就是在不影响计划子目标工期的前提下，本工作所具有的机动时间。

(2) 总时差。各工作在不影响计划总工期的情况下所具有的机动时间，也就是在不影响其所有后续工作最迟开始时间的前提下所具有的机动时间。

2. 各时间参数的计算

按工作计算法在网络图上计算 6 个工作时间参数，必须在清楚计算顺序和计算步骤的基础上列出必要的公式，以加深对时间参数计算的理解。时间参数的计算步骤如下。

1) 最早开始时间和最早完成时间的计算

工作最早时间参数受到紧前工作的约束，故其计算顺序应从起点节点开始，顺着箭线方向依次逐项计算。

以网络计划的起点节点为开始节点的工作最早开始时间为零。如网络计划起点节点的编号为 1，则

$$ES_{i-j}=0(i=1) \tag{3-3}$$

最早完成时间等于最早开始时间加上其持续时间，即

$$EF_{i-j}=ES_{i-j}+D_{i-j} \tag{3-4}$$

最早开始时间等于各紧前工作的最早完成时间的最大值，即

$$ES_{i-j}=\max\{EF_{h-i}\} \tag{3-5}$$

或

$$ES_{i-j}=\max\{ES_{h-i}+D_{h-i}\} \tag{3-6}$$

2) 确定计算工期 T_c

计算工期等于以网络计划的终点节点为箭头节点的各个工作的最早完成时间的最大值。当网络计划终点节点的编号为 n 时，计算工期为

$$T_c=\max\{EF_{i-n}\} \tag{3-7}$$

当无要求工期的限制时，取计划工期等于计算工期，即取 $T_p=T_c$。

3) 最迟开始时间和最迟完成时间的计算

工作最迟时间参数受到紧后工作的约束，故其计算顺序应从终点节点起，逆着箭线方向依次逐项计算。

以网络计划的终点节点($j=n$)为箭头节点的工作的最迟完成时间等于计划工期，即

$$LF_{i-n}=T_p \tag{3-8}$$

最迟开始时间等于最迟完成时间减去其持续时间，即

$$LS_{i-j}=LF_{i-j}-D_{i-j} \tag{3-9}$$

最迟完成时间等于各紧后工作的最迟开始时间 LS_{j-k} 的最小值，即

$$LF_{i-j}=\min\{LS_{j-k}\} \tag{3-10}$$

或

$$LF_{i-j}=\min\{LF_{j-k}-D_{j-k}\} \tag{3-11}$$

4) 计算工作总时差

总时差等于其最迟开始时间减去最早开始时间，或等于最迟完成时间减去最早完成时间，即

$$TF_{i-j}=LS_{i-j}-ES_{i-j} \tag{3-12}$$

或

$$TF_{i-j}=LF_{i-j}-EF_{i-j} \tag{3-13}$$

5) 计算工作自由时差

当工作 $i-j$ 有紧后工作 $j-k$ 时，其自由时差应为

$$FF_{i-j}=ES_{j-k}-EF_{i-j} \tag{3-14}$$

或

$$FF_{i-j}=ES_{j-k}-ES_{i-j}-D_{i-j} \tag{3-15}$$

以网络计划的终点节点($j=n$)为箭头节点的工作，其自由时差 FF_{i-n} 应按网络计划的计划工期 T_p 确定，即

$$FF_{i-n}=T_p-EF_{i-n} \tag{3-16}$$

3.3 单代号网络计划

3.3.1 基本形式及特点

1. 单代号网络图的概念

用一个节点及其编号表示一项工作，并用箭线表示工作之间的逻辑关系的网络图称为单代号网络图。节点所表示的工作名称、持续时间和工作代号等标注在节点内，如图 3-18 所示。

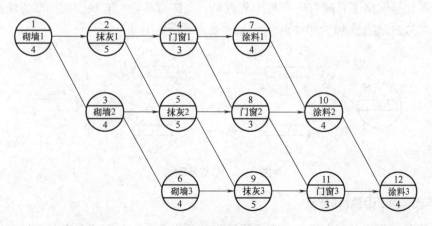

图 3-18 单代号网络图

2. 单代号网络图的特点

(1) 工作之间的逻辑关系清晰，不用虚箭线，故绘图较简单。

(2) 网络图便于检查和修改。

(3) 工作的持续时间标注在节点内，箭线长度不代表持续时间，不形象、不直观。

(4) 表示工作之间的逻辑关系的箭线可能产生较多的纵横交叉现象。

3. 单代号网络计划的基本符号

单代号网络计划的基本符号也是箭线、节点和节点编号。

1) 箭线

单代号网络图中，箭线表示相邻工作之间的逻辑关系。箭线应画成水平直线、折线或斜线。单代号网络图中，只有实箭线，没有虚箭线。

2) 节点

单代号网络图中一个节点表示一项工作，节点宜用圆圈或矩形表示。节点所表示的工作名称、持续时间和工作代号等应标注在节点内。当有两个或两个以上工作同时开始或结束时，应在网络图两端分别设置一项虚工作，作为网络图的起始节点和终点节点。

3) 线路

单代号网络图的线路与双代号网络图的线路的含义是相同的。即从网络计划的起始节点到结束节点之间的若干条通道。从网络计划的起始节点到结束节点之间持续时间最长的线路叫关键线路，其余线路统称为非关键线路。

3.3.2 单代号网络图的绘制

1. 单代号网络图的绘制原则

(1) 单代号网络图不允许出现循环线路。

(2) 单代号网络图不允许出现代号相同的工作。

(3) 单代号网络图不允许出现双箭头箭线或无箭头的线段。

(4) 绘制单代号网络图时，箭线不宜交叉，当交叉不可避免时应采取过桥法绘制。

(5) 单代号网络图只能有一个起始节点和一个终点节点。若缺少起始节点或终点节点时，应用虚拟的起始节点(S)和终点节点(F)补之，如图 3-19 所示。

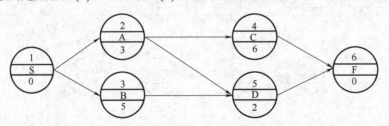

图 3-19　节点示意图

2. 单代号网络图绘制方法

(1) 绘图时要从左向右逐个处理已经确定的逻辑关系，只有紧前工作都绘制完成后，

才能绘制本工作,并使本工作与紧前工作用箭线相连。

(2) 当出现多个"起点节点"或多个"终点节点"时,应增加虚拟起点节点或终点节点,并使之与多个"起点节点"或"终点节点"相连,形成符合绘图规则的完整图形。

(3) 绘制完成后要认真检查,看图中的逻辑关系是否与表中的逻辑关系一致、是否符合绘图规则,如有问题应及时修正。

(4) 单代号网络图的排列方法,均与双代号网络图相应部分类似。

音频.单代号网络图
绘制方法.mp3

3.3.3 时间参数计算

单代号网络计划时间参数的计算应在确定各项工作的持续时间之后进行。时间参数的计算顺序和计算方法基本上与双代号网络计划时间参数的计算相同。单代号网络计划时间参数的标注形式如图 3-20 所示。

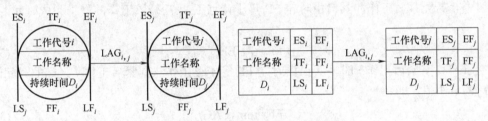

图 3-20　单代号网络计划表示示意图

1. 计算最早开始时间和最早完成时间

网络计划中各项工作的最早开始时间和最早完成时间的计算应从网络计划的起点节点开始,顺着箭线方向依次逐项计算。

网络计划的起点节点的最早开始时间为零。如起点节点的编号为 1,则

$$ES_i=0(i=1) \tag{3-17}$$

工作最早完成时间等于该工作最早开始时间加上其持续时间,即

$$EF_i=ES_i+D_i \tag{3-18}$$

工作最早开始时间等于该工作的各个紧前工作的最早完成时间的最大值,如工作 j 的紧前工作的代号为 i,则

$$ES_j=\max\{EF_i\} \tag{3-19}$$

或

$$ES_j=\max\{ES_i+D_i\} \tag{3-20}$$

式中　ES_i——工作 j 的各项紧前工作的最早开始时间。

2. 网络计划的计算工期 T_c

T_c 等于网络计划的终点节点 n 的最早完成时间 EF_n,即

$$T_c=EF_n \tag{3-21}$$

3. 计算相邻两项工作之间的时间间隔 $LAG_{i,j}$

相邻两项工作 i 和 j 之间的时间间隔 $LAG_{i,j}$ 等于紧后工作 j 的最早开始时间 ES_j 和本工作的最早完成时间 EF_i 之差，即

$$LAG_{i,j} = ES_j - EF_i \qquad (3\text{-}22)$$

4. 计算工作总时差 TF_i

工作 i 的总时差 TF_i 应从网络计划的终点节点开始，逆着箭线方向依次逐项计算。网络计划终点节点的总时差 TF_n，如计划工期等于计算工期，其值为零，即

$$TF_n = 0 \qquad (3\text{-}23)$$

其他工作 i 的总时差 TF_i 等于该工作的各个紧后工作 j 的总时差 TF_j 加该工作与其紧后工作之间的时间间隔 $LAG_{i,j}$ 之和的最小值，即

$$TF_i = \min\{TF_j + LAG_{i,j}\} \qquad (3\text{-}24)$$

5. 计算工作自由时差

工作 i 若无紧后工作，其自由时差 FF_i 等于计划工期 T_p 减该工作的最早完成时间 EF_n，即

$$FF_n = T_p - EF_n \qquad (3\text{-}25)$$

当工作 i 有紧后工作 j 时，其自由时差 FF_i 等于该工作与其紧后工作 j 之间的时间间隔 $LAG_{i,j}$ 的最小值，即

$$FF_i = \min\{LAG_{i,j}\} \qquad (3\text{-}26)$$

6. 计算工作的最迟开始时和最迟完成时间

工作 i 的最迟开始时间 LS_i 等于该工作的最早开始时间 ES_i 与其总时差 TF_i 之和，即

$$LS_i = ES_i + TF_i \qquad (3\text{-}27)$$

工作 i 的最迟完成时间 LF_i 等于该工作的最早完成时间 EF_i 与其总时差 TF_i 之和，即

$$LF_i = EF_i + TF_i \qquad (3\text{-}28)$$

7. 关键工作和关键线路的确定

(1) 关键工作。总时差最小的工作是关键工作。

(2) 关键线路的确定按以下规定：从起点节点开始到终点节点均为关键工作，且所有工作的时间间隔为零的线路为关键线路。

【案例 3-3】请根据图 3-21 所示，试计算工作的最早开始时间(ES_{i-j})和最早完成时间(EF_{i-j})。

【解】按照算式计算如表 3-4 所示。

表 3-4　计算结果

工作	计算过程	工作的最早开始时间	计算过程	工作的最早完成时间
A	-	0	0+3=3	3
B	-	0	0+2=2	2
C	3, 2	3	3+3=6	6

续表

工作	计算过程	工作的最早开始时间	计算过程	工作的最早完成时间
D	2	2	2+2=4	4
E	2	2	2+3=5	5
F	6，4	6	6+2=8	8
G	6，4，5	5	6+3=9	9

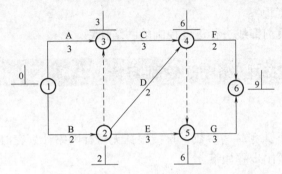

图 3-21　单代号网络图

3.4　双代号时标网络计划

3.4.1　双代号时标网络图基本知识

双代号时标网络计划是以时间坐标为尺度编制的网络计划。它通过箭线的长度及节点的位置，可明确表达工作的持续时间及工作之间恰当的时间关系，是目前工程中常用的一种网络计划形式。

1. 双代号时标网络计划的概念

双代号时标网络计划是以时间坐标为尺度绘制的网络计划，它是综合应用横道图的时间坐标和网络计划的原理，在横道图基础上引入网络计划中各工作之间逻辑关系的表达方法。采用时标网络计划，既解决了横道图中各项工作不明确、时间参数无法计算的缺点，又解决了双代号网络计划时间表达不直观、不能看出各工作的开始及完成时间等问题。

2. 时标网络计划是以时间坐标表示

(1) 时标网络计划是绘制在时标计划表上的。时标的时间单位是根据需要，在编制时标网络计划之前确定的，可以是小时、天、周、旬、月或季等。

(2) 实箭线表示工作，箭线的水平投影长度表示工作时间的长短。

(3) 虚箭线表示虚工作。

(4) 波形线表示工作的自由时差。

3. 双代号时标网络计划的特点

(1) 能够清楚地展现计划的时间进程。

(2) 直接显示各项工作的开始与完成时间、工作的自由时差和关键线路。

(3) 可以通过叠加确定各个时段的材料、机具、设备及人力等资源的需要。

(4) 由于箭线的长度受到时间坐标的制约，因此绘图比较麻烦。

4. 双代号时标网络计划的适用范围

(1) 工作项目较少、工艺过程比较简单的工程。

(2) 局部网络工程。

(3) 作业性网络工程。

(4) 使用实际进度前锋线进行进度控制的网络计划。

3.4.2 双代号时标网络图的绘制方法

1. 直接绘制法

直接绘制法是指不计算时间参数，直接根据无时标网络计划在时标表上进行绘制时标网络计划的方法，其绘制步骤如下。

(1) 确定时间坐标刻度线。

(2) 将起点节点定位在时间坐标横轴为零的纵轴上。

(3) 按工作持续时间在时间坐标上绘制以起点节点为开始节点的各工作箭线。

(4) 其他工作的开始节点必须在该工作的全部紧前工作都绘出后，定位在这些紧前工作最晚完成的时标纵轴上。某些工作的箭线长度不足以达到该节点时，用波浪线来补足，头画在波浪线与节点连接处。

(5) 用以上方法从左到右依次确定其他节点的位置，直至网络计划的终点节点定位为止。

2. 间接绘制法

(1) 绘制双代号网络图，计算时间参数，找出关键线路，确定关键工作。

(2) 根据实际需要确定时间单位并绘制时标横轴。

(3) 根据工作最早开始时间或节点的最早时间确定各节点的位置。

(4) 依次在各节点间绘出箭线和自由时差。

(5) 用虚箭线连接各有关节点，将有关的工作连接起来。

3.4.3 双代号时标网络图的绘制

时标网络计划宜按最早的时间绘制。在绘制前，首先应根据确定的时间单位绘制出一个时间坐标表，时间坐标单位可根据计划期的长短确定；时标一般标注在时标表的顶部或底部，要注明时标单位。有时在顶部或底部还加注相对应的日历坐标和计算坐标。时标表中的刻度线应为细实线，为使图面清晰，此线一般不画或少画，如图 3-22 所示。

时标网络计划.docx

计算坐标	1	2	3	4	5	6	7	8	9	10	11	12	13	14	
日历	24/4	25/4	26/4	29/7	30/4	6/5	7/5	8/5	9/5	10/5	13/5	14/5	15/5	16/5	17/5
(工作单位)	1	2	3	4	5	6	7	8	9	10	11	12	13	14	15
网络计划															
(工作单位)															

图 3-22　时标网络计划坐标

1. 时标的 3 种形式

(1)　计算坐标主要用作网络计划时间参数的计算，但不够明确，如网络计划表示的计划任务从第 0 天开始，就不易理解。

(2)　日历坐标可明确表示整个工程的开工日期和完工日期以及各项工作的开始日期和完成日期，同时还可以考虑扣除节假日休息时间。

(3)　工作日坐标可明确表示各项工作在工程开工后第几天开始和第几天完成，但不能表示工程的开工日期和完工日期以及各项工作的开始日期和完成日期。

在时标网络计划中，以实线表示工作，实线后不足部分(与紧后工作开始节点之间的部分)用波浪线表示，波浪线的长度表示该工作与紧后工作之间的时间间隔；由于虚工作的持续时间为 0，所以，应垂直于时间坐标(画成垂直方向)，用虚箭线表示，如果虚工作的开始节点与结束节点不在同一时刻上，水平方向的长度用波浪线表示，垂直部分仍应画成虚箭线，如图 3-23(a)、(b)所示。

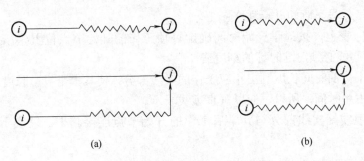

(a)　　　　　　　　　　　　　　　　　(b)

图 3-23　时标网络箭线

2. 绘制时标网络计划的规定

(1)　代表工作的箭线长度在时标表上的水平投影长度，应与其所代表的持续时间相对应。

(2)　节点的中心线必须对准时标的刻度线。

(3)　在箭线与其结束节点之间有不足部分时，应用波浪线表示。

(4)　在虚工作的开始节点与其结束节点之间，垂直部分用虚箭线表示，水平部分用波浪线表示。

绘制时标网络计划应先绘制出无时标网络计划(逻辑网络图)草图，然后再按间接绘制法或直接绘制法绘制。

3. 间接绘制法

间接绘制法是指先计算无时标网络计划草图的时间参数，然后再在时标网络计划表中进行绘制的方法。

采用这种方法时，应先对无时标网络计划进行计算，算出其最早时间。然后再按每项工作的最早开始时间将其箭尾节点定位在时标表上，再用规定线型绘制出工作及其自由时差，即形成时标网络计划。绘制时，一般先绘制出关键线路，然后再绘制非关键线路。其绘制步骤如下。

(1) 先绘制网络计划草图，如图 3-24 所示。

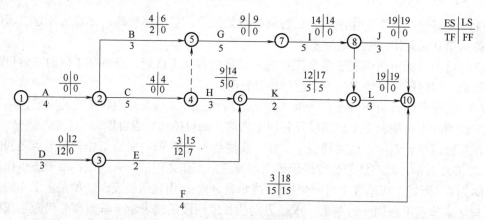

图 3-24 网络计划图

(2) 计算工作最早时间并标注在图上。

(3) 在时标表上，按最早开始时间确定每项工作的开始节点位置(图形尽量与草图一致)，节点的中心线必须对准时标的刻度线。

(4) 按各工作的时间长度画出相应工作的实线部分，使其水平投影长度等于工作时间；由于虚工作不占用时间，所以，应以垂直虚线表示。

(5) 用波浪线把实线部分与其紧后工作的开始节点连接起来，以表示自由时差，如图 3-25 所示。

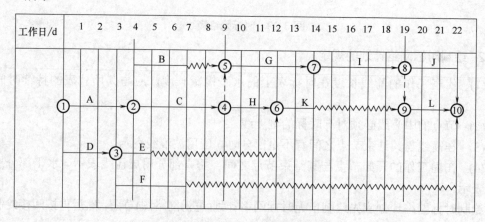

图 3-25 间接绘图法绘制时标网络图

4. 直接绘制法

直接绘制法是指不经时间参数计算而直接按无时标网络计划草图绘制时标网络计划，如图 3-26 所示。

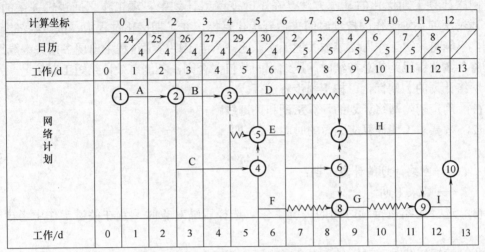

图 3-26 直接绘图法绘制时标网络图

绘制步骤如下。

(1) 将网络计划起点节点定位在时标表的起始刻度线上(即第一天开始点)。

(2) 按工作持续时间在时标表上绘制起点节点的外向箭线，如图 3-26 中的 1—2 箭线。

(3) 工作的箭头节点必须在其所有内向箭线绘出以后，定位在这些箭线中完成最迟的实箭线箭头处，在图 3-26 中，3—5 和 4—5 的结束节点 5 定位在 4—5 的最早完成时间工作；4—8 和 6—8 的结束节点 8 定位在 4—8 的最早完成时间等。

(4) 某些内向箭线长度不足以到达该节点时，用波浪线补足，即为该工作的自由时差；在图 3-26 中，节点 5、7、8、9 之前都用波浪线补足。

(5) 用上述方法自左向右依次确定其他节点的位置，直至终点节点定位绘完为止。

需要注意的是，使用这一方法的关键是要把虚箭线处理好。首先要把它等同于实箭线看待，但其持续时间为零；其次，虽然它本身没有时间，但可能存在时差，故要按规定画好波浪线。在画波浪线时，虚工作垂直部分应画虚线，箭头在波浪线末端或其后存在虚箭线时应在虚箭线的末端，如图 3-24 中虚工作 3—5 的画法。

3.4.4 网络计划的优化

网络计划的优化是指在一定约束条件下，按既定目标对网络计划进行不断改进，以寻求满意方案的过程。

网络计划的优化目标应按计划任务的需要和条件选定，包括工期目标、费用目标和资源目标。根据优化目标的不同，网络计划的优化可分为工期优化、费用优化和资源优化 3 种。

1. 工期优化

工期优化是指网络计划的计算工期不满足要求工期时，通过压缩关键工作的持续时间以满足要求工期目标的过程。

网络计划工期优化的基本方法是在不改变网络计划中各项工作之间逻辑关系的前提下，通过压缩关键工作的持续时间来达到优化目标。在工期优化过程中，按照经济合理的原则，不能将关键工作压缩成非关键工作。此外，当工期优化过程中出现多条关键线路时，必须将各条关键线路的总持续时间压缩相同数值；否则，不能有效地缩短工期。

网络计划的工期优化可按下列步骤进行。

(1) 确定初始网络计划的计算工期和关键线路。

(2) 按要求工期计算应缩短的时间 ΔT，即

$$\Delta T = T_c - T_r \tag{3-29}$$

式中：T_c——网络计划的计算工期；

T_r——要求工期。

(3) 选择应缩短持续时间的关键工作。选择压缩对象时，宜在关键工作中考虑下列因素。

① 缩短持续时间对质量和安全影响不大的工作。

② 有充足备用资源的工作。

③ 缩短持续时间所需增加费用最少的工作。

(4) 将所选定关键工作的持续时间压缩至最短，并重新确定计算工期和关键线路。若被压缩的工作变成非关键工作，则应延长其持续时间，使之仍为关键工作。

(5) 当计算工期仍超过要求工期时，则重复上述第(2)～(4)，直至计算工期满足要求工期或计算工期已不能再缩短为止。

(6) 当所有关键工作的持续时间都已达到其能缩短的极限而寻求不到继续缩短工期的方案，但网络计划的计算工期仍不能满足要求工期时，应对网络计划的原技术方案、组织方案进行调整，或对要求工期重新审定。

2. 费用优化

费用优化又称为工期成本优化，是指寻求工程总成本最低时的工期安排，或按要求工期寻求最低成本的计划安排的过程。

1) 工程费用和时间的关系

在建设工程施工过程中，完成一项工作通常可以采用多种施工方法和组织方法，而不同的施工方法和组织方法，又会有不同的持续时间和费用。由于一项建设工程往往包含许多工作，所以，在安排建设工程进度计划时，就会出现许多方案。进度方案不同，所对应的总工期和总费用也就不同。为了能从多种方案中找出总成本最低的方案，必须首先分析费用和时间之间的关系。

2) 工程费用与工期的关系

工程总费用由直接费和间接费组成。直接费由人工费、材料费、机械使用费、其他直接费及现场经费等组成。施工方案不同，直接费也就不同；如果施工方案一定，则工期不同，直接费也不同。直接费会随着工期的缩短而增加。间接费包括企业经营管理的全部费

用，它一般会随着工期的缩短而减少。在考虑工程总费用时，还应考虑工期变化带来的其他损益，包括效益增量和资金的时间价值等。工程费用与工期的关系如图 3-27 所示。

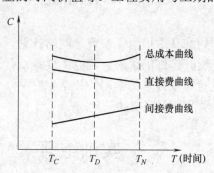

图 3-27　工期与费用的关系曲线

T_C——最短工期；T_D——优化工期；T_N——正常工期

3) 工作直接费与持续时间的关系

由于网络计划的工期取决于关键工作的持续时间，为了进行工期成本优化，必须分析网络计划中各项工作的直接费与持续时间之间的关系，它是网络计划工期成本优化的基础。

工作的直接费与持续时间之间的关系类似于工程直接费与工期之间的关系，工作的直接费随着持续时间的缩短而增加。为简化计算，工作的直接费与持续时间之间的关系被近似地认为是一条直线。当工作划分不是很粗时，其计算结果还是比较精确的。

工作的持续时间每缩短单位时间而增加的直接费称为直接费用率。工作的直接费用率越大，说明将该工作的持续时间缩短一个时间单位，所需增加的直接费就越多；反之，将该工作的持续时间缩短一个时间单位，所需增加的直接费就越少。因此，在压缩关键工作的持续时间以达到缩短工期的目的时，应将直接费用率最小的关键工作作为压缩对象。当有多条关键线路出现而需要同时压缩多个关键工作的持续时间时，应将它们的直接费用率之和(组合直接费用率)最小者作为压缩对象。

3. 资源优化

资源是指为完成一项计划任务所需投入的人力、材料、机械设备和资金等。完成一项工程任务所需要的资源量基本上是不变的，不可能通过资源优化将其减少。资源优化的目的是通过改变工作的开始时间和完成时间，使资源按照时间的分布符合优化目标。

通常情况下，网络计划的资源优化分为两种，即"资源有限，工期最短"的优化和"工期固定，资源均衡"的优化。前者是通过调整计划安排，在满足资源限制条件下，使工期延长最少的过程；而后者是通过调整计划安排，在工期保持不变的条件下，使资源需用量尽可能均衡的过程。这里所讲的资源优化，其前提条件如下。

(1) 在优化过程中，不改变网络计划中各项工作之间的逻辑关系。

(2) 在优化过程中，不改变网络计划中各项工作的持续时间。

(3) 网络计划中各项工作的资源强度为常数，而且是合理的。

(4) 除规定可中断的工作外，一般不允许中断工作，应保持其连续性。

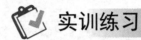

本章小结

本章简单介绍了网络计划的基本概念、双代号网络计划、单代号网络计划以及时标网络计划，其中针对以上内容展开详细的讲解，难点主要是双代号网络图时间参数的计算以及时标网络图的绘制。通过对这些内容的学习，让学生对网络计划的相关知识有了更加详尽的了解，为以后的工作和学习打下坚实的基础。

实训练习

1. 单选题

(1) 如果 A、B 两项工作的最早开始时间分别为第 6 天和第 7 天，它们的持续时间分别为 4 天和 5 天，则它们共同紧后工作 C 的最早开始时间为第( )天。

A. 10   B. 11   C. 12   D. 13

(2) 在某工程的网络计划中，如果工作 X 的总时差和自由时差分别为 8 天和 4 天，监理工程师检查实际进度时发现，该工作的持续时间延长了 2 天，则说明工作 X 的实际进度( )。

A. 既影响总工期，也影响其后续工作

B. 不影响总工期，但其后续工作的最早开始时间将延迟 2 天

C. 影响总工期，总工期拖延 2 天

D. 既不影响总工期，又不影响其后续工作

(3) 在网络计划中，若某项工作拖延使得总工期要延长，那么为了保证工期符合原计划，( )。

A. 应调整该工作的紧后工作   B. 应调整该工作的平行工作

C. 应调整该工作的紧前工作   D. 应调整所有工作

(4) 已知工作 A 的紧后工作是 B 和 C，工作 B 的最迟开始时间为 14，最早开始时间为 10；工作 C 的最迟完成时间为 16，最早完成时间为 14；工作 A 的自由时差为 5 天，则工作 A 的总时差为( ) 天。

A. 5   B. 7   C. 9   D. 11

(5) 某双代号网络图如图 3-28 所示，工作 D 的总时差和自由时差分别为( )。

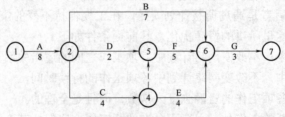

图 3-28 某双代号网络图

A. 2 天和 1 天   B. 2 天和 2 天   C. 1 天和 2 天   D. 1 天和 1 天

2. 多选题

(1) 已知网络计划中工作 M 有两项紧后工作，这两项紧后工作的最早开始时间分别为第 15 天和第 18 天，工作 M 的最早开始时间和最迟开始时间分别为第 6 天和第 9 天。如果工作 M 的持续时间为 9 天，则工作 M(   )。

    A. 总时差为 3 天   B. 自由时差为 0 天   C. 总时差为 2 天

    D. 自由时差为 2 天   E. 最早完成时间为第 15 天

(2) 针对图 3-29 所示的双代号网络计划，下列说法正确的是(   )。

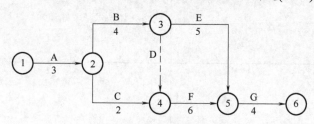

图 3-29　双代号网络计划

    A. 工作 A 的 FF 为 0   B. 工作 E 的 FF 为 4 天

    C. 工作 B 的 LF 为 7 天   D. 工作 E 的 LS 为 7 天

    E. 工作 C 的 TF 为 1 天

(3) 下列关于双代号网络计划绘图规则的说法，正确的有(   )。

    A. 网络图必须正确表达各工作间的逻辑关系

    B. 网络图中可以出现循环回路

    C. 网络图中一个节点只有一条箭线引出

    D. 网络图中严禁出现没有箭头节点或没有箭尾节点的箭线

    E. 单目标网络计划只有一个起点节点和一个终点节点

(4) 下列属于网络图组成要素的是(   )。

    A. 节点   B. 工作   C. 线路   D. 关键线路   E. 虚箭线

(5) 在工程双代号网络计划中，某项工作的最早完成时间是指其(   )。

    A. 开始节点的最早时间与工作总时差之和

    B. 开始节点的最早时间与工作持续时间之和

    C. 完成节点的最迟时间与工作持续时间之差

    D. 完成节点的最迟时间与工作总时差之差

    E. 完成节点的最迟时间与工作自由时差之差

3. 简答题

(1) 按网络计划表达分类，网络计划可以分为哪几类？

(2) 双代号网络图由哪些要素构成？

(3) 简述单代号网络图的特点。

第 3 章习题答案.doc

实训工作单

班级		姓名		日期	
教学项目		网络计划技术			
任务	学会编制双代号网络计划		方式	查找书籍、资料，编制网络计划	
相关知识			网络计划技术基本知识		
其他要求					
学习总结编制记录					
评语				指导教师	

第 4 章　施工组织总设计

【教学目标】

(1) 了解施工组织总设计的作用。
(2) 熟悉施工组织总设计的编制程序。
(3) 掌握施工组织总设计的基本内容。

【教学要求】

第 4 章.pptx

本章要点	掌握层次	相关知识点
施工组织总设计概述	(1) 施工组织总设计的内容 (2) 施工组织总设计的作用 (3) 施工组织总设计的编制依据、原则、程序	(1) 施工组织总设计的作用 (2) 建设项目基础文件 (3) 施工组织设计中编制依据 (4) 施工组织总设计编制原则
施工部署	(1) 工程开展程序 (2) 主要施工项目的施工方案 (3) 临时设施的规划	(1) 工程开展程序需要考虑的问题 (2) 机械化施工总方案的前提 (3) 三通一平
施工总进度计划	(1) 施工总进度计划概述 (2) 施工总进度计划的编制步骤	(1) 施工总进度计划的编制原则 (2) 制订施工总进度计划保证措施 (3) 各主要单位工程的开、竣工时间和相互搭接关系
施工准备工作及资源需要量计划	(1) 施工准备工作计划 (2) 各项资源需要量计划	(1) 现场准备工作的主要内容 (2) 劳动力需要量计划 (3) 材料、构件及半成品需要量计划
施工总平面图	(1) 施工总平面图设计的原则 (2) 施工总平面图设计的内容及依据 (3) 施工总平面图的设计步骤 (4) 施工总平面图的绘制 (5) 计算技术经济指标	(1) 施工总平面图设计的内容 (2) 施工总平面图设计的依据 (3) 加工厂和搅拌站的布置 (4) 施工总平面图的绘制步骤 (5) 计算技术经济指标

【案例导入】

××工程的投标文件技术性文件：本施工组织设计体现本工程施工的总体构思和部署，若我公司有幸承接该工程，我们将遵照我单位技术管理程序，完全接受招标文件提出的有关本工程施工质量、施工进度、安全生产、文明施工等一切要求，并落实各项施工方案和技术措施，尽快做好施工前期准备和施工现场生产设计的总体规划布置工作，发挥我单位的管理优势，建立完善的项目组织机构，落实严格的责任制，按质量体系文件组织施工生产，实施在建设单位领导和监理管理下的项目总承包管理制度，通过对劳动力、机械设备、材料、技术、方法和信息的优化处置实现工期、质量、安全及社会信誉的预期效果。

【问题导入】

试结合本章内容分析施工组织设计在工程施工中的重要作用。

4.1 施工组织总设计概述

施工组织总设计是以若干单位工程组成的群体工程或特大型项目为主要对象编制的施工组织设计，对整个项目的施工过程起统筹规划、重点控制的作用。它是在项目初步设计或扩大初步设计批准、明确承包范围后，由施工项目总包单位的技术负责人主持，会同建设单位、设计单位和分包单位的技术负责人编制。它是整个施工项目的战略部署，其编制范围广，内容比较概括。

施工组织总设计.mp4

4.1.1 施工组织总设计的内容

施工组织总设计的内容一般主要包括工程概况和施工特点分析、施工部署和主要项目施工方案、施工总进度计划、全场性的施工准备工作计划、资源需要量计划、施工总平面图和各项主要技术经济评价指标等。通常由于建设项目的规模、性质、建筑和结构的复杂程度、特点等的不同以及建筑施工场地的条件差异和施工复杂程度不同，其内容也不完全一样。

在施工组织总设计内容中工程概况和施工特点分析是对整个建设项目的总说明和分析，一般包括的内容有以下几个方面。

音频.施工组织总设计的
内容.mp3

1. 建设项目主要情况

建设项目主要情况包括工程性质、建设地点、建设规模、总占地面积、总建筑面积、总工期、分期分批投入使用的项目内容、主要工种工作量、设备安装及其吨位数、总投资额、建筑安装工程量、生产流程和工艺特点、建筑结构类型、新技术新材料的复杂程度和应用情况等。

2. 建设地区的自然条件和技术经济条件

建设地区的自然条件和技术经济条件主要包括：气象、地形地貌、水文、工程地质和水文地质情况，资源供应情况，交通运输和水、电配合等条件。

3. 建设单位或上级主管部门的要求

建设单位或上级主管部门的要求主要指上级主管部门的批件、工程承包合同等对施工的要求。

4. 其他

其他部分如土地征用、建设地区周边环境等与建设项目施工有关的主要情况。

4.1.2 施工组织总设计的作用

施工组织总设计的作用有以下几点。

(1) 为建设项目或建筑群体工程施工阶段做出全局性的战略部署。

(2) 为做好施工准备工作，保证资源供应提供依据。

(3) 为组织全工地性施工业务提供科学方案和实施步骤。

(4) 为施工单位编制工程项目生产计划和单位工程施工组织设计提供依据。

(5) 为业主编制工程建设计划提供依据。

(6) 为确定设计方案的施工可行性和经济合理性提供依据。

4.1.3 施工组织总设计的编制依据

施工组织总设计的编制依据有以下内容。

1. 建设项目基础文件

(1) 建设项目可行性研究报告及其批准文件。

(2) 建设项目规划红线范围和用地批准文件。

(3) 建设项目勘察设计任务书、图纸和说明书。

(4) 建设项目初步设计或技术设计批准文件，以及设计图纸和说明书。

(5) 建设项目总概算、修正总概算或设计总概算。

(6) 建设项目施工招标文件和工程承包合同文件。

2. 工程建设政策、法规和规范资料

(1) 《建筑施工组织设计规范》(GB/T 50502—2009)的有关规定。

(2) 工程建设报建程序有关规定。

(3) 动迁工作有关规定。

(4) 工程项目实行建设监理有关规定。

(5) 工程建设管理机构资质管理有关规定。

(6) 工程造价管理有关规定。

(7) 工程设计、施工和验收有关规定。

3. 建设地区原始调查资料

(1) 建设地区气象资料。

(2) 工程地形、工程地质和水文地质资料。

(3) 建设地区交通运输能力和价格资料。

(4) 建设地区建筑材料、构配件和半成品供应状况资料。

(5) 建设地区进口设备和材料到货口岸及其转运方式资料。

(6) 建设地区供水、供电、供热、通信能力和价格资料。

(7) 建设地区土建和安装施工企业状况资料。

4. 类似工程的施工组织总设计和经验资料

(1) 类似施工项目成本控制资料。

(2) 类似施工项目工期控制资料。

(3) 类似施工项目质量控制资料。

(4) 类似施工项目技术新成果资料。

(5) 类似施工项目管理新经验资料。

【案例4-1】某施工单位受建设单位委托承担了北方某饭店室内装修工程项目的施工任务，并签订了施工合同。工期为 2003 年 10 月 1 日至 2004 年 4 月 30 日。建设单位口头提出，要求施工单位 3 天内提交施工组织设计。

其中施工组织设计中的编制依据如下。

(1) 招标文件、答疑文件及现场勘查情况。

(2) 工程所用的主要规范、标准、规程、图集:《建筑地面工程施工质量验收规范》(GB 50209—2010)、《建筑装饰装修工程施工质量验收规范》(GB 50210—2013)、《建筑内部装修设计防火规范》(GB 50222—2017)，你认为施工组织设计编制依据中有哪些不妥? 为什么?

4.1.4　施工组织总设计的编制原则

编制施工组织总设计应遵照以下基本原则。

(1) 严格遵守工期定额和合同规定的工程竣工及交付使用期限。总工期较长的大型建设项目，应根据生产的需要安排分期、分批建设，配套投产或交付使用，从实质上缩短工期，尽早发挥建设投资的经济效益。

音频.施工总进度计划的
编制原则.mp3

在确定分期、分批施工的项目时，必须注意使每期交工的一套项目可以独立地发挥效用，使主要的项目同有关的附属辅助项目同时完工，以便完工后可以立即交付使用。

(2) 合理安排施工程序与顺序。建筑施工有其本身的客观规律，按照反映这种规律的程序组织施工，能够保证各项施工活动相互促进、紧密衔接，避免不必要的重复工作，加快施工速度、缩短工期。

(3) 贯彻多层次技术结构的技术政策，因时、因地制宜地促进技术进步和建筑工业化的发展。

(4) 从实际出发，做好人力、物力的综合平衡，组织均衡施工。

(5) 尽量利用正式工程、原有或就近的已有设施，以减少各种暂设工程；尽量利用当地已有设施。

4.1.5 施工组织总设计的编制程序

从施工组织总设计的编制程序(见图 4-1)可以看出，编制施工组织总设计时，首先要从全局出发，对建设地区的自然条件、技术经济情况、物资供应与消耗、工期等情况进行调查研究，找出主要矛盾和薄弱环节，重点解决。其次，在此基础上合理安排施工总进度计划，进行物资、技术、施工等各方面的准备工作；编制相应的劳动力、材料、机具设备、运输量生产生活临时需要量等需要计划；确定各种机械入场时间和数量；确定临时水、电、热计划。最终编制施工准备工作计划和设计施工总平面图，并进行技术经济指标计算。

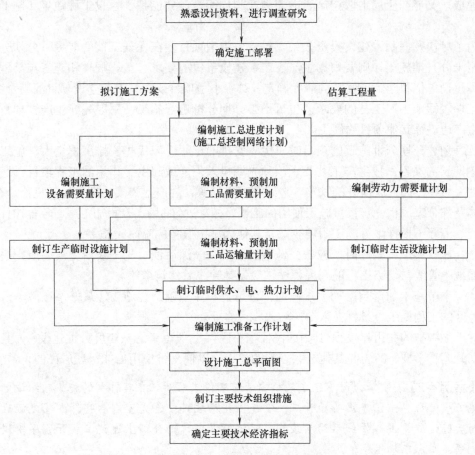

图 4-1 施工组织总设计的编制程序

4.2 施 工 部 署

施工部署是对整个建设项目全局作出的统筹规划和全面安排,主要解决影响建设项目全局的重大施工问题。

施工部署所包括的内容,因建设项目的性能、规模和各种客观条件的不同而不同。一般应考虑的主要内容有确定工程开展程序、主要工程项目的施工方案、施工任务的划分与组织安排、全场性临时设施的规划等内容。

4.2.1 工程开展程序

工程开展程序主要考虑以下几点。

(1) 在保证工期要求的前提下,实行分期分批施工。这样能使各单项或单位工程项目迅速建成,又能在全局上取得施工的连续性和均衡性,并能减少暂设工程数量和降低工程成本。

为了尽快发挥基本建设投资效果,对于大中型项目要在保证工期的前提下分期分批建设。至于分几期施工,则要根据生产工艺、建设单位的要求、工程规模和施工难易程度等由工程建设单位和施工单位共同研究确定。对于小型项目或大型工业建设项目的某个系统,由于工期较短或生产工艺的要求,也可不必分期分批进行施工,采取先建生产性项目,而后边生产边进行其他项目的施工。

(2) 划分分期分批施工的项目时应优先安排的工程。应优先安排工程量大、施工难度大或工期长的项目;按生产工艺要求,须先期投入生产或起主导作用的工程项目;运输系统、动力系统,如厂区内外的铁路、道路和变电站等;生产上需要先期使用的机修、车库、办公楼及部分家属宿舍等;供施工使用的工程,如采砂(石)场、木材加工厂、各种构件预制加工厂、混凝土搅拌站等施工附属企业及其他为施工服务的临时设施等。

(3) 在安排工程顺序时,应按先地下后地上、先深后浅、先干线后支线的原则进行安排。如地下管线与筑路工程的开展程序,应先铺管线后修筑道路。

(4) 季节施工的影响。如大规模的土方工程和深基础工程施工,最好不在雨季进行;寒冷地区的工程施工,最好在入冬时转入室内作业。

对于大中型的民用建设项目(如居民住宅小区),一般也考虑按年度分批建设,而且还应考虑幼儿园、学校、商店和其他公共设施的建设,以便交付使用后能保证居民的正常生活。

【案例4-2】某装饰公司承接了某公寓装饰装修工程后,在其编制的施工组织设计中确定了施工展开程序:①先准备后开工;②先围护后装饰;③先室内后室外;④先湿后干;⑤先面后隐;⑥先设备管线后面层装饰。根据所学内容,分析上述施工展开程序中错误的是哪几项,写出正确程序。

4.2.2 主要施工项目的施工方案

施工组织总设计中要拟订一些主要工程项目的施工方案。这些项目通常是建设项目中工程量大、施工难度大、工期长，对整个建设项目的完成起关键性作用的建筑物(或构筑物)，以及全场范围内工程量大、影响全局的特殊分项工程。

拟订主要工程项目的施工方案，其目的是进行技术和资源的准备工作，同时也为了施工进程的顺利开展和现场的合理布置。其内容包括确定施工方法、施工工艺流程、施工机械设备等。对施工方法的确定要兼顾技术工艺的先进性和经济上的合理性；对施工机械的选择，应使主导机械的性能既能满足工程的需要，又能发挥其效能，在各个工程上能够实现综合流水作业，减少其拆、装、运的次数；对于辅助配套机械，其性能应与主导施工机械相适应，以充分发挥主导施工机械的工作效率。

由于机械化施工是实现现代化施工的前提，因此，在拟订主要建筑物施工方案时，应注意按以下几点考虑确定机械化施工总方案的问题。

(1) 所选主导施工机械的类型和数量既能满足工程施工的需要，又能充分发挥其效能，并能在各工程上实现综合流水作业。

(2) 各种辅助机械或运输工具应与主导机械的生产能力协调配套，以充分发挥主导机械效率。例如，土方工程在采用汽车运土时，汽车的载重量应为挖土机斗容量的整倍数，汽车的数量应保证挖土机连续工作。

(3) 在同一工地上，应力求使建筑机械的种类和型号尽可能少一些，以利于机械管理；尽量使用一机多能的机械，提高机械使用率。

(4) 机械选择应考虑充分发挥施工单位现有机械的能力，当本单位的机械能力不能满足工程需要时，则应购置或租赁所需机械。

(5) 所选机械化施工总方案应是技术上先进和经济上合理的。

另外，对于某些施工技术要求高或比较复杂、技术先进或施工单位尚未完全掌握的分部分项工程，应提出原则性的技术措施方案。

4.2.3 临时设施的规划

根据项目施工方案的要求，对施工现场临时设施进行规划，主要内容包括：安排生产和生活临时设施的建设；安排原材料、成品、半成品、构件的运输和储存方式；安排场地平整方案和全场排水设施；安排场内外道路、水、电、气引入方案；安排场区内的测量标志等。

对一个建设项目或建筑群而言，"三通一平"规划是施工准备工作的重要内容，也是单位工程开工的必要条件。因此，全场性"三通一平"应有计划、有步骤、分阶段地进行，在施工组织总设计中应作出规划。

1. 施工道路规划

施工道路是组织大量物资进场的运输动脉。建设项目开工前，为了使材料、构件等尽早运至现场，在施工组织总设计中应对现场内外施工道路作出规划。首先，必须接通场地外主要干道，使之与国家地方公路干线和各仓库、材料堆场等相连，尽量减少中间转运，节约运输费用；其次，要接通场内临时道路，并尽量利用拟建的永久性道路。

2. 现场用水和排水规划

施工现场的"水通"包括两个方面的内容，即保证施工中生产、生活、消防用水的供给和地面水的排放，在施工组织总设计中对给水管网和排水系统应作出规划。首先，给水管网应与永久性供水系统相结合进行铺设，既要保证使用方便，又要尽量缩短管线的长度，节约费用；其次，现场地面排水也十分重要，尤其是在雨量大、雨期长的地区，施工现场积水将直接影响施工的正常进行，主要干道排水设施的规划应与永久性工程相结合，临时性道路及施工现场排水可挖排水沟。

3. 现场用电规划

现场用电主要包括施工生产用电和生活用电两种。施工现场临时用电要考虑安全并采用节能措施。如果在电力系统供电地区内，则只需与供电部门联系获得电源即可；在电力系统供电不足或不能供给时，则应考虑自行发电。同时，开工前要接通电信等通信设施。

4. 平整场地规划

平整场地规划是按建筑总平面图中确定的高程(或标高)，通过地形图或测量的方法确定的自然高程(或标高)，计算确定挖土和填土的数量，设计土方调配方案，组织人力或机械进行施工的规划。规划时，要尽量做到挖填平衡、总运输量最小、就近调运、节约运费。

4.3 施工总进度计划

4.3.1 施工总进度计划概述

施工总进度计划是施工现场各项施工活动在时间上的体现。编制施工总进度计划就是根据施工部署中的施工方案和工程项目的开展程序，对全工地的所有工程项目做出时间上的安排。其作用在于确定各个施工项目及其主要工种工程、准备工作和全工地性工程的施工期限及其开工和竣工的日期，从而确定建筑施工现场的劳动力、材料、成品、半成品、施工机械的需要数量和调配情况，以及现场临时设施的数量、水电供应数量和能源、交通的需要数量等。因此，

施工组织设计.docx

正确地编制施工总进度计划是保证各项目以及整个建设工程按期交付使用、充分发挥投资效益、降低建筑工程成本的重要条件。

1. 编制施工总进度计划的基本要求

编制施工总进度计划的基本要求是：保证拟建工程在规定的期限内完成，迅速发挥投资效益，保证施工的连续性和均衡性；施工总进度计划应按照项目总体施工部署的安排进行编制；施工总进度计划可采用网络图或横道图表示，并附必要的说明。

2. 施工总进度计划的编制原则

(1) 合理安排施工顺序，保证在人力、物力、财力消耗最少的情况下，按规定工期完成施工任务。

(2) 采用合理的施工组织方法，使建设项目的施工保持连续、均衡、有节奏地进行。

(3) 在安排年度工程任务时，要尽可能按季度均匀分配基本建设投资。

3. 施工总进度计划的内容

施工总进度计划的内容应包括：编制说明，施工总进度计划表(图)，分期(分批)实施工程的开、竣工日期及工期一览表，资源需要量及供应平衡表等。

4. 制订施工总进度计划保证措施

1) 组织措施

组织措施包括：建立进度控制目标体系，明确职责分工；建立工程进度报告、审核和实施过程检查分析制度；建立进度协调会议制度；建立图纸审查、工程变更和设计变更管理制度。

2) 技术措施

技术措施包括：编制施工进度计划实施细则；利用网络计划技术和其他科学的计划方法对进度实施动态控制。

3) 经济措施

经济措施包括：及时办理工程进度款和工程预付款手续；对工期提前给予奖励，反之则要收取误期损失赔偿金；对应急赶工给予优厚的赶工费用。

4) 合同措施

合同措施包括：严格控制合同变更，全面履行工程承包合同；在合同中加强风险管理；加强索赔管理。

4.3.2 施工总进度计划的编制步骤

1. 计算主要工程项目的工程量

主要工程项目的工程量计算应根据建设项目的特点分以下两步进行。

1) 划分施工项目

施工总进度计划主要起控制总工期的作用，因此，项目的划分不宜过多，应突出重点，可按照主要工程项目的开展顺序排列，次要的同类型项目(如附属项目、辅助项目)可以合并列出。

2) 计算各主要工程项目的工程量

工程量的计算应按初步设计或技术设计图纸及各种定额手册进行。在缺少定额手册时，可参考已建的类似工程资料。常用的定额手册资料有以下几种。

① 万元、十万元投资工程量，劳动力及材料消耗扩大指标。

② 概算指标和扩大结构定额。

③ 标准设计和已建的类似工程资料。

按上述方法计算的主要工程项目工程量应填入工程量汇总表中。

2. 确定各主要单位工程的施工期限

主要单位工程的施工期限应根据现场具体条件，结合以下影响因素综合考虑后确定。

影响单位工程施工工期的因素有：建筑结构类型，现场地形、地质、施工条件，施工技术，机械化施工程度，劳动力和物资供应情况，施工管理水平，自然条件等。也可以参考有关的工期定额来确定各主要单位工程的施工期限。

3. 确定各主要单位工程的开工、竣工时间和相互搭接关系

各主要单位工程的开、竣工时间和相互搭接关系应根据施工部署及单位工程施工期限来安排。通常应考虑下列因素。

(1) 考虑使用要求和施工可能性，结合物资供应情况及施工准备条件，合理安排各单位工程的施工顺序，分期分批组织施工，并明确每个施工阶段的主要施工项目和开、竣工时间。对于在生产(或使用)上有重大意义的主体工程，工程规模较大、施工规模较大、施工难度较大、施工周期较长的项目，以及需要先期配套使用或可供施工使用的项目应尽早安排。

(2) 保证重点，兼顾一般。在安排进度时，要分清主次，抓住重点，同一时期的开工项目不应过多，以免人力、物力分散。

(3) 全面考虑各种条件限制，充分估计设计出图时间和材料、设备的到货情况，使每个施工项目的施工准备、土建施工、设备安装和调试生产(运转)的时间能合理衔接。

(4) 要考虑连续、均衡的施工要求。必要时确定一些调剂项目(如办公楼、宿舍、附属或辅助车间等)，在保证工程项目顺利完工的前提下更好地实现均衡施工。做好土方、劳动力、施工机械、材料和构件的五大综合平衡，使土建工程中主要分部分项工程(土方、基础、现浇混凝土、构件预制、结构吊装、砌筑和装修等)和设备安装工程实行连续、均衡的流水施工。

(5) 在施工顺序安排上，一般应先地下后地上，先深后浅，先干线后支线，先地下管线后筑路。在场地平整的挖方区，应先平整场地，后挖管线土方；在填方区，应由远至近，先铺设管线，后平整场地。另外，要考虑季节影响，大规模土方开挖和深基础施工应避开雨期；寒冷地区入冬前应做好围护结构，冬期施工以安排室内作业和结构安装为宜。

4. 编制施工总进度计划

完成上述工作之后，即可编制施工总进度计划。

(1) 根据确定的各主要单位工程施工工期、开竣工时间和相互间的搭接关系，编制初步进度计划。

(2) 按照流水施工与综合平衡要求，调整进度计划或网络计划，使各个时期的工作量尽可能达到均衡。

(3) 绘制施工总进度计划和主要分布(分项)工程流水进度计划或网络计划。

4.4 施工准备工作及资源需要量计划

施工总进度计划编制以后，就可以编制施工准备工作计划和各项总资源需要量计划了。

4.4.1 施工准备工作计划

施工准备工作是为了创造有利的施工条件，保证施工任务能够顺利完成。总体施工准

备应包括技术准备、现场准备和资金准备等。技术准备、现场准备和资金准备应满足项目分阶段(期)施工的需要。

1. 技术准备

技术准备主要包括技术力量配备、审查设计图纸、技术文件的编制、办理开工手续等方面。

2. 现场准备

现场准备工作的主要内容如下。
(1) 及时做好施工现场补充勘测，了解拟建工程位置的地下有无暗沟、墓穴等；
(2) 砍伐树木，拆除障碍物，平整场地；
(3) 铺设临时施工道路，接通施工临时用供水、供电管线；
(4) 做好场地排水防洪设施；
(5) 搭设仓库、工棚和办公、生活等施工临时用房屋。

3. 资金准备

资金准备主要包括：落实建设资金，办理建筑构件、配件及材料的购买和委托加工手续，组织机械设备和模具等的进场等。

4.4.2 各项资源需要量计划

各项资源需要量计划是做好劳动力及物资的供应、平衡、调度、落实的依据，其内容一般包括以下几个方面。

1. 劳动力需要量计划

首先根据工程量汇总表中列出的各主要实物工程量查套预算定额或有关经验资料，便可求得各个建筑物主要工种的劳动量，再根据总进度计划中各单位工程分工种的持续时间即可求得某单位工程在某段时间里的平均劳动力数。按同样的方法可计算出各个建筑物各主要工种在各个时期的平均工人数。将总进度计划表纵坐标方向上各单位工程同工种的人数叠加在一起并连成一条曲线，即成为某工种的劳动力动态图。根据劳动力动态图可列出主要工种劳动力需要量计划表，见表4-1。劳动力需要量计划是确定临时工程和组织劳动力进场的依据。

表4-1 劳动力需要量计划表

序号	单项工程名称	工种名称	劳动量/工日	需要人数及时间											备注
				20××年(月)							20××年(季)				
				1	2	3	4	5	6	…	I	II	III	IV	
1															

序号	单项工程名称	工种名称	劳动量/工日	需要人数及时间												备注
				20××年(月)							20××年(季)					
				1	2	3	4	5	6	···	Ⅰ	Ⅱ	Ⅲ	Ⅳ		
2																
···																
合计																

2. 材料、构件及半成品需要量计划

根据各工种工程量汇总表所列各建筑物的工程量，查"万元定额"或"概算指标"即可得出各建筑物所需的建筑材料、构件和半成品的需要量。然后根据总进度计划表，估计出某些建筑材料在某一时间的需要量，从而编制出建筑材料、构件和半成品的需要量计划，见表4-2。

表4-2　材料、构件和半成品的需要量计划表

序号	单项工程名称	材料和预制品					需要量及时间											备注
		编码	名称	规格	单位	数量	20××年(月)							20××年(季)				
							1	2	3	4	5	6	···	Ⅰ	Ⅱ	Ⅲ	Ⅳ	
1																		
2																		
···																		
合计																		

3. 施工机具需要量计划

主要施工机械，如挖土机、起重机等的需要量计划，应根据施工部署和施工方案、施工总进度计划、主要工种工程量以及机械化施工参考资料进行编制，见表4-3。施工机具需要量计划除组织机械供应外，还可作为施工用电容量计算和确定停放场地面积的依据。

表4-3　施工机具需要量计划

序号	单项工程名称	材料和预制品				电动机功率/kW	需要量及时间											备注
		编码	名称	型号	单位		20××年(月)							20××年(季)				
							1	2	3	4	5	6	…	I	II	III	IV	
1																		
2																		
…																		
合计																		

4.5　施工总平面图

施工总平面图是对拟建的一个建设项目或建筑群的施工现场所作的平面规划或布置图。它是解决全工地施工期间所需各项临时设施和永久建筑以及拟建项目之间空间关系的依据，是施工总设计的重要内容，是具体指导现场施工部署的行动方案，是单位工程施工平面图的设计依据，也是实现现场文明施工的先决条件。工程项目施工过程是一个变化的过程，施工总平面图也应随之做必要的修改。

4.5.1　施工总平面图设计的原则

(1) 在满足施工要求的前提下布置紧凑，少占地，不挤占交通道路。
(2) 在满足施工需要的前提下，尽量减少临时工程的搭设，以降低临时工程费。
(3) 最大限度地缩短场内运输距离，尽可能避免二次搬运。
(4) 充分考虑劳动保护、环境保护、技术安全、防火要求等。
(5) 临时设施布置应利于生产和生活，减少工人往返时间。

4.5.2　施工总平面图设计的内容及依据

1. 施工总平面图设计的内容

(1) 一切地上、地下已建和拟建的建筑物、构筑物及其设施的位置和尺寸。
(2) 施工用地范围。
(3) 现场各种暂设工程、机械设备及临时设施位置。

(4) 各种材料、半成品的仓库和堆场。

(5) 供电、供水线路及变压器位置，排水系统、消防系统及交通运输道路等的平面位置。

(6) 永久性测量放线标志桩位置、永久性及半永久性建筑物的坐标位置。

2. 施工总平面图设计的依据

(1) 用于建设项目的原始资料和技术经济条件资料。

(2) 建设项目施工部署、主要工程施工方案、施工总进度计划、施工总质量计划和施工总成本计划。

(3) 各种建筑材料、构件、半成品、施工机械、运输工具需要量计划和各种临时设施需要量计划。

(4) 建设项目施工用地范围和水、电源位置，以及建设项目安全施工、文明施工和防火标准等要求。

(5) 类似建筑工程施工组织设计参考资料。

音频.施工总平面设计
的依据.mp3

4.5.3　施工总平面图的设计步骤

施工总平面布置图的设计一般应按以下步骤进行。

1. 场外交通的引入

设计全厂性施工总平面图时，首先应从研究大宗材料、成品、半成品、设备等进入工地的运输方式入手。当大宗材料由铁路运来时，首先要解决铁路的引入问题；当大批材料是由水路运来时，应首先考虑原有码头的运用和是否增设专用码头问题；当大批材料是由公路运入时，由于汽车可以灵活布置，因此，一般先布置场内仓库和加工厂，然后再布置场外交通的引入。

1) 铁路运输

当大量材料由铁路运入工地时，首先应解决铁路由何处引入及如何布置问题。一般大型工业企业、厂区内都设有永久性铁路专用线，通常可将其提前修建，以便为工程施工服务。但由于铁路的引入将严重影响场内施工的运输和安全，因此，铁路的引入应靠近工地的一侧或两侧。仅当大型工地分为若干个工区进行施工时，铁路才可以引入工地中央。此时，铁路应位于每个工区的侧边。

2) 水路运输

当大量材料由水路运进现场时，应充分利用原有码头的吞吐能力。当需增设码头时，卸货码头不应少于两个，且宽度应大于 2.5m，一般用石或钢筋混凝土结构建造。

3) 公路运输

当大量材料由公路运进现场时，由于公路布置较灵活，一般先将仓库、加工厂等生产性临时设施布置在最经济、合理的地方，再布置通向场外的公路线。

2. 布置仓库与材料堆场

1) 仓库的布置

布置仓库时应注意以下几点。

(1) 仓库一般应接近使用地点，其纵向宜与道路平行，装卸时间长的仓库不宜靠近路边。

(2) 当采用铁路运输时，宜沿铁路线布置中心仓库和周转仓库。

(3) 当采用公路运输时，仓库布置较灵活，应尽量使用永久性仓库为施工服务，也可在施工现场设置现场仓库。

(4) 当采用水路运输时，如江河靠近工地，可在码头附近设置中心仓库、周转仓库及加工仓库。

(5) 水泥仓库和砂、石堆场应布置在搅拌站附近，砖、预制构件应直接布置在垂直运输设备或用料地点附近。

(6) 钢筋、木材仓库应布置在其加工厂附近。

(7) 油料、氧气、电石等仓库应布置在边远、人少的安全地点；易燃材料仓库要设置在拟建工程的下风向。

(8) 车库、机械站应布置在现场入口处。

(9) 工具库应布置在加工区与施工区之间交通方便处。

(10) 工业建设项目的设备仓库或堆场应尽量设置在拟建车间附近等。

2) 仓库材料储备量的确定

确定仓库内的材料储备量时，一方面要保证施工的正常需要，另一方面又不宜储备过多，以免加大仓库面积，积压资金，常用材料的储备期见表4-4。仓库材料储备量可按下式计算：

$$P = \frac{K_1 T_i Q}{T}$$

式中：P——材料储备量(m^3,t)等；

K_1——材料使用不均匀系数；

T_i——材料的储备期；

Q——某施工项目的材料需要量(m^3,t)等；

T——某施工项目的施工延续时间(d)。

表4-4　材料的储备期

序　号	材料名称	储备天数	备　注
1	沙子	10～30	
2	碎卵石	10～30	
3	石灰	10～30	
4	砖	10～30	
5	瓦	10～30	
6	块石	10～20	
7	炉渣	10～30	
8	水泥	30～40	
9	型钢及钢板	40～50	
10	钢筋	40～50	
11	木材	40～50	

建筑施工组织与管理

续表

序　号	材料名称	储备天数	备　注
12	沥青	20～30	
13	卷材	20～30	
14	玻璃	20～30	

3. 加工厂和搅拌站的布置

加工厂和搅拌站的布置位置，应使材料和构件的运输费用最少，有关联的加工厂应适当集中，加工厂和搅拌站所需面积的参考指标见表 4-5。下面分别叙述搅拌站和几种加工厂的布置。

表 4-5　加工场和搅拌站所需面积的参考指标

序号	施工场名称	年产量		单位产量所需建筑面积	占地总面积/m²	备　注
		单位	数量			
1	混凝土搅拌站	m³	3200	0.022(m²/m³)	按砂石堆场考虑	400L 搅拌机 2 台
		m³	4800	0.021(m²/m³)		400L 搅拌机 3 台
		m³	6400	0.020(m²/m³)		400L 搅拌机 4 台
2	临时性混凝土预制场	m³	1000	0.25(m²/m³)	2000	生产屋面板和中小型梁柱板等，配有蒸养设施
		m³	2000	0.20(m²/m³)	3000	
		m³	3000	0.15(m²/m³)	4000	
		m³	5000	0.125(m²/m³)	<6000	
3	半永久性混凝土预制场	m³	3000	0.6(m²/m³)	9000～12000	
		m³	5000	0.4(m²/m³)	12000～15000	
		m³	10000	0.3(m²/m³)	15000～20000	
4	木材加工厂场	m³	15000	0.0244(m²/m³)	1800～3600	进行原木、方木加工
		m³	24000	0.0199(m²/m³)	2200～4800	
		m³	30000	0.0181(m²/m³)	3000～5500	
	综合木工加工场	m³	200	0.30(m²/m³)	100	进行门窗、模板、地板、屋架等
		m³	500	0.25(m²/m³)	200	
		m³	1000	0.20(m²/m³)	300	
	粗木加工场	m³	2000	0.15(m²/m³)	420	加工模板、屋架等
		m³	5000	0.12(m²/m³)	1350	
		m³	10000	0.10(m²/m³)	2500	
	细木加工场	m³	15000	0.09(m²/m³)	3750	加工门窗、地板等
		m³	20000	0.08(m²/m³)	4800	
		万 m³	5	0.0140(m²/m³)	7000	
		万 m³	10	0.0114(m²/m³)	10000	
		万 m³	15	0.0106(m²/m³)	14300	

序号	施工场名称		年产量		单位产量 所需建筑面积	占地总面积 /m²	备　注
			单位	数量			
	钢筋加工场		t	200	0.35(m²/t)	280～560	加工、成型、 焊接
			t	500	0.25(m²/t)	380～750	
			t	1000	0.20(m²/t)	400～800	
			t	2000	0.15(m²/t)	450～900	
5	现场钢筋拉直 或冷拉所需场 地(长×宽或 面积)	拉直场	m		(70～80)×(3～4)		包括材料及 成品堆放
		卷扬机棚	m²		15～20		3～5t 电动卷 扬机一台
		冷拉场	m		(40～60)×(3～4)		包括材料及 成品堆放
		时效场	m		(30～40)×(6～8)		包括材料及 成品堆放
	钢筋对焊(所 需场地)	对焊场地	m		(30～40)×(4～5)		包括材料及 成品堆放
		对焊棚	m²		15～24		寒冷地区应 适当增加
	钢筋冷加工 (所需场地)	冷拔、冷轧机	m²/台		40～50		
		剪断机			30～50		
		弯曲机 Φ12mm 以下			50～60		
		弯曲机 Φ40mm 以下			60～70		
6	金属结构加工(包括一般铁件)		所需 场地 (m²/t)	年产 500t 为 10			按一批加工 数量计算
				年产 1000t 为 8			
				年产 2000t 为 6			
				年产 3000t 为 5			
7	石灰消化	储灰池		5×3＝15(m²)			每两个储灰 池配一套淋 灰池和淋灰 槽，每 600kg 石灰可消化 1m³ 石灰膏
		淋灰池		4×3＝12(m²)			
		淋灰槽		3×2＝6(m²)			
8	沥青锅场地			20～24(m²)			台班产量 1～ 1.5t/台

1) 混凝土搅拌站

混凝土搅拌站的布置有集中、分散、集中与分散布置相结合 3 种方式。当现浇混凝土量大时，宜在工地设置混凝土搅拌站；当运输条件好时，以采用集中搅拌最有利；当运输条件较差时，以分散搅拌为宜。

2) 砂浆搅拌站

砂浆搅拌站多采用分散就近布置。这是因为建筑工地，特别是工业建筑工地使用砂浆为主的砌筑与抹灰工程量不大，且又多为一班制生产，如采用集中搅拌砂浆，不仅会造成搅拌站的工作不饱满，不能连续生产，同时还会增加运输上的困难。

3) 构件预制加工厂布置

混凝土构件预制加工厂应尽量利用建设地区的永久性加工厂。只有其生产能力不能满足建设工程需要时，才考虑设置。其位置最好布置在建设场地中无建筑材料堆放的场地、铁路专用线路转弯处的扇形地带或场外邻近处。

4) 钢筋加工厂

钢筋加工厂可集中布置，也可分散布置，视工地具体情况而定。一般需进行冷加工、对焊、点焊钢筋骨架和大片钢筋网时，宜采用集中布置加工。这样可以充分发挥加工设备的效能，满足全工地需要，保证加工质量和降低加工成本。但也易于产生集中成批生产与工地需要成套供应之间的矛盾。因此，必须加强加工成本的计划管理，以满足工地的需要。对于小型加工、小批量生产和利用简单机具就能成型的钢筋加工，采用分散布置较为灵活。

5) 木材加工厂

木材加工厂设置与否、是集中还是分散设置、设置规模等，都应视建设地区内有无可供利用的木材加工厂，以及木材加工的数量和加工性质而定。如建设地区没有可利用的木材加工厂，而锯材、标准门窗、标准模板等加工量又很大时，则集中布置木材联合加工厂为好。对于非标准件的加工与模板修理工作等，可分散在工地附近设置临时工棚进行加工。

木材加工厂宜设置在施工区域边缘的下风向位置。其原木、锯材堆场宜设置在靠近铁路、公路和水路沿线。

4. 临时生活设施的布置

工地所需临时生活设施的设计应以经济、适用、拆装方便为原则，并根据当地的气候条件、工期长短确定其结构形式。布置时应注意以下几点。

(1) 尽量利用已有或拟建的永久性建筑。

(2) 生产区与生活区应分开布置，工地行政管理用房宜设在工地入口处或中心区域，现场办公用房应靠近施工地点。

(3) 生活福利用房应设在干燥地区、工人较集中之处。

(4) 工人宿舍和文化福利用房一般宜在场外集中布置。临时生活设施所需面积参见表 4-6 确定。

表 4-6　临时生活设施所需面积

序号	临时房屋名称		指标使用方法	参考指标/(m²/人)
1	办公室		按管理人员人数	3~4
2	宿舍	单层通铺	按高峰年(季)平均职工人数 (扣除不在工地住宿人数)	2.5~3
		双层床		2.0~2.5
		单层床		3.5~4
3	食堂		按高峰年平均职工人数	0.5~0.8
4	食堂兼礼堂			0.6~0.9
5	其他	其他合计		0.5~0.6
		医务所		0.05~0.07
		浴室		0.07~0.1
		理发室		0.01~0.03
		浴室兼理发室		0.08~0.1
		其他公用		0.05~0.10
6	现场小型设施	开水房/m²		10~40
		厕所	按高峰年平均职工人数	0.02~0.07
		工人休息室		0.15

5. 场内运输道路的布置

工地内部运输道路的布置，应根据各加工厂、仓库及各施工对象的位置布置道路，并研究货物周转运行图，以明确各段道路上的运输负担，区别主要道路和次要道路，进行道路的规划。规划这些道路时要特别注意满足运输车辆的安全行驶，在任何情况下不致形成交通断绝或阻塞。在规划厂区内道路时，应考虑以下几点。

(1) 合理规划临时道路与地下管网的施工程序。

在规划临时道路时，还应考虑充分利用拟建的永久性道路系统，提前修建路基及简单路面，作为施工所需的临时道路。若地下管网的图纸尚未出全，必须采取先施工道路后施工管网的顺序时，临时道路就不能完全建造在永久性道路的位置，而应尽量布置在无管网地区或扩建工程范围地段上，以免开挖管道沟时破坏路面。

(2) 保证运输通畅。

道路应有两个以上进出口，并应有足够的宽度和转弯半径。现场内道路干线应采用环形布置，主要道路宜采用双车道，其宽度不得小于3.5m。

(3) 选择合理的路面结构。

临时道路的路面结构，应根据运输情况、运输工具和使用条件来确定。一般场外与省、市公路相连的干线，因其以后会成为永久性道路，因此一开始就应建成混凝土路面。

6. 行政与生活福利临时建筑的布置

临时建筑物的设计应遵循经济、适用、装拆方便的原则，并根据当地的气候条件、工期长短确定其建筑与结构形式。

行政与生活临时设施包括办公室、汽车库、职工休息室、开水房、小卖部、食堂、俱乐部和浴室等。要根据工地施工人数计算这些临时设施和建筑面积，应尽量利用建设单位的生活基地或其他永久性建筑，不足部分另行建造。

一般全工地性行政管理用房宜设在全工地入口处，以便对外联系，也可设在工地中部，便于全工地管理。工人用的福利设施应设置在工人较集中的地方或工人必经之路。生活基地应设在场外，距工地 500～1000m 为宜，并避免设在低洼潮湿、有烟尘和有害健康的地方。食堂宜设在生活区，也可布置在工地与生活区之间。

7. 布置临时水、电管网和其他动力设施

(1) 尽量利用已有的和提前修建的永久线路。

(2) 临时总变电站应设在高压线进入工地处，避免高压线穿过工地。临时自备发电设备应设置在现场中心或靠近主要用电区域。

(3) 临时水池、水塔应设在用水中心和地势较高处。管网一般沿道路布置，供电线路应避免与其他管道设在同一侧，主要供水、供电管线采用环状，孤立点可设枝状。

(4) 管线空路处均要套以铁管，一般电线用 p51～p76 管，电缆用 p102 管，并埋入地下 0.6m 处。

(5) 过冬的临时水管，须埋在冰冻线以下或采取保温措施。

(6) 排水沟沿道路布置，纵坡不小于 0.2%，过路处须设涵管，在山地建设时应有防洪设施。

(7) 室外消火栓应在在建工程、临时用房和可燃材料堆场及其加工场均匀布置，消火栓距离在建工程、临时用房和可燃材料堆场及其加工场的外边线不小于 5m，消火栓间距不大于 120m，最大保护半径不大于 150m。

(8) 各种管道布置的最小净距应符合有关规定。

4.5.4 施工总平面图的绘制

施工总平面图是施工组织总设计的重要内容，是要归入档案的技术文件之一。因此，要求精心设计，认真绘制。现将绘制步骤简述如下。

(1) 确定图幅大小和绘图比例。图幅大小和绘图比例应根据工地大小及布置内容多少来确定。图幅一般可选用 1～2 号图纸大小，比例一般采用 1∶1000 或 1∶2000。

(2) 合理规划和设计图面。施工总平面图除要反映现场的布置内容外，还要反映周围环境和面貌(如已有建筑物、场外道路等)。故绘图时应合理规划和设计图面，并应留出一定的空余图面绘制指北针、图例及文字说明等。

(3) 绘制建筑总平面图的有关内容。将现场测量的方格网，现场内外已建的房屋、构筑物、道路和拟建工程等，按正确的内容绘制在图面上。

(4) 绘制工地需要的临时设施。根据布置要求及面积计算，将道路、仓库、加工厂和水、电管网等临时设施绘制到图面上去。对复杂的工程，必要时可采用模型布置。

(5) 形成施工总平面图。在进行各项布置后，经分析比较、调整修改，形成施工总平面图，并作必要的文字说明，标上图例、比例、指北针。

完成的施工总平面图比例要正确，图例要规范，线条粗细分明，字迹端正，图面整洁、美观。

4.5.5 计算技术经济指标

施工组织总设计编制完成后，还需对其做出技术经济分析评价，以便改进方案或对多方案进行优选。施工组织总设计的技术经济指标应反映出设计方案的技术水平和经济性，一般常用的指标如下。

(1) 施工工期指标。施工工期指标包括建设项目总工期，独立交工系统工期，以及独立承包项目和单项工程工期。

(2) 施工质量指标。施工质量指标包括分部工程质量水平、单位工程质量水平以及单项工程和建设项目质量水平。

(3) 施工成本指标。施工成本指标包括建设项目总造价、总成本和利润；每个独立交工系统的总造价、总成本和利润；独立承包项目造价成本和利润；每个单项工程、单位工程造价、成本和利润；产值(总造价)利润率和成本降低率。

(4) 施工消耗指标。施工消耗指标包括建设项目总用工量；独立交工系统用工量；每个单项工程用工量；各自平均人数、高峰人数、劳动力不均衡系数和劳动生产率；主要材料消耗量和节约量；主要大型机械使用数量、台班量和利用率。

(5) 施工安全指标。施工安全指标包括施工人员伤亡率、重伤率、轻伤率和经济损失。

(6) 施工其他指标。施工其他指标包括施工设施建造费比例、综合机械化程度、工厂化程度和装配化程度，以及流水施工系数和施工现场利用系数。

本章小结

施工组织总设计是以整个建设项目或群体工程为对象，根据初步设计图纸和有关资料及现场施工条件编制，用以指导全工地各项施工准备和组织施工的技术经济的综合性文件。本章从施工组织总设计的概念出发，以施工组织总设计的内容为骨架，详细地介绍了施工组织总设计的相关知识。通过对本章的学习，学生能够掌握施工组织总设计的基本概念、施工组织总设计的内容以及施工组织总设计的编制方法。

实训练习

1. 填空题

(1) 施工部署主要包括____，____，____等项内容。

(2) 施工管理组织又包括确定____、____、____、____、____。

(3) 施工总进度计划属于____性计划，要根据施工部署要求，____确定每个独立交工系统，以及____控制工期，并使它们____搭接起来。

(4) 施工资源需要量计划又称施工总资源计划，包括____、____和____。

(5) 主要技术组织措施主要包括____、____、____、____、____等项内容。

(6) 主要技术经济指标包括项目施工____、____、____、____、____和其他施工指标。

2. 单选题

(1) 施工组织总设计的编制依据，不正确的是(   )。

    A. 计划批准文件及有关合同的规定   B. 设计文件及有关规定

    C. 建设地区的工程勘察资料   D. 施工组织单项设计

(2) 施工部署的主要内容不包括(   )。

    A. 施工总目标   B. 施工管理组织   C. 施工总体安排   D. 制定管理程序

(3) 确定工程开展程序应保证(   )。

    A. 工期   B. 投入   C. 先地上、后地下   D. 先支线后干线

(4) 资源需要量计划不包括(   )。

    A. 劳动力需要量计划   B. 资金需要量计划

    C. 各种物资需要量计划   D. 施工机具需要量计划

(5) 选择水源应考虑的因素不包括(   )。

    A. 水量   B. 水质

    C. 安全可靠   D. 距离

3. 简答题

(1) 什么是施工组织总设计？

(2) 简述编制施工组织总设计应遵循的基本原则。

(3) 简述如何确定工程开展程序。

第 4 章习题答案.doc

实训工作单

班级		姓名		日期	
教学项目		施工组织总设计			
任务	编制某个工程的施工组织总设计		方式	查找书籍、资料，编制施工组织总设计	
相关知识			施工组织设计基本知识		
其他要求					

学习总结编制记录

评语			指导教师	

第 5 章　单位工程施工组织设计

【教学目标】

(1) 了解单位工程施工组织设计的任务、作用。

(2) 熟悉单位工程施工组织设计的编制程序。

(3) 掌握单位工程施工组织设计的基本内容。

【教学要求】

第 5 章.pptx

本章要点	掌握层次	相关知识点
单位工程施工组织设计概述	(1) 了解单位工程施工组织设计的编制内容 (2) 了解单位工程施工组织设计的作用 (3) 掌握单位工程施工组织设计的编制依据、程序	(1) 单位工程施工组织设计的主要内容 (2) 单位工程施工组织设计的主要作用 (3) 单位工程施工组织设计的编制依据
单位工程概况	(1) 了解建筑设计与结构设计概况 (2) 掌握施工条件 (3) 掌握工程施工特点分析	(1) 施工时的技术条件 (2) 建筑设计特点 (3) 结构设计特点
单位工程施工方案	(1) 了解施工程序、流向、顺序 (2) 掌握主要施工方法的选择 (3) 掌握主要施工机械的选择 (4) 了解施工方案的评价	(1) 土建施工"四先四后"原则 (2) 安排施工顺序需要考虑的因素 (3) 施工方法选择的内容 (4) 施工机械的考虑
单位工程施工进度计划	(1) 了解施工进度计划的概念 (2) 了解施工进度计划的编制 (3) 掌握单位工程施工进度计划的编制内容和步骤	(1) 施工进度计划的作用 (2) 施工进度计划的分类 (3) 施工进度计划的编制程序
单位工程资源需求量计划	(1) 了解劳动力需要量计划 (2) 了解主要材料需要量计划 (3) 掌握构件和半成品需要量计划 (4) 了解施工机械需要量计划	(1) 劳动力需要量计划的安排 (2) 主要材料需要量计划安排 (3) 构件和半成品需要量计划安排 (4) 施工机械需要量计划安排
单位工程施工平面图	(1) 施工平面图的概念 (2) 单位工程施工平面图的设计步骤 (3) 单位工程施工平面图的绘制	(1) 施工平面图设计的主要内容 (2) 施工平面图的设计原则 (3) 单位工程施工平面图设计要点

中国已建成天然气管道 $6.9×10^4$km，干线管网总输气能力超过 $1.7×10^{11}$m³/年，初步形成了"西气东输、川气东送、海气登陆、就近供应"的管网格局，建成了西北(新疆)、华北(鄂尔多斯)、西南(川渝)、东北和海上向中东部地区输气的五大跨区域天然气主干管道系统。由于管道建设为线性工程，其本身的复杂性更是加大了施工管理的难度。施工组织设计可以有效地协调不同专业的施工矛盾，将现场的管理进行主动控制，对整个项目实施过程进行动态管理，从很大程度上提高了工程的管理水平。以场站为例，在土建和工艺的施工中，如果没有施工组织设计的协调，往往就会出现土建超前或滞后于工艺施工，使整个工程不能有序配合衔接。而不同的专业作业，更是需要施工组织设计的优化协调，比如电气、通信、仪表、消防等各个专业之间如果不能相互配合，都会增加后续工作的工程量，造成施工矛盾，影响工期、费用等相关因子。

【问题导入】

试结合本案例分析施工组织设计对现场组织施工的重要作用。

5.1 单位工程施工组织设计概述

单位工程施工组织设计主要是指导单位工程施工企业进行施工准备和进行现场施工的全局性的技术、经济文件，它既要体现国家的有关法律、法规和施工图的要求，又要符合施工活动的客观规律，其主要包括建设项目的工程概况和施工条件、施工方案、施工进度计划、施工准备工作、资源需要量计划、施工平面图、保证工程质量和安全的技术措施和主要的技术指标。

单位工程施工组织设计.mp4

5.1.1 单位工程施工组织设计的任务

单位工程施工组织设计的任务就是根据编制施工组织设计的基本原则、施工组织总设计和有关的原始资料，并结合实际施工条件，从整个建筑物或构筑物施工的全局出发，选择合理的施工方案，确定科学合理的各分部分项工程间的搭接、配合关系，以及设计符合施工现场情况的平面布置图，从而以最少的投入，在规定的工期内，生产出质量好、成本低的建筑产品。

5.1.2 单位工程施工组织设计的编制内容

根据工程的性质、规模、结构特点、技术复杂程度和施工条件等，单位工程施工组织设计内容的深度和广度也不尽相同，一般来说应包括以下主要内容。

(1) 工程概况。主要包括工程建设概况、设计概况、施工特点分析和施工条件等内容。

(2) 施工方案。主要包括确定各分部分项工程的施工顺序、施工方法和选择适用的施工机械，制订主要技术组织措施。

(3) 单位工程施工进度计划表。主要包括确定各分部分项工程名称、计算工程量、计算劳动量和机械台班量、计算工作持续时间，确定施工班组人数及安排施工进度，编制施工准备工作计划及劳动力、主要材料、预制构件、施工机具需要量计划等内容。

音频.单位工程施工组织
设计的编制内容.mp3

(4) 单位工程施工平面图。主要包括确定垂直运输机械、搅拌站、临时设施、材料及预制构件堆场布置，运输道路布置，临时供水、供电管线的布置等内容。

(5) 主要技术经济指标。主要包括工期指标、工程质量指标、安全指标、降低成本指标等内容。对于建筑结构比较简单、工程规模比较小、技术要求比较低，且采用传统施工方法组织施工的一般工业与民用建筑，其施工组织设计可以编制得简单些，其内容一般只包括施工方案、施工进度表、施工平面图，辅以扼要的文字说明，简称为"一案一表一图"。

5.1.3　单位工程施工组织设计的作用

单位工程施工组织设计的作用主要表现在以下几方面。

(1) 贯彻施工组织总设计精神，具体实施施工组织总设计对该单位工程的规划安排。

(2) 选择确定合理的施工方案，提出具体质量、安全、进度、成本保证措施，落实建设意图。

(3) 编制施工进度计划，确定科学合理的各分部分项工程间的搭接配合关系，以实现工期目标。

(4) 计算各种资源需要量，落实资源供应，做好施工作业准备工作。

(5) 设计符合施工现场情况的平面布置图，使施工现场平面布置科学、紧凑、合理。

5.1.4　单位工程施工组织设计的编制依据

单位工程施工组织设计的编制依据主要有以下几方面。

(1) 施工合同。施工合同中对工程的范围和内容、开竣工日期、质量标准、安全施工、合同价款与支付、索赔与争议等有关规定。

音频.施工进度计划的
编制依据.mp3

(2) 主管部门的批示文件。如上级主管部门审批的工程立项批准文件、建设用地规划许可证、建设工程规划许可证，建设用水、用电、通信、煤气、供水设施等的批准文件，以及施工许可证等。

(3) 经过会审的施工图纸。其中包括：单位工程的全部施工图纸、会审纪要和标准图等有关设计资料；对于较复杂的建筑工程还要有设备图纸和设备安装对土建施工的要求，及设计单位对新结构、新材料、新技术和新工艺的要求；如果是某个大型建设项目中的一个单位工程，还要有建设项目的总平面布置图等。

(4) 标前设计。应在投标前编制的施工组织设计基础上进一步细化。

(5) 施工组织总设计。本工程若为整个建设项目中的一个单位工程，应把施工组织总设计中的总体施工部署及对本工程工期、质量、成本控制的目标要求和有关规定作为编制依据。

(6) 项目管理目标责任书。在单位工程施工组织设计的编制中，应落实企业法定代表人与项目经理签订的"项目管理目标责任书"。

(7) 建筑业企业年度施工计划。如企业年度生产计划对该工程的安排、进度要求、其他项目穿插施工的要求和规定。

(8) 工程预算文件。其中提供了工程量、工料分析和预算成本，要求应有详细的分部分项工程量，必要时应有分层、分段或分部位的工程量。

(9) 现行有关的规范、规程等资料。如国家的《建筑工程施工质量验收统一标准》(GB 50300—2013)及配套各专业工程施工质量验收规范，《建筑施工安全检查标准》(JGJ 59—2011)及配套安全技术规范、《工程网络计划技术规程》(JGJ/T 121—2015)，《房屋建筑制图统一标准》(GB/T 50001—2017)等系列国家制图标准，施工手册，有关施工规程，有关定额等；地方的有关标准、实施细则；企业的有关工法、专利、管理手册、程序文件、管理办法、制度、标准、细部做法、企业定额等。

(10) 各项资源情况。包括劳动力、施工机具和设备、材料、预制构件、加工品的供应能力和来源情况。

(11) 施工现场的具体情况和勘察资料。包括高程、地形地貌、水文地质和工程地质、气象、交通运输、场地面积、地上地下障碍物等。

(12) 建设单位可能提供的施工用地、临时房屋、水电等条件。如建设单位可能提供施工使用的临时房屋数量、水电供应量、水压电压等能否满足施工要求。

(13) 类似工程施工组织设计。这是快速编制本工程施工组织设计的有效参考依据。

5.1.5 单位工程施工组织设计的编制程序

单位工程施工组织设计的编制程序详见图 5-1。

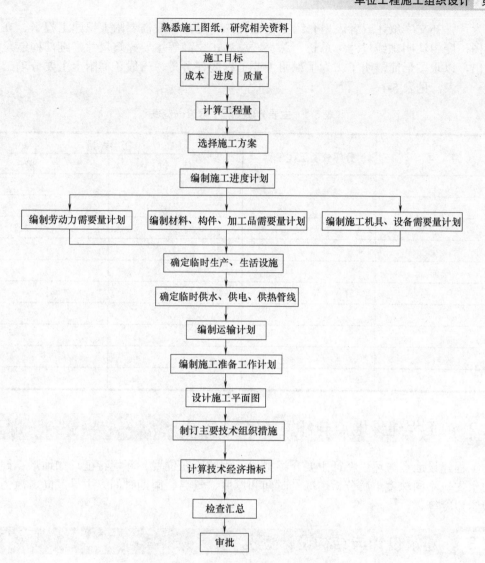

图 5-1　单位工程施工组织设计编制程序

5.2　单位工程概况

单位工程概况的主要内容应包括工程基本概况、工程建设地点与环境特征、建筑设计与结构设计概况、施工条件、工程施工特点分析和项目组织机构等。

5.2.1　工程基本概况

工程基本概况是对拟建工程的名称、性质、用途、造价以及开竣工日期；工程建设目标(投资控制目标、进度控制目标、质量控制目标)；建设单位、设计单位、施工单位、监理单位情况；施工图纸情况；组织施工的指导思想和原则等所做的一个简明扼要、突出重点的文字介绍。

为了弥补文字叙述或者表格介绍工程概况的不足，一般需要附上拟建工程平、立、剖面简图，图中注明轴线尺寸、总长、总宽、总高、层高等主要建筑尺寸，细部构造尺寸不需注出，以求图形简洁明了。为了说明主要工程的任务量，一般还需附上主要分项工程工程量一览表，见表 5-1。

表 5-1　主要分项工程工程量一览表

序　号	分部分项工程名称	工　程　量	
		单　位	数　量
1			
2			
3			
4			
5			
6			
7			
8			
9			
……			

5.2.2　工程建设地点与环境特征

工程建设地点与环境特征主要介绍拟建工程的所在位置、环境特征，如地形、地貌、地质水文、不同深度土质分析、冻结时间和厚度、气温、雨期时间、主导风向、风力和抗震设防烈度等。

5.2.3　建筑设计与结构设计概况

建筑设计概况主要介绍建筑面积、平面形状、层数、层高和室内外装饰情况等。结构设计概况主要介绍基础的形式、主体结构的类型，柱、梁、板、墙的设计要求。

1. 建筑设计特点

建筑设计特点主要介绍了拟建工程的建筑面积、层数、高度、平面形状、平面组合情况及室内外装修情况，并附平面图、立面图。

2. 结构设计特点

结构设计特点一般需要对基础的类型、埋深，主体结构的类型，预制构件的类型，柱、梁、板、墙的设计要求及安装、抗震设防烈度等内容进行说明。

5.2.4　施工条件

施工条件主要介绍场地"三通一平"等情况，建筑场地四周环境，施工技术和管理水平等。

建筑施工条件主要说明了"三通一平"等施工现场及周围环境条件,建筑材料、构件、加工品的供应来源和加工能力,施工单位的建筑机械和运输工具可供本工程使用的程度,劳动力、施工技术和企业管理水平,以及施工供电、供水、临时设施等情况。

施工时的技术条件如下。

(1) 设计施工图完成。

(2) 申报工程施工手续(涉及消防改造的须报当地所属管辖消防支队)。

(3) 估算成本费用。

(4) 签订劳务分包及外协制作加工合同。

(5) 与物业方办理施工证等施工手续。

5.2.5 工程施工特点分析

不同类型的建筑、不同条件下的工程施工均有其不同的施工特点,概括单位工程的施工特点是施工中的关键问题。施工特点的概括方便了在选择施工方案、组织资源供应、技术力量配备以及施工组织等方面采取有效的措施,保证工程的顺利进行。

砖混结构建筑物的施工特点是:砌砖和抹灰工程量大,水平和垂直运输量大;现浇钢筋混凝土结构建筑物的施工特点是:结构和施工机具的稳定性要求高,钢材加工量大,混凝土浇筑量大,脚手架搭设要进行设计计算,安全问题突出等。通过对工程施工特点的分析,可以发现施工中的关键问题和主要矛盾,从而提出解决方案。

5.2.6 项目组织机构

建设工程项目组织机构由项目经理、项目工程师、施工员、技术员、质量员、安全员、材料员、预算员等组成,全面负责施工目标的实现。

5.3 单位工程施工方案

施工方案设计是单位工程施工组织设计的核心问题。施工方案合理与否,不仅影响到施工进度计划的安排和施工平面图的布置,而且将直接关系到工程的施工质量、效率、工期和技术经济效果。因此,必须引起足够的重视。此外,为了防止施工方案的片面性,必须对拟定的几个施工方案进行技术经济分析比较,使选定的施工方案在施工上可行、技术上先进、经济上合理,而且符合施工现场的实际情况。

5.3.1 施工程序

施工程序体现了施工步骤上的客观规律性,是指单位工程中各施工阶段或分部工程的先后次序及其相互制约关系,主要是解决时间衔接上的问题。

土建施工一般应遵守"四先四后"的原则,即先地下后地上、先土建后设备、先主体后围护和先结构后装修的次序。

1. 先地下后地上

先地下后地上是指地上工程开始之前，尽量把管道线路等地下设施、土方工程和基础工程完成或基本完成，以避免对地上部分施工产生干扰，既给施工带来不便，又会造成浪费，而影响质量。

2. 先土建后设备

先土建后设备是指不论工业建筑还是民用建筑，一般土建施工应先于水、服、煤、电、卫等建筑设备的施工。但它们之间更多的是穿插配合的关系，要从保证质量、节约成本、提高效率的角度处理好相互之间的关系。

3. 先主体后围护

先主体后围护主要是指框架等主体结构与围护结构在总的程序上要有合理的搭接。一般来说，多层建筑以少搭接为宜，而高层建筑则应尽量搭接施工，以有效地节约时间。

4. 先结构后装修

先结构后装修是针对一般情况而言的。有时为了缩短工期，也可以两者部分搭接施工。

上述程序在特殊情况下可以调整。如在冬期施工之前，应尽可能完成土建和围护结构，以利于防寒和室内作业的开展。

5.3.2 施工流向

施工流向是指单位工程在平面或竖向上施工开始的部位和开展的方向。施工流向决定着一系列施工活动的开展和进程，影响着工程的施工质量和施工安全，也影响承包商的经济效益。因此，确定施工流向是组织施工的重要环节，在编制施工组织设计时要全面权衡、通盘考虑。确定单位工程施工流向时，一般应考虑以下因素。

(1) 建筑物的生产工艺流程或使用要求。凡是在工艺流程上要先期投入生产或需先期投入使用者，应先施工。

(2) 建设单位对生产和使用的要求。

(3) 房屋高低层和高低跨。例如，基础工程施工应按先深后浅的顺序施工；柱子吊装应从高低跨并列处开始，屋面防水层施工应按先低后高的方向进行。

(4) 施工现场条件和施工方案。例如，土方工程边开挖边余土外运，施工起点应选定在离道路远的部位，由远而近进行。

(5) 分部分项工程的特点及相互关系。

(6) 工程的繁简程度和施工过程间的相互关系。一般情况下，技术复杂、耗时长的区段或部位应先施工。

在确定施工流向时除了要考虑上述因素外，必要时还应考虑施工段的划分、组织施工的方式、施工工期等因素。

5.3.3 施工顺序

1. 施工顺序的含义

施工顺序是指单位工程中各分部、分项工程施工的先后次序，它既是一种客观规律的反映，也包含了人为的制约关系。换句话说，确定施工顺序时既要考虑工艺顺序，又要考虑组织关系。工艺顺序是客观规律的反映，无法改变。组织关系则是人为的制约关系，可以调整优化。因此，确定施工顺序时，在保证施工质量和施工安全的前提下，应力求做到充分、合理地利用空间，争取时间，实现缩短工期、降低成本、提高经济效益。

2. 安排施工顺序时要考虑的因素

安排施工顺序时，需要考虑以下因素。

1) 考虑施工工艺的要求

各施工过程之间客观上存在着一定的工艺顺序关系，它随结构构造、施工方法与施工机械的不同而不同。在确定施工顺序时，不能违背，而必须遵循这种关系。

2) 考虑施工方法和施工机械的要求

施工顺序应与采用的施工方法和施工机械协调一致。例如，基坑开挖对地下水的处理可采用明排水，其施工顺序应是在挖土过程中排水；而当可能出现流沙时，常采用轻型井点降低地下水位，其施工顺序则应是在挖土之前先降低地下水位。

3) 考虑施工工期与施工组织的要求

合理的施工顺序与施工工期有较密切的关系，施工工期影响到施工顺序的选用。如有些建筑物，由于工期要求紧张，采用逆作法施工，这样，便导致施工顺序的较大变化。

一般情况下，满足施工工艺条件的施工方案可能有多个，因此，还应考虑施工组织的要求，通过对方案的分析、对比，选择经济合理的施工顺序。通常，在相同条件下，应优先选择能为后续施工过程创造良好施工条件的施工顺序。

4) 考虑施工质量的要求

确定施工顺序时，应以充分保证工程质量为前提。当有可能出现影响工程质量的情况时，应重新安排施工顺序或采取必要的技术措施。

5) 考虑当地气候条件

在安排施工顺序时，应考虑冬季、雨季、台风等气候的影响，特别是受气候影响大的分部工程应尤为注意。

6) 考虑施工安全要求

在安排施工顺序时，应力求各施工过程的搭接不致产生不安全因素，以避免安全事故的发生。

5.3.4 主要施工方法的选择

选择施工方法时，应重点考虑影响整个单位工程施工的分部分项工程的施工方法。主要是选择工程量大且在单位工程中占有重要地位的分部分项工程，施工技术复杂或采用新技术、新工艺及对工程质量起关键作用的分部分项工程，不熟悉的特殊结构工程或由专业

施工单位施工的特殊专业工程的施工方法要详细而具体，有时还必须单独编制专项施工方案。对于按照常规做法和工人熟悉的分项工程则不必详细拟订，只提出注意的一些特殊问题即可。通常，施工方法选择的内容如下。

(1) 土石方工程。确定开挖或爆破方法；确定土壁开挖的边坡坡度、土壁支护形式及打桩方法；地下水、地表水的处理方法；计算土石方工程量并确定土石方调配方案。

(2) 基础工程。浅基础的垫层、混凝土基础和钢筋混凝土基础施工的技术要求及地下室施工的技术要求；桩基础施工方法。

(3) 钢筋混凝土工程。模板的类型和支模方法、拆模时间和有关要求；对复杂工程尚需进行模板设计和绘制模板放样图；钢筋加工、运输和连接方法；选择混凝土制备方案，确定搅拌运输及浇筑顺序和方法；施工缝留设位置；预应力钢材、锚夹具、张拉设备的选用和验收，成孔材料及成孔方法，端部和梁柱节点处的处理方法；预应力张拉力、张拉程序以及灌浆方法、要求等；混凝土养护及质量评定。

(4) 结构安装工程。确定结构构件安装方法，拟定安装顺序，起重机开行路线及停机位置；构件平面布置设计，工厂预制构件的运输、装卸、堆放方法；现场预制构件的就位、堆放方法，确定吊装前的准备工作、主要工程量的吊装进度。

(5) 砌筑工程。墙体的组砌方法和质量要求，大规格砌墙的排列图；确定脚手架搭设方法及安全网的布置；砌体标高及垂直度的控制方法；砌体流水施工组织方式的选择。

(6) 屋面及装饰工程。确定屋面材料的运输方式，屋面工程各分项工程施工操作的质量要求；装饰材料运输及储存方式；各分项工程的操作及质量要求；新材料的特殊工艺及质量要求。

(7) 特殊项目。对于特殊项目，如采用新材料、新技术、新工艺、新结构的项目，以及大跨度、高耸结构、水下结构、深基础、软基础等，应单独选择施工方法，阐明施工技术关键部分，加强技术管理，进行技术交底等。

【案例5-1】领秀城小区一期工程位于张家口市高新区沈家屯镇闫家屯村，张家口市第一中学新校区西部。总建筑面积78830.08m²。本工程设附着式塔式起重机3台，用于各楼材料的垂直运输，内部模板支设采用碗扣件架体配合施工，装修阶段采用吊篮施工，主体结构施工时采用双排落地式脚手架和型钢悬挑式双排脚手架。工程施工前针对其中涉及的危险性较大的工程编制了专项施工方案，并进行了专家审批。试结合本章内容分析施工方案编制的重要性。

5.3.5　主要施工机械的选择

施工机械对施工工艺、施工方法有直接的影响，是确定施工方案的中心环节，应着重考虑以下几个方面。

(1) 结合工程特点和其他条件，选择最合适的主导工程施工机械。如装配式单层工业厂房结构安装起重机的选择。若吊装工程量较大且又比较集中，可选择生产率较高的塔式起重机或桅杆式起重机；若吊装工程量较小或工程量虽较大但比较分散时，则选用无轨自行式起重机较为经济。

(2) 施工机械之间的生产能力应协调一致。如在结构安装施工中，选择的运输机械的数量及每次运输量，应保持起重机连续工作。

(3) 在同一建筑工地上，选择施工机械的种类和型号要尽可能少，以利于现场施工机械的管理和维修，同时减少机械转移费用。如挖土机不仅可以用于挖土，将工作装置改装后，也可用于装卸、起重和打桩。

(4) 施工机械选择应考虑充分发挥施工单位现有施工机械的能力，并争取实现综合配套，以减少资金投入。如现有机械不能满足工程需要，再根据实际情况，采取购买或租赁措施。

(5) 对于高层建筑或结构复杂的建筑物(构筑物)，其主体结构施工的垂直运输机械最佳方案往往是多种机械的组合，如塔式起重机和施工电梯配备使用。

5.3.6　施工方案的评价

对施工方案进行技术经济分析，使技术上的可行性同经济上的合理性统一起来。在方案付诸实施之前就能分析出其经济效益，保证所选方案的科学性、有效性和经济性，达到提高质量、缩短工期、降低成本的目的，进而提高工程施工的经济效益。

施工方案技术经济分析方法可分为定性分析和定量分析两大类。

1. 定性分析法

定性分析法只能泛泛地分析各方案的优缺点。例如，施工操作上的难易和安全与否；冬季或雨季对施工影响大小；是否可利用某些现有的机械和设备；能否给现场文明施工创造有利条件等。评价时受评价人的主观因素影响大，故只用于方案初步评价。

2. 定量分析法

定量分析法是对各方案的投入与产出进行计算，如工期、劳动量成本等直接进行计算、比较，用数据说话，比较客观。定量分析是方案评价的主要方法。

5.4　单位工程施工进度计划

5.4.1　施工进度计划的概念

施工进度计划的编制是按流水作业原理的网络计划方法进行的。流水作业是在分工协作和大批量生产的基础上形成的一种科学的生产组织方法。它的特点体现在生产的连续性、节奏性和均衡性上。由于建筑产品及其生产的技术经济特点，在建筑施工中采用流水作业方法时，须把工程分成若干个施工段，当第一个专业施工队组完成了第一个施工段的前一道工序而腾出工作面并转入第二个施工段时，第二个专业施工队组即可进入第一个施工段去完成后一道工序，然后再转入第二个施工段连续作业。这样既保证了各施工队组工作的连续性，又使后一道工序能提前插入施工，充分利用了空间，又争取了时间，缩短了工期，使施工能快速而稳定地进行。利用网络计划方法编制施工进度计划，则可将整个施工进程联系起来，形成一个有机的整体，反映出各项工作(工程或工序)的工艺联系和组织联系，能

为管理人员提供各种有用的管理信息。

建筑工程施工进度计划是土建施工方案在时间上的具体反映，其理论依据是流水施工原理。表达形式采用横道图(见表 5-2)或网络图(见表 5-3)。

表 5-2　横道图施工进度计划

序号	施工项目	工程量		劳动量			施工机械			每天班次	每班人数	工作天数	施工进度							
		单位	数量	工种	定额	工日数	机械名称	定额	台班数				年　　　月				年　　　月			
1																				
2																				
3																				
…																				
资源动态图	施工进度计划的技术经济指标分析：																			

表 5-3　网络图施工进度计划

日历	年　　　月						年　　　月						编制说明
工程日历													
网络计划													
工程日历													
资源动态图													

1. 施工进度计划的作用

单位工程施工进度计划是施工组织设计的重要组成部分，是控制各分部分项工程施工进度的主要依据，也是编制月、季施工计划及各项资源需用量计划的依据。其主要作用如下。

(1) 安排建筑工程中各分部分项工程的施工进度，保证工程在规定工期内完成符合质量要求的装饰任务。

(2) 确定建筑工程中各分部分项工程的施工顺序、持续时间，明确它们之间相互衔接与合作配合的关系。

(3) 不仅具体指导现场的施工安排，而且确定所需要的劳动力、材料、机械设备等资源数量。

2. 施工进度计划的分类

单位工程施工进度计划，根据施工项目划分的粗细程度，可分为指导性进度计划和控制性进度计划两类。

(1) 指导性进度计划。指导性进度计划是按分项工程或施工过程来划分施工项目，具体确定各施工过程的施工时间及其相互搭接、相互配合的关系。这种进度计划适用于任务具体而明确、施工条件基本落实、各项资源供应正常、施工工期不太长的建筑工程。

(2) 控制性进度计划。控制性进度计划是按照分部工程来划分施工项目，控制各分部工程的施工时间及其相互搭接、相互配合的关系。这种进度计划适用于工程比较复杂、规模比较大、工期比较长的建筑工程，还适用于工程不复杂、规模不大但各种资源(劳动力、材料、机械)不落实的情况。

编制控制性施工进度计划的单位工程，当各分部工程的施工条件基本落实后，在正式施工之前还应当编制指导性的分部工程施工进度计划。

5.4.2 施工进度计划的编制

1. 施工进度计划的编制依据

单位工程施工进度计划的编制依据主要包括以下几个方面。

(1) 建筑工程施工组织总设计和施工项目管理目标要求。

(2) 拟建工程施工图和工程计算资料。

(3) 施工方案与施工方法。

(4) 施工定额与施工预算。

(5) 施工现场条件及资源供应状况。

(6) 业主对工期的要求。

(7) 项目部的技术经济条件。

2. 施工进度计划的编制程序

施工进度计划的编制程序如图 5-2 所示。

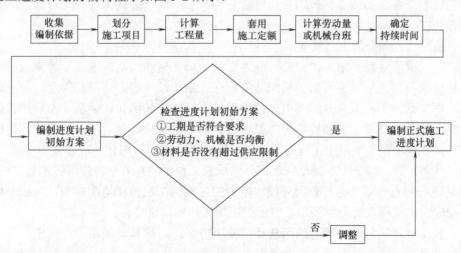

图 5-2　施工进度计划的编制程序

(1) 收集编制依据。

(2) 划分施工过程。

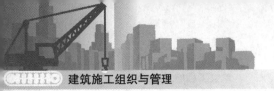

(3) 计算工程量。

(4) 套用施工定额。

(5) 计算劳动量或机械台班量。

(6) 计算各施工过程的工作时间。

(7) 编制初步进度计划方案。

(8) 检查(工期是否满足要求；劳动力、机械是否均衡；材料供应是否超过限额)。

(9) 编制正式进度计划。

5.4.3 单位工程施工进度计划的编制内容和步骤

1. 划分施工过程

编制单位工程施工进度计划时，首先应根据施工图纸和施工顺序将准备施工工程的各个施工过程列出，并结合施工条件、施工方法、劳动组织等因素，对施工过程进行划分。施工过程划分应考虑以下要求。

1) 施工过程的划分要粗细适中

施工过程划分的粗细程度主要取决于工程量的大小和复杂程度。一般情况下，在编制控制性施工进度计划时，可以划分得粗些，如群体工程的施工进度计划，可以划分到单位工程或分部工程，单位工程进度计划应明确到分项工程或施工工序。在编制实施性进度计划时，则应划分得细些，特别是其中的主导施工过程和主要分部工程，应当尽量详细具体，做到不漏项，以便掌握进度，具体指导施工。

2) 施工过程的划分要简明、清晰

为了使计划简明清晰、突出重点，一些次要的施工过程应合并到主要施工过程中去，如基础防潮层可合并到基础施工过程内；有些虽然重要但工程量不大的施工过程也可与相邻的施工过程合并，如油漆和玻璃安装可合并为一项；同一时期由同一工种施工的施工项目也可合并在一起。

3) 施工过程划分的工艺性要求

(1) 现浇钢筋混凝土施工，一般可分为支模、绑扎钢筋、浇筑混凝土等施工过程，是合并还是分别列项，应视工程施工组织、工程量、结构性质等因素研究确定。一般现浇钢筋混凝土框架结构的施工应分别列项，而且可分得细些，如绑扎柱钢筋、安装柱模板、浇捣柱混凝土以及安装梁、板模板，绑扎梁、板钢筋，浇捣梁、板混凝土，养护，拆模等施工过程。但在现浇钢筋混凝土工程量不大的工程中，一般不再细分，可合并为一项。

(2) 抹灰工程一般分内、外墙抹灰，外墙抹灰工程可能有若干种装饰抹灰的做法要求，一般情况下合并为一项，也可分别列项。室内的各种抹灰应按楼地面抹灰、天棚及墙面抹灰、楼梯间及踏步抹灰等分别列项，以便组织施工和安排进度。

(3) 施工过程的划分，应考虑所选择的施工方案。厂房基础采用敞开式施工方案时，柱基础和设备基础可合并为一个施工过程；而采用封闭式施工方案时，则必须列出柱基础、设备基础这两个施工过程。

(4) 住宅建筑的水、暖、煤、卫、电等房屋设备安装是建筑工程的重要组成部分，应单独列项；工业厂房的各种机电等设备安装也要单独列项，但不必细分，可由专业队或设备安装单位单独编制其施工进度计划。土建施工进度计划中列出设备安装的施工过程，表明其与土建施工的配合关系。

4) 确定施工顺序的注意事项

在确定各施工过程的施工顺序时，应注意以下几个方面。

(1) 划分施工过程，确定施工顺序要紧密结合所选择的施工方案。施工方案不同，不仅影响施工过程的名称、数量和内容，而且也影响施工顺序的安排。

(2) 严格遵守施工工艺的要求。各施工过程在客观上存在着工艺顺序关系，这种关系是在技术条件下各项目之间的先后关系，只有符合这种关系，才能保证装饰工程的施工质量和安全施工。

(3) 施工顺序不同，施工质量及施工工期也会发生相应的变化。要达到较高的质量标准、理想的工期，必须合理安排施工顺序。

(4) 不同地区、不同季节气候条件，对施工顺序和施工质量有较大影响，如我国南方地区施工，应考虑雨期施工的特点，而北方地区则应考虑冬期施工的特点。

(5) 所有项目应按施工顺序列表、编号，避免出现遗漏或重复，其名称可参考现行定额手册上的项目名称。

5) 明确施工过程对施工进度的影响程度

施工过程对工程进度的影响程度可分为以下三类。

(1) 资源驱动的施工过程。这类施工过程直接在拟建工程上进行作业，占用时间、资源，对工程的完成与否起着决定性的作用，在条件允许的情况下，可以缩短或延长它的工期。

(2) 辅助性施工过程。它一般不占用拟建工程的工作面，虽需要一定的时间和消耗一定的资源，但不占用工期，故可不列入施工计划内，如交通运输、场外构件加工或预制等。

(3) 施工过程。虽直接在拟建工程上进行作业，但它的工期不以人的意志为转移，随着客观条件的变化而变化，应根据具体情况将它列入施工计划，如混凝土的养护等。

2. 计算工程量

工程量是编制工程施工进度计划的基础数据，应根据施工图纸、有关计算规则及相应的施工方法进行计算。计算各工序的工程量(劳动量)是施工组织设计中的一项十分烦琐、费时最长的工作，工程量计算方法和计算规则与施工图预算或施工预算一样，只是所取尺寸应按施工图中的施工段大小确定。计算工程量应注意以下事项。

(1) 各分部分项工程的工程量计算单位应与采用的施工定额中相应项目的单位相一致，以便在计算劳动量和材料需要量时，可直接套用定额，不再进行换算。

(2) 工程量计算应结合选定的施工方法和安全技术要求进行，使计算所得工程量与施工实际情况相符合。例如，挖土时是否放坡，是否加工作面，坡度大小与工作面尺寸是多少，是否使用支撑加固，开挖方式是单独开挖、条形开挖还是整片开挖，这些都直接影响到基础土方工程量的计算。

(3) 结合施工组织要求，分区、分段、分层计算工程量，以便组织流水作业。若每层、每段上的工程量相等或相差不大，可根据工程量总数分别除以层数、段数，可得每层、每段上的工程量。

(4) 正确取用预算文件中的工程量，如已编制预算文件，应合理利用预算文件中的工程量，以免重复计算。施工进度计划中的施工项目大多可直接采用预算文件中的工程量，可按施工过程(工序)的划分情况将预算文件中有关项目的工程量汇总。

3. 确定劳动量和机械台班量

劳动量是指完成某施工过程所需的工日数。在确定劳动量时可以根据各分部分项工程的工程量、施工方法和现行的劳动定额，结合施工单位的实际情况，计算出各分部分项工程的劳动量。用人工操作时，计算需要的工日数量；用机械作业时，计算需要的台班数量，一般可按下式计算：

$$P_i = \frac{Q_i}{S_i} = Q_i H_i \tag{5-1}$$

式中：P_i——某分项工程劳动量或机械台班数量；

Q_i——某分项工程的工程量；

S_i——某分项工程计划产量定额；

H_i——某分项工程计划时间定额。

【案例 5-2】某基槽土方工程量为 259.43m³，采用人工挖土，确定采用的施工定额水平为 4.8m³/工日，试计算完成该挖土任务所需的劳动量。

【解】根据式(5-1) $P_i = \frac{Q_i}{S_i} = Q_i H_i$ 可得

$$P = \frac{Q}{S} = \frac{259.43}{4.8} = 54(工日)$$

【案例 5-3】某基坑土方工程量为 2980m³。采用机械挖土，其机械挖土量是整个开挖量的85%，确定采用挖土机挖土，自卸汽车运土，挖土机的产量定额为325m³/台班，自卸汽车的产量定额为78m³/台班，试计算挖土机及自卸汽车的台班需要量。

【解】根据式(5-1) $P_i = \frac{Q_i}{S_i} = Q_i H_i$ 可得

$$P_{挖土机} = \frac{Q_挖}{S_挖} = \frac{2980 \times 0.85}{325} = 8(台班)$$

$$P_{自卸汽车} = \frac{Q_运}{S_挖} = \frac{2980 \times 0.85}{78} = 33(台班)$$

在使用定额时，可能遇到定额中所列项目的工作内容与编制施工进度计划所确定的项目不一致，主要有以下几种情况。

(1) 计划中的一个项目包括了定额中的同一性质不同类型的几个分项工程。这种情况主要是施工进度计划中项目划分得比较粗造成的。解决这个问题的最简单方法是用其所包括的各分项工程的工程量与其产量定额(或时间定额)计算出各自的劳动量，然后将各劳动量相加，即为计划中项目的劳动量。其计算公式为：

$$P = \frac{Q_1}{S_1} + \frac{Q_2}{S_2} + \cdots + \frac{Q_n}{S_n} = \sum_{i=1}^{n} \frac{Q_i}{S_i} \tag{5-2}$$

式中：P——计划中某一工程项目的劳动量；

S_1，S_2，…，S_n——同一性质各个不同类型分项工程的工程量；

Q_1，Q_2，…，Q_n——同一性质各个不同类型分项工程的产量定额；

n——计划中的一个工程项目所包括的定额同一性质不同类型分项工程的个数。

一般情况下，只计算劳动量，不需要计算平均产量定额。

(2) 施工计划中的新技术或特殊施工方法的工程项目尚未列入定额手册。在实际施工中，会遇到采用新技术或特殊施工方法的分部分项工程，由于缺少足够的经验和可靠资料等，暂时未列入定额手册。计算其劳动量时，可参考类似项目的定额或经过试验测算，确定临时定额。

(3) 施工计划中"其他工程"项目所需的劳动量计算。"其他工程"项目所需的劳动量，可根据其内容和工地具体情况，以总劳动量的一定百分比计算，一般取10%~20%。

(4) 水暖电气卫、设备安装等工程项目不计算劳动量。水暖电气卫、设备安装等工程项目，由专业工程队组织施工，在编制一般土建单位工程施工进度计划时，不予考虑其具体进度，仅表示出与一般土建工程进度相配合的关系。

4．确定各分项工程持续时间

计算各分部分项工程施工持续时间的方法有以下两种。

(1) 根据配备人数或机械台数计算天数。其计算公式为

$$t_i = \frac{P_i}{R_i N_i} \tag{5-3}$$

式中：t_i——某分项工程持续时间；

R_i——某分项工程工人数或机械台班；

N_i——某分项工程工作班次；

式中其他符号含义同前。

(2) 根据工期要求安排进度。首先根据总工期和施工经验，确定各分部分项工程的施工时间，然后再按劳动量和班次，确定每一分部分项工程所需要的机械台数或工人数。其计算公式为

$$R_i = \frac{P_i}{t_i N_i} \tag{5-4}$$

式中符号含义同前。

计算时首先按一班制，若算得的机械台数或工人数超过施工单位能供应的数量或超过工作面所能容纳的数量，可增加工作班次或采取其他措施，使每班投入的机械台数或工人数减少到合理的范围。

5．施工进度计划的初步方案编制

施工进度计划表由两大部分组成，见表5-4。左边部分是以一个分项工程为一行的数据，包括分项工程量、定额和劳动量、机械台班数、每天工作班、每班工人数及工作日等计算数据；右边部分是相应表格左边各分项工程的指示图标，用线条形象地表现了各个分部分项工程的施工进度日程、各个阶段的工期和单位工程施工总工期，并且综合地反映了各个分部分项工程相互之间的关系。

编制工程施工进度计划时，应首先确定主导施工过程的施工进度，使主导施工过程能尽可能连续施工，其余施工过程应予以配合，具体方法如下。

(1) 确定主要分部工程并组织流水施工。

(2) 按照工艺的合理性，使施工过程之间尽量穿插搭接，按流水施工要求或配合关系搭接起来，组成单位工程进度计划的初始方案。

表5-4 施工进度计划

项次	工程名称	工程量	定额	劳动量	机械需要量	每天工作班	每班工人数	工作日	进度日程									
									月			月			月		
									1	2	3	1	2	3	1	2	3
1																	
2																	
3																	

6. 施工进度计划的检查与调整

1) 施工进度计划的检查

编制施工进度时需考虑的因素很多，初步编制时往往会顾此失彼，难以统筹全局。因此，初步进度仅起框架作用，编制后还应进行检查、平衡和调整。一般应检查以下几项。

(1) 各分部分项工程的施工时间和施工顺序的安排是否合理。

(2) 安排的工期是否满足规定要求。

(3) 所安排的劳动力、施工机械和各种材料供应是否能满足，资源使用是否均衡，主要施工机械是否充分发挥作用及利用的合理性等。经过检查，对不符合要求的部分，可采用增加或缩短某些分项工程的施工时间；在施工顺序允许的情况下，将某些分项工程的施工时间向前或向后移动；必要时，改变施工方法或施工组织等方法进行调整。调整某一分项工程时要注意它对其他分项工程的影响。进而作资源和工期优化，使进度计划更加合理，形成最终进度计划表。

2) 施工进度计划的调整

通过调整可使劳动力、材料的需要量更为均衡，主要施工机械的利用更为合理，这样可避免或减少短期内资源的过分集中。无论是整个单位工程还是各个分部工程，其资源消耗都应力求均衡。

调整的方法一般有：增加或缩短某些分项工程的施工时间；在施工顺序允许收尾条件下将某些分项工程的施工时间向前或向后移动；必要时可以改变施工方法或施工组织。总之，通过调整，在工期能满足要求的条件下，使劳动力、材料、设备需要区域平衡，主要施工机械利用率比较合理。

5.5 单位工程资源需求量计划

各项资源需要量计划可用来确定建设工程工地的临时设施，并按计划供应材料、构件，调配劳动力和机械，以保证施工顺利进行。在编制单位工程施工进度计划后，就可以着手编制各项资源需要量计划。

单位工程施工进度计划、资源需求量计划.mp4

劳动力和主材需求计划.docx

5.5.1 劳动力需要量计划

劳动力需要量计划，主要是作为安排劳动力、调配和衡量劳动力消耗指标、安排生活福利设施的依据。其编制方法是根据施工方案、施工进度和施工预算。依次确定专业工种、进场时间、劳动量和工人数，然后汇集成表格形式，作为现场劳动力调配的依据。其表格形式见表 5-5。

表 5-5 劳动力需要量计划

序号	专业工种		劳动量 /工日	需要人数及时间						备注
	名称	级别		年 月			年 月			
				上旬	中旬	下旬	上旬	中旬	下旬	
1										
2										
3										
...										

5.5.2 主要材料需要量计划

主要材料需要量计划，主要作为备料、供料和确定仓库、堆场面积及组织运输的依据。其编制方法是根据施工预算工料分析和施工进度，依次确定材料名称、规格、数量和进场时间，并汇集成表格，作为备料、确定堆场和仓库面积以及组织运输的依据。其表格形式如表 5-6 所示。

某些分项工程是由多种材料组成的，应按各种材料分类计算，如混凝土工程应计算出水泥、砂、石、外加剂和水的数量，列入表格。

表 5-6　主要材料需要量计划

序　号	材料名称	规　格	需　要　量		需要时间	备　注
			单　位	数　量		
1						
2						
3						
...						

5.5.3　构件和半成品需要量计划

建筑结构构件、配件和其他加工半成品的需要量计划主要用于落实加工订货单位，并按照所需规格、数量、时间组织加工、运输和确定仓库或堆场。它是根据施工图和施工进度计划编制的，其表格形式如表 5-7 所示。

表 5-7　构件和半成品需要量计划

序号	预制加工品名称	图号、型号	规格、尺寸	需要量		使用部位	加工单位	要求供应起止时间	备　注
				单位	数量				
1									
2									
3									
...									

5.5.4　施工机械需要量计划

施工机械需要量计划主要用于确定施工机具的类型、数量、进场时间，落实施工机具来源，组织进场。其编制方法为：将单位工程施工进度表中的每个施工过程，每天所需要的机械类型、数量，按施工日期进行汇总，即得施工机械需要量计划。其表格形式如表 5-8 所示。

在安排施工机械进场时间时，应考虑某些机械需要铺设轨道、拼装和架设的时间，如塔式起重机、桅杆式起重机等。

施工机械.docx

表 5-8　施工机械需要量计划

序号	机械名称	型号	规格	电功率/kV·A	需要量		机械来源	要求供应起止时间	备　注
					单位	数量			
1									
2									
3									
...									

5.6 单位工程施工平面图

5.6.1 施工平面图的概念

单位工程施工平面图是对一个建筑物或构筑物施工现场的平面规划和布置图。它是根据工程规模、特点和施工现场的条件，按照一定的设计原则，来正确地解决施工期间所需要的各种暂设工程和其他业务设施等同永久性建筑物和拟建工程之间的合理位置关系。它是单位工程施工组织设计的主要组成部分，是施工准备工作一项重要的内容，是进行施工现场布置的依据，是实现施工现场有组织、有计划进行文明施工的先决条件。贯彻和执行合理的施工平面布置图，会使施工现场井然有序，施工顺利进行，保证进度，提高效率和经济效果；反之，则造成不良后果。

1. 单位工程施工平面图的设计内容

施工平面图设计内容主要包括以下几项。

(1) 建筑物总平面图上已建和拟建的地上、地下的一切房屋、构筑物以及道路和各种管线等其他设施的位置和尺寸。

(2) 测量放线标桩位置、地形等高线和土方取弃地点。

(3) 自行式起重机开行路线，轨道布置和固定式垂直运输设备位置。

(4) 各种加工厂、搅拌站的位置：材料、半成品、构件及工业设备等的仓库和堆场的位置。

(5) 生产和生活性福利设施的布置。

(6) 场内道路的布置和引入的铁路、公路和航道位置。

(7) 临时给排水管线、供电线路、蒸汽及压缩空气管道等布置。

(8) 一切安全及防火设施的位置。

2. 设计的依据

在进行施工平面图设计前，首先应认真研究施工方案，并对施工现场做深入细致的调查研究，而后应对施工平面图设计所依据的原始资料进行周密的分析，使设计与施工现场的实际情况相符，从而使其起到指导施工现场平面布置的作用。设计施工平面图所依据的资料主要有以下几个。

1) 建筑、结构设计和施工组织设计时所依据的有关拟建工程的当地原始资料

(1) 自然条件调查资料。包括气象、地形水文地质及工程地质资料等。主要用于布置地表水和地下水的排水沟，确定易燃、易爆及有害人体健康的设施的布置，安排冬、雨季施工期间、所需要设施的地点。

(2) 技术经济调查资料。包括交通运输、水源、电源、物资资源、生产和生活基地情况。这些对布置水、电管线和道路等具有重要作用。

2) 建设工程设计资料

(1) 建设工程总平面图，图上包括一切地上、地下拟建和已建的房屋和构筑物。它是正确确定临时房屋和其他设施位置，以及修建工地运输道路和解决排水等所需的资料。

(2) 一切已有和拟建的地下、地上管道位置。在施工平面图设计时，可考虑利用这些管道，提前拆除或迁移。不得在拟建的管道位置上面建临时建筑物。

(3) 建设工程区域的竖向设计和土方平衡图。它们是布置水、电管线和安排土方的挖填、取土或弃土地点的依据。

(4) 拟建工程的有关施工图和设计资料。

3) 施工资料

(1) 单位工程施工进度计划。从中可了解各个施工阶段的情况，以便分阶段布置施工现场。

(2) 施工方案。据此可确定垂直运输机械和其他施工机具的位置、数量和规划场地。

(3) 各种材料、构件、半成品等需要量计划，以便确定仓库和堆场的面积、形式和位置。

3. 设计原则

(1) 在保证施工顺利进行的前提下，现场布置尽量紧凑、节约用地。

(2) 合理布置施工现场的运输道路及各种材料堆场、加工厂，仓库位置，各种机具的位置，尽量使运输距离最短，从而减少或避免二次搬运。

(3) 力争减少临时设施的数量，降低临时设施费用。

(4) 临时设施的布置，尽量便利工人的生产和生活，使工人到施工区的距离最近、往返时间最少。

(5) 符合环保、安全和防火要求。

根据上述基本原则并结合施工现场的具体情况，施工平面图的布置可有几种不同的方案，并需进行技术经济比较，从中选出最经济、最安全、最合理的方案。方案比较的技术经济指标一般有：施工用地面积；施工场地利用率；场内运输道路总长度；各种临时管线总长度；临时房屋的面积；是否符合国家规定的技术安全和防火要求等。

5.6.2 单位工程施工平面图的设计步骤

单位工程施工平面图的一般设计步骤如图 5-3 所示。

以上步骤在实际设计中，往往互相牵连、互相影响。因此，要多次重复进行。除研究在平面上的布置是否合理外，还必须考虑他们的空间条件是否科学合理，特别是要注意安全问题。在单位工程施工平面图设计中有以下要点。

1. 垂直运输机械的布置

垂直运输机械的布置位置直接影响仓库、搅拌站、各种材料和构件等位置及道路和水、电、线路等的布置，因此，它的布置是施工现场全局的中心环节，必须首先予以确定。由于各种起重机械的性能不同，运输机械的位置要根据建筑物四周的施工场地条件及吊装工艺确定。

1) 有轨式起重机(塔吊)的布置

有轨式起重机是集起重、垂直提升和水平输送 3 种功能于一身的机械设备。一般沿建筑物长向布置，其位置尺寸取决于建筑物的平面形状、尺寸、构件重展，起重机的性能及四周施工场地的条件等。

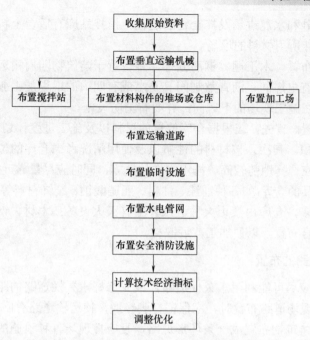

图 5-3　单位工程施工平面图的设计步骤

2)　自行无轨式起重机械

自行无轨式起重机械分履带式、轮胎式和汽车式 3 种起重机。它一般不作垂直提升运输和水平运输之用,专作构件装卸和起吊各种构件之用。适用于装配式单层工业厂房主体结构的吊装,也可用于混合结构如大梁等较重构件的吊装方案等。

3)　固定式垂直运输机械

固定式垂直运输工具(井架、龙门架)的布置,主要根据力学性能、建筑物的平面形状和尺寸、施工段划分的情况、材料来向和已有运输道路情况而定。布置的原则是,充分发挥起重机械的能力,并使地面和楼面的水平运距最小。

2. 各种材料、构件堆场、搅拌站、加工棚及仓库的布置

各种材料、构件堆场、搅拌站、加工棚及仓库的布置位置应尽量靠近使用地点或在塔式起重机服务范围之内,同时,应尽量靠近施工道路,便于运输和装卸。

(1)　材料堆场的布置。各种材料堆场的面积应根据施工进度计划,计算确定材料的需用量的大小、使用时间的长短、供应与运输情况等。堆场应尽量靠近使用地点,并尽量布置在塔吊服务范围内。

在基坑边堆放材料时,应设定与基坑边的安全距离,必要时,应对基坑边坡稳定性进行验算,防止塌方事故;围墙边堆放砂、石、石灰等散状材料时,应做高度限制,防止挤倒围墙,造成意外伤害。

(2)　预制构件的布置。预制构件的堆放位置应根据吊装方案确定,大型构件一般需布置在起重机械服务范围内,堆放数量应根据施工进度、运输能力和施工条件等因素确定,实行分期分批配套进场,以节省堆放面积。

(3)　搅拌站的布置。使用商品混凝土的城市,现场主要是砂浆搅拌站,其位置应尽可能布置在垂直运输机械附近或塔吊的服务范围之内,以减少水平运距;尽可能布置在场内

道路附近，以便于砂和水泥进场及拌合物的运输；搅拌站应有后台上料的场地，以布置水泥、砂、灰膏等搅拌所用材料的堆场。

(4) 加工棚的布置。木工棚、钢筋棚等，宜设置于建筑物四周稍远处，并有相应的材料及成品堆场。若有电焊间、沥青熬制间等易燃或有明火的现场加工棚，则要离开易燃易爆物品仓库，布置在施工现场的下风向，并要有消防设施。

(5) 仓库的布置。首先，应根据仓库放置的材料以及施工进度计划对该材料的需求量，计算仓库所需的面积。其次，按材料的性质以及使用情况考虑仓库的位置。水泥仓库要考虑防止水泥受潮，应选择地势较高、排水方便的地方，同时应尽量靠近搅拌机；各种易燃、易爆物品或有毒物品的仓库(如各种油漆、油料、亚硝酸钠、装饰材料等)应与其他物品隔开存放，存量不宜过多，仓库内禁止火种进入并配有灭火设备；木材、钢筋及水电器材等仓库，应与加工棚结合布置，以便加工就近取材。

3. 场内施工道路的布置

现场主要道路应尽可能利用永久性道路，或先修好永久性道路的路基，在土建工程结束之前再铺路面。现场道路布置时，应保证行驶畅通，使运输道路有回转的可能性。因此，运输路线最好围绕建筑物布置成一条环形道路，且应按现场各种设施的需要进行布置，既要考虑各种施工设施(如材料堆场、加工棚、仓库等设施)，又要考虑各种生活性设施(如食堂、宿舍等)的需要。

4. 施工管理用房和生活福利性临时设施布置

临时设施主要包括办公室、宿舍、工人休息室、食堂、开水房、厕所、门卫等。首先应计算各种所需临时设施的面积，其次应考虑使用方便、有利于生产、安全防火和劳动保护等要求。通常情况下，办公室应靠近施工现场或工地出入口，以方便工作联系。工人休息室应尽量靠近工人作业区，宿舍应布置在安全的上风向位置，门卫及收发室应布置在出入口处，以方便对外交往和联络。

5. 水电管网布置

1) 给水管布置

一般由建设单位的干管或自行布置的干管接到用水点，布置时应力求管网总长度最短。管径的大小和龙头数目的设置需视工程规模大小通过计算确定，管道可埋置于地下，也可铺设在地面上，由当时的气温条件和使用期限的长短而定。工地内要设置消防栓，消防栓距离建筑物不应小于 5m，也不应大于 25m，距离路边不大于 2m。条件允许时，可利用城市或建设单位的永久消防设施。

有时，为了防止水的意外中断，可在建筑物附近设置简单蓄水池，储存一定数量的生产用水和消防用水。如果水压不足时，还应设置高压水泵。

2) 排水管布置

为了便于排除地面水和地下水，要及时修通永久性下水道，并结合现场地形在建筑物周围设置排泄地面水和地下水的沟渠。

3) 供电布置

单位工程施工用电应在全工地施工总平面图中一并考虑。若属于扩建的单位工程，一般计算出在施工期间的用电总数，提供给建设单位解决，不另设变压器。只有独立的单位工程施工时，才根据计算出的现场用电量选用变压器。变压器站的位置应布置在现场边缘高压线接入处，四周用铁丝网围住。但不宜布置在交通要道口处。

5.6.3 单位工程施工平面图的绘制

单位工程施工平面图是施工的重要技术文件之一，是施工组织设计的重要组成部分。因此要求精心设计，认真绘制。上述各设计步骤分别确定了施工现场平面布置的相关内容，在此基础上，依据布置方案，将其绘制成施工平面布置图。绘制施工平面布置图的基本要求是：表达内容完整，比例准确，图例规范，线条粗细分明、标准，字迹端正，图面整洁、美观。绘制施工平面布置图的一般步骤如下。

音频.单位工程施工
平面图的绘制.mp3

1. 确定图幅的大小和绘图比例

图幅大小和绘图比例应根据工地大小及布置的内容多少来确定。图幅一般可选用 1 号图纸或 2 号图纸，比例一般采用 1∶200～1∶500。

2. 合理规划和设计图面

绘制施工平面图，应以拟建单位工程为中心，突出其位置，其他各项设施围绕拟建工程设置。同时，应表达现场周边的环境与现状(如原有的道路、建筑物、构筑物等)，并要留出一定的图面绘制指北针、图例和标注文字说明等的位置。

3. 绘制建筑总平面图中的有关内容

依据拟建工程的施工总平面图，将现场测量的水准点、可用地范围(边线)、施工临时围墙、经批准的临时占道范围、现场内外原有的和拟建的建筑物、构筑物和运输道路等其他设施按比例准确地绘制在图面上。拟建的建筑物用粗实线绘制，原有建筑物、构筑物和运输道路等其他设施用细实线绘制。

4. 绘制施工现场各种拟建临时设施

根据施工平面布置要求和面积计算的结果，将所确定的施工道路、仓库、堆场、加工厂、施工机械、搅拌站等的位置、尺寸，以及水、电管线的布置，按比例准确地绘制在施工平面图上。

5. 审查整理、完善图面内容

按规范规定的线型、线条、图例等对草图进行整理，标上图例、比例、指北针、风玫瑰图和文明施工工地所设置的花坛、花盆、旗杆、宣传栏等，并做必要的文字说明，最终成为正式的施工总平面图。

能力训练 现场教学：单位工程施工组织设计调研

1. 目的

通过组织同学们到施工现场调研，使学生对施工组织设计在工程实际中的应用增强感

性认识，提高学生兴趣。

了解单位工程施工组织设计在工程建设中的作用，分析目前本地区单位工程施工组织设计的编制水平，熟悉单位工程施工组织设计的基本构成，掌握单位工程施工组织设计的编制要点。从而巩固课堂所学理论知识，提高运用所学知识解决工程实际问题的能力，培养科学严谨的学习态度及工作中的应变能力。为毕业后从事施工技术组织管理工作、指挥现场施工等奠定基础。

2. 内容与要求

1) 本课程调研的任务

(1) 选择现场教学基地，调研工程施工实际情况。

① 观察记录。认真记录该工程的劳动组织、施工平面布置、施工段划分、施工机械配置等情况。

② 收集资料。收集该工程的施工图纸、施工合同、施工条件、施工组织设计文件等相关资料。

③ 分析思考。分析本工程特点、工程施工组织设计文件的优缺点、施工组织设计在执行中存在的问题。

(2) 布置"某单位工程施工组织设计实训任务书"。熟悉任务书及配套施工图纸、施工条件。

(3) 编制某单位工程施工组织设计文件。根据"某单位工程施工组织设计实训任务书"，结合现场调研所收集的资料，完成以下任务。

① 编制施工部署、主要施工方案。

② 确定施工进度表。

③ 绘制施工平面图。

2) 本课程调研的具体要求

(1) 学生应认真收集施工现场相关资料，收集的成果可以表现为手工记录的文字图表、复印件、电子文档等。

(2) 对该工程施工组织设计文件的编制和执行水平进行分析评价。

(3) 将学生划分为若干模拟项目经理部，分工合作，共同完成"某单位工程施工组织设计文件"的编制。

(4) 施工部署、主要施工方案说明书 5000 字以上，要求文字工整、重点突出、图文并茂。

(5) 施工进度表采用 2 号图绘制，横道图或网络图均可，要求图面整洁、完整正确、带有资源动态图。

(6) 施工平面图采用 2 号图绘制，要求图面整洁、布置科学合理，采用同一图例和适当比例。

3. 组织方法

本课程调研时间为两周，时间安排如下。

(1) 选择实习基地，划分模拟项目经理部，现场收集资料，并对任务书和资料进行分析。(2 天)

(2) 各项目经理部探讨编制施工部署、主要施工方案、确定施工进度表、绘制施工平面图。(6天)

(3) 学生提交实训成果，组织进行模拟招投标的技术评标答辩，综合评定实训成绩。(2天)

本章小结

单位工程施工组织设计是以单位工程为对象编制的，是规划和指导单位工程从施工准备到竣工验收全过程施工活动的技术经济文件，是施工组织总设计的具体化，也是施工单位编制季度、月份施工计划、分部分项工程施工方案及劳动力、材料、机械设备等供应计划的主要依据。本章对单位工程施工组织设计相关内容的介绍，帮助学生熟悉、了解单位工程施工组织设计的编制内容、方法和步骤，使学生能够编制单位工程施工组织设计。

实训练习

1. 单选题

(1) 单位施工组织设计一般由(　　)负责编制。

    A. 建设单位的负责人　　　　　　　B. 施工单位的工程项目主管工程师

    C. 施工单位的项目经理　　　　　　D. 施工员

(2) 单位工程施工组织设计必须在开工前编制完成，并应经(　　)批准方可实施。

    A. 建设单位　　　B. 项目经理　　　C. 设计单位　　　D. 总监理工程师

(3) (　　)是单位工程施工组织设计的重要环节，是决定整个工程全局的关键。

    A. 工程概况　　　B. 施工方案　　　C. 施工进度计划　D. 施工平面布置图

(4) 单位工程施工方案主要确定(　　)的施工顺序、施工方法和选择适用的施工机械。

    A. 单项工程　　　B. 单位工程　　　C. 分部分项工程　D. 施工过程

(5) 确定劳动量应采用(　　)。

    A. 预算定额　　　B. 施工定额　　　C. 国家定额　　　D. 地区定额

(6) 单位工程施工平面布置图应最先确定(　　)位置。

    A. 起重机械的位置　　　　　　　　B. 搅拌站的位置

    C. 仓库的位置　　　　　　　　　　D. 材料堆场

2. 多选题

(1) 单位工程施工组织设计编制的依据有(　　)。

    A. 经过会审的施工图　　　　　　　B. 施工现场的勘测资料

    C. 建设单位的总投资计划　　　　　D. 施工合同文件

    E. 施工项目管理规划大纲

(2) 单位工程施工组织设计的重点是(　　)。

    A. 工程概况　　　　　　B. 施工方案　　　　　　C. 施工进度计划

    D. 施工平面布置图   E. 技术经济指标

(3) 单位工程施工程序应遵守的基本原则有( )。

    A. 先地下后地上   B. 先土建后设备   C. 先主体后围护

    D. 先装饰后结构   E. 先地上后地下

(4) 单位工程施工组织设计施工进度计划常用的表达方式有( )。

    A. 横道图   B. 网络图   C. 斜道图

    D. 平面布置图   E. 施工图

(5) 编制资源需用量计划包括( )。

    A. 劳动力需用量计划   B. 主要材料需用量计划

    C. 施工机具需用量计划   D. 构件和半成品需用量计划

    E. 资金需用量计划

(6) 单位工程施工组织设计中技术经济指标的定量指标主要包括( )。

    A. 工期指标   B. 降低成本指标   C. 安全指标

    D. 环境指标   E. 主要材料节约指标

3. 简答题

(1) 简述单位工程施工组织设计的任务。

(2) 土建施工一般应遵守"四先四后"的原则是什么?

(3) 施工进度计划的编制依据有哪些?

第 5 章习题答案.doc

实训工作单

班级		姓名		日期	
教学项目		单位工程施工组织设计			
任务	学会编制某一单位工程施工组织设计		方式	查找书籍、资料，编制单位工程施工组织设计	
相关知识			施工组织设计基本知识		
其他要求					

学习总结编制记录

评语				指导教师	

第6章　建设工程项目管理概论

【教学目标】

1. 了解项目管理的相关概念。
2. 掌握项目管理的组织方式。
3. 熟悉项目经理责任制。

【教学要求】

第6章.pptx

本章要点	掌握层次	相关知识点
建设项目管理概述	(1) 了解项目管理的概念 (2) 掌握项目管理的类型和特点 (3) 掌握建设工程项目的管理模式	(1) 项目管理的职能 (2) 项目管理的类型 (3) 建设项目工程总承包模式分类
工程项目管理组织	(1) 了解组织理论概述 (2) 掌握工程项目管理组织 (3) 掌握工程项目管理组织方式	(1) 组织结构设计的六项主要内容 (2) 组织结构设计的基本原则 (3) 项目组织的特点
项目经理责任制	(1) 了解项目经理责任制的概念 (2) 了解项目经理的责任与权限 (3) 了解项目经理的素质要求	(1) 项目经理责任制出现的原因 (2) 项目经理的责任和权限 (3) 项目经理应具备的素质与对其的考核

【案例导入】

　　某钢厂改造其烧结车间，由于工期紧，刚确定施工单位的第二天，施工单位还未来得及任命项目经理和组建项目经理部，业主就要求施工单位提供项目管理规划，施工单位在不情愿的情况下提供了一份针对该项目的施工组织设计，其内容深度满足管理规划要求，但业主不接受，一定还要求施工单位提供项目管理规划。

【问题导入】

　　试结合本章内容，分析说明施工项目管理的重要性。

6.1 建设项目管理概述

6.1.1 项目管理的概念

1. 项目管理的含义

项目管理就是项目的管理者，在有限的资源约束下，运用系统的观点、方法和理论，对项目涉及的全部工作进行有效地管理，即从项目的投资决策开始到项目结束的全过程进行计划、组织、指挥、协调、控制和评价，以实现项目的目标。

项目管理是指把各种系统、方法和人员结合在一起，在规定的时间、预算和质量目标范围内完成项目的各项工作，即从项目的投资决策开始到项目结束的全过程进行计划、组织、指挥、协调、控制和评价，以实现项目的目标。

项目管理图片.docx

建设工程项目管理.mp4

2. 项目管理的职能

1) 策划职能

建设工程项目策划是把建设意图转换成定义明确、系统清晰、目标具体、活动科学、过程有效的，富有战略性和策略性思路的、高智能的系统活动，是工程项目概念阶段的主要工作。策划的结果是其他各阶段活动的总纲。

2) 决策职能

决策是工程项目管理者在工程项目策划的基础上，通过调查研究、比较分析、论证评估等活动，得出的结论性意见，付诸实施的过程。一个建设工程项目，其中的一个阶段，每个过程，均需要启动，只有在做出正确决策以后的启动才有可能是成功的，否则就可能失败。

3) 计划职能

计划职能就是把项目活动全过程、全目标都列入计划，通过统一、动态的计划系统来组织、协调和控制整个项目，使项目协调有序地达到预期目标。计划职能决定项目的实施步骤、搭接关系、起止时间、持续时间、中间目标、最终目标及措施。它是目标控制的依据和方向。

4) 组织职能

组织职能即建立一个高效率的项目管理体系和组织保证系统，通过合理的职责划分、授权，动用各种规章制度以及合同的签订与实施，确保项目目标的实现。建设工程项目管理需要组织机构的成功建立和有效运行，从而起到组织职能的作用。

5) 控制职能

项目的控制就是在项目实施的过程中，运用有效的方法和手段，不断分析、决策、反馈，不断调整实际值与计划值之间的偏差，以确保项目总目标的实现。项目控制往往是通过目标的分解、阶段性目标的制订和检验、各种指标定额的执行，以及实施中的反馈与决

策来实现的。控制职能的作用在于按计划运行，随时搜集信息并与计划相比较，找出偏差并及时纠正，从而保证计划和确定目标的实现。控制职能是管理活动中最活跃的职能，所以工程项目管理科学中把目标控制作为最主要的内容，并对控制的理论、方法、措施、信息等做出大量研究，在理论和实践上均有丰富的建树，成为项目管理中的精髓。

6） 协调职能

项目的协调管理，即是在项目存在的各种结合部或界线之间，对所有的活动及力量进行联结、联合、调和，以实现系统目标的活动。项目经理在协调各种关系特别是主要的人际关系中，应处于核心地位。协调职能是控制的动力和保证。控制是动态的，协调可以使动态控制平衡、有理、有效。

7） 指挥职能

指挥职能是工程项目管理的重要职能。计划、组织、控制、协调等都需要强有力的指挥。工程项目管理依靠团队，团队要有负责人(项目经理)，负责人要进行指挥。他把分散的信息集中起来，变成指挥意图；他用集中的意志统一管理者的步调，指导管理者的行动，集合管理力量，形成合力。所以，指挥职能是管理的动力和灵魂，是其他职能无法替代的。

8） 监督职能

监督职能是督促、帮助，也是管理职能。建设工程项目管理需要监督职能，以保证法规、制度标准和宏观调控措施的实施。监督的方式有自我监督、相互监督、领导监督、权力部门监督、业主监督、司法监督和公众监督等。

6.1.2 项目管理的类型和特点

1. 项目管理的类型

由于建设工程项目周期中各阶段的任务和实施主体不同，从而构成了不同类型的项目管理，主要包括业主方的项目管理、设计方的项目管理、施工方的项目管理、供货方的项目管理和工程总承包方的项目管理。

音频.项目管理的类型.mp3

1） 业主方项目管理

业主方项目管理是指由项目业主或委托人对项目建设全过程进行的监督与管理。业主方项目管理服务于业主的利益，其项目管理的目标包括项目的投资目标(又称成本)、进度目标和质量目标。其中，投资目标指的是项目的总投资目标。进度目标指项目动用的时间目标，即项目交付使用的时间目标。项目的质量目标不仅涉及施工的质量，还包括设计质量、材料质量、设备质量和影响项目运行或运营的环境质量等。

2） 设计方项目管理

设计方项目管理即设计单位受业主委托承担工程项目的设计任务，以设计合同所界定的工作目标及其责任义务作为工程设计管理的对象、内容和条件。设计方的项目管理主要服务于项目的整体利益和设计方本身的利益。其项目管理的目标包括设计的成本目标、设计的进度目标和设计的质量目标以及项目的投资目标。项目的投资目标能否实现与设计工作密切相关。

3) 施工方项目管理

施工方作为项目建设的参与方，其项目管理主要服务于项目的整体利益和施工方本身的利益。施工方的项目管理工作主要在施工阶段进行，但也涉及设计准备阶段、设计阶段、动用前准备阶段和保修期。

4) 建设物资供货方的项目管理

供货方的项目管理是指为确保项目管理的目标(包括供货方的成本目标、供货的进度目标和供货的质量目标)得以顺利实现而进行的一系列管理工作。供货方的项目管理主要服务于项目的整体利益和供货方本身的利益。其项目管理的目标包括供货方的成本目标、供货方的进度目标和供货方的质量目标。

5) 建设项目总承包(或称建设项目工程总承包)方的项目管理

承包商的项目管理是指承包商为完成合同约定的任务，在项目建设的相应阶段对项目有关活动进行计划、组织、协调、控制的过程。项目总承包的管理目标包括项目的总投资目标和总承包方的成本目标、项目的进度目标和项目的质量目标。建设项目总承包方的项目管理工作涉及项目实施阶段的全过程，及设计前的准备阶段、设计阶段、施工阶段、动用前准备阶段和保修期。

【案例6-1】甲设计院接受委托，为某市新建污水处理厂项目进行可行性研究。在建设方案研究中，通过方案比较，推荐×厂址。为了合理布置工程总体空间和设施，还对项目的总图运输方案进行了优化。

该项目预计总投资10亿元，拟采用特许经营方式。通过招标，A公司与B公司组成的联合体中标。A公司为国内一家污水厂运营公司，技术力量雄厚，但资金不足；B公司为国内一家基础设施投资公司，资金实力雄厚。中标后，该联合体决定成立一个项目公司负责项目的融资、建设和运营。请结合上下文分析，甲设计院在进行项目管理时应考虑哪些因素？

2. 项目管理的特点

1) 工程项目管理是一种一次性管理

项目的一次性特征决定了项目管理的一次性特点。在项目管理过程中一旦出现失误，就会很难纠正，导致严重的损失，所以项目管理的一次性成功是很关键的。因此，对项目中的每个环节都应该进行严密管理，认真选择项目经理，配备项目人员和设置项目管理机构。

2) 工程项目管理是一种全过程的综合性管理

工程项目的生命周期是一个有机成长的过程。项目各阶段有明显的界限，同时又相互有机衔接、不可间断，这就决定了项目管理是对项目生命周期全过程的管理，如对项目可行性研究、勘察设计招标投标施工各阶段全过程的管理。在每个阶段中又包含进度、质量、成本、安全的管理。因此，项目管理是全过程的综合性管理。

3) 工程项目管理是一种约束性强的控制管理

工程项目管理的一次性特征，其明确的目标(成本低、进度快、质量好)、限定的时间和资源消耗、既定的功能要求和质量标准，决定了约束条件的约束强度比其他的项目管理更高。因此，工程项目管理是强约束管理。这些约束条件是项目管理的条件，也是不可逾越的限制性条件。工程项目管理的重要特点在于工程项目管理者，如何在一定时间内，不超过这些限定条件的前提下，充分利用这些条件，去完成既定任务，达成预期目标。

工程项目管理与施工管理和企业管理不同。工程项目管理的对象是具体建设项目，施工管理的对象是具体工程项目，虽然都具有一次性特点，但管理范围不同，前者是建设全过程，后者仅限于施工阶段。而企业管理的对象是整个企业，管理范围涉及企业生产经营活动的各个方面。

【案例6-2】某市为提高"十三五"期末服务业增加值比例，提出建设快速公交走廊工程、垃圾处理场、农贸市场等一揽子投资计划，以提高公共服务水平，促进当地服务业快速发展。

该计划涵盖的建设项目将影响全市 3 个区 3 个乡镇(街道)的 5 个村/社区，其中包括 1 个少数民族聚居区，需要征收 180 亩集体土地和城镇居民房屋 31700m^2，影响 259 户共 994 人；拆迁商业店铺 50 个，总建筑面积 2800m^2。项目单位从项目实施的必要性、有效性和经济性的角度，自行对拟建项目社会稳定风险分析报告进行了评估论证，并提出了低风险的结论。同时，要求将征地拆迁及移民安置方案分析、社会稳定风险分析作为项目可行性研究报告的独立篇章。请列出该投资计划所含项目可能影响社会稳定的 3 个主要风险因素。

6.1.3　建设工程项目的管理模式

长期以来，我国建设项目的管理都采用由业主(或建设单位)组建基建办、筹建处、指挥部进行管理。力量不足时，再委托咨询单位承担一部分前期工作，委托设计单位设计，委托施工单位施工，但总是自己进行工程项目有关各方面的协调、监督和管理。这种临时组建的工程项目管理班子，项目完成后项目管理班子就解散，因此往往是只有一次教训，没有二次经验，容易造成浪费和损失。

近年来，在经济全球化趋势不断加快的局势下，为应对多变的市场环境，提高工程企业的竞争实力，合理地选择工程项目管理模式是工程项目实施过程中的重要环节，工程项目管理模式逐步发挥着不可忽视的重要作用，同时也为保证工程项目顺利实施做出了不可磨灭的贡献，工程项目管理模式在一定程度上对工程项目整个发展过程起着十分重要的作用。

1. 项目管理委托的模式

在国际上项目管理咨询公司(咨询事务所，或称顾问公司)可以接受业主方、设计方、施工方、供货方和建设项目工程总承包的委托，提供代表委托方利益的项目管理服务。项目管理咨询公司所提供的这类服务的工作性质属于工程咨询(工程顾问)服务。

在国际上业主方项目管理的方式主要有 3 种：业主方自行项目管理；业主方委托项目管理咨询公司承担全部业主方项目管理的任务；业主方委托项目管理咨询公司与业主方人员共同进行项目管理，业主方从事项目管理的人员在项目管理咨询公司委派的项目经理的领导下工作。

2. 设计任务委托的模式

工业发达国家设计单位的组织体制与中国有区别，多数设计单位是专业设计事务所，而不是综合设计院,如建筑师事务所、结构工程师事务所和各种建筑设备专业工程师事务所等,设计事务所的规模多数也较小,因此其设计任务委托的模式与我国不同。对工业与民用建筑工程而言,在国际上,建筑师事务所往往起着主导作用,其他专业设计事务所则配合建筑师事务所从事相应的设计工作。

我国业主方主要通过设计招标的方式选择设计方案和设计单位。而在国际上不少国家有设计竞赛条例,设计竞赛与设计任务的委托并没有直接的联系。设计竞赛的范围可宽也可窄,如设计理念、设计方案、某一个设计问题的设计竞赛。设计竞赛的结果只限于对设计竞赛成果的评奖,业主方综合分析和研究设计竞赛的成果后再决定设计任务的委托。设计任务的委托主要有两种模式:一是业主方委托一个设计单位或由多个设计单位组成的设计联合体或设计合作体作为设计总负责单位,设计总负责单位视需要再委托其他设计单位配合设计;二是业主方不委托设计总负责单位,而平行委托多个设计单位进行设计。

3. 建设项目工程总承包的模式

1) 工程总承包的概念

工程总承包是指工程总承包企业受业主委托,按照合同约定对工程建设项目的勘察、设计、采购、施工、试运行(竣工验收)等实行全过程或若干阶段的承包。住房和城乡建设部提倡具备条件的建设项目,采用工程总承包、工程项目管理方式组织建设。鼓励有投融资能力的工程总承包企业,对具备条件的工程项目,根据业主的要求按照建设—转让(BT)、建设—经营—转让(BOT)等方式组织实施。

2) 工程总承包的方式

(1) BOT(建设—经营—转让)模式。

BOT在国际上是主要适用于公共基础设施建设的一种项目投融资模式。BOT操作的典型形式是:项目所在地政府授予一家或几家公司或私人企业所组成的项目公司以特许权利,就某项特定基础设施项目进行筹资建设(少量投资,大量融资),在约定的期限内经营管理,并通过项目本身的经营收入偿还债务和获取投资回报,在特许期届满后将项目设施无偿转让给所在地政府。

BOT融资方式在我国称为"特许权融资方式",其含义是指国家或者地方政府部门通过特许权协议,授予签约方承担公共性基础设施(基础产业)项目的融资、建造、经营和维护。在协议规定的特许期限内,项目公司拥有投资建造设施的所有权,允许向设施使用者收取适当的费用,由此回收项目投资、经营和维护成本并获得合理的回报。特许期满后,项目公司将设施无偿地移交给签约方的政府部门。

BOT基础设施项目的运作过程中,由于基础设施种类、投融资回报方式、项目财产权利形态的不同,BOT方式出现了不同的演变模式,如BT(建设—转让)形式、BOOT(建设—拥有—经营—转让)形式、BTO(建设—转让—经营)形式、BOO(建设—拥有—经营)形式、ROT(整顿—经营—转让)形式、POT(购买—经营—转让)形式等。

(2) BT(建设—转让)模式。

BT模式是BOT模式的一种变换形式,是政府利用非政府资金来进行基础非经营性设施建设项目的一种融资模式。BT模式在国际上通行的做法一般是:取得BT合同的建设方组建BT项目公司,按与业主签订合同的约定进行融资、投资、设计和施工,竣工验收后交

付使用，业主在合同规定时间内向建设方支付工程款并随之获得项目所有权。

BT 模式成为 BOT 模式的一种演变，近年来也逐渐成为政府投融资新模式的一种，被用来为政府性公共项目融资。BT 模式下的工程建设主要适用于非经营性的基础设施和公用事业项目。

根据交接界面的不同和 BT 模式投融资、建设和移交三大特点，BT 建设可大致分为完全 BT、BT 工程总承包、BT 施工总承包。

4. 施工任务委托的模式

施工任务的委托主要有以下几种模式。

第一，业主方委托一个施工单位或由多个施工单位组成的施工联合体或施工合作体作为施工总包单位，施工总包单位视需要再委托其他施工单位作为分包单位配合施工。

第二，业主方委托一个施工单位或由多个施工单位组成的施工联合体或施工合作体作为施工总包管理单位，业主方另委托其他施工单位作为分包单位进行施工。

第三，业主方不委托施工总包单位，也不委托施工总包管理单位，而是平行委托多个施工单位进行施工。

1) 施工总承包

业主方委托一个施工单位或由多个施工单位组成的施工联合体或施工合作体作为施工总包单位，经业主同意，施工总承包单位可以根据需要将施工任务的一部分分包给其他符合资质的分包人。施工总承包模式有以下特点。

(1) 投资控制方面。

一般以施工图设计为投标报价的基础，投标人的投标报价较有依据；在开工前就有较明确的合同价，有利于业主的总投资控制；若在施工过程中发生设计变更，可能会引发索赔。

(2) 进度控制方面。

由于一般要等施工图设计全部结束后，业主才进行施工总承包的招标，因此，开工日期不可能太早，建设周期会较长。这是施工总承包模式的最大缺点，限制了其在建设周期紧迫的建设工程项目上的应用。

(3) 质量控制方面。

建设工程项目质量在很大程度上取决于施工总承包单位的管理水平和技术水平。

(4) 合同管理方面。

业主只需要进行一次招标，与施工总承包商签约，因此招标及合同管理工作量将会减小；在很多工程实践中，采用的并不是真正意义上的施工总承包，而采用所谓的"费率招标"。"费率招标"实质上是开口合同，对业主方的合同管理和投资控制十分不利。

(5) 组织与协调方面。

由于业主只负责对施工总承包单位的管理及组织协调，其组织与协调的工作量比平行发包会大大减少，这对业主有利。

2) 施工总承包管理

施工总承包管理模式(Managing Contractor)的内涵是：业主方委托一个施工单位或由多个施工单位组成的施工联合体或施工合作体作为施工总包管理单位，业主方另委托其他施工单位作为分包单位进行施工。一般情况下，施工总承包管理单位不参与具体工程的施工，但如施工总承包管理单位也想承担部分工程的施工，它也可以参加该部分工程的投标，通过竞争取得施工任务。施工总承包管理模式有以下特点。

(1) 投资控制方面。

部分施工图完成后，业主就可单独或与施工总承包管理单位共同进行该部分工程的招标，分包合同的投标报价和合同价以施工图为依据；在进行施工总承包管理单位的招标时，只确定施工总承包管理费，而不确定工程总造价，这可能成为业主控制总投资的风险；多数情况下，由业主方与分包人直接约定，这样有可能增加业主方的风险。

(2) 进度控制方面。

不需要等待在施工图设计完成后再进行施工总承包管理的招标，分包合同的招标也可以提前，这样就有利于提前开工，有利于缩短建设周期。

(3) 质量控制方面。

对分包人的质量控制由施工总承包管理单位进行；分包工程任务符合质量控制的"他人控制"原则，对质量控制有利；各分包之间的关系可由施工总承包管理单位负责，这样就可减轻业主方管理的工作量。

(4) 合同管理方面。

一般情况下，所有分包合同的招投标、合同谈判以及签约工作均由业主负责，业主方的招标及合同管理工作量较大；对分包人的工程款支付可由施工总包管理单位支付或由业主直接支付，前者有利于施工总包管理单位对分包人的管理。

(5) 组织与协调方面。

由施工总承包管理单位负责对所有分包人的管理及组织协调，这样就大大减轻了业主方的工作。这是采用施工总承包管理模式的基本出发点。

3) 施工总承包管理与施工总承包模式的比较

(1) 工作开展程序不同。

施工总承包模式的工作程序：先进行建设项目的设计，待施工图设计结束后再进行施工总承包招投标，然后再进行施工。如果采用施工总承包管理模式，施工总承包管理单位的招标可以不依赖完整的施工图，当完成一部分施工图就可对其进行招标。

(2) 合同关系有差异。

如前所述，施工总承包管理模式的合同关系有两种可能，即业主与分包单位直接签订合同或者由施工总承包管理单位与分包单位签订合同。而采用施工总承包模式时，由施工总承包单位与分包单位直接签订合同。

(3) 分包单位的选择和认可。

一般情况下，当采用施工总承包管理模式时，分包合同由业主与分包单位直接签订，但每个分包人的选择和每个分包合同的签订都要经过施工总承包管理单位的认可，因为施工总承包管理单位要承担施工总体管理和目标控制的任务和责任。如果施工总承包管理单位认为业主选定的某个分包人确实没有能力完成分包任务，而业主执意不肯更换分包人，施工总承包管理单位也可以拒绝认可该分包合同，并且不承担该分包人所负责工程的管理责任。而当采用施工总承包模式时，分包单位由施工总承包单位选择，由业主方认可。

(4) 对分包单位的付款。

对各个分包单位的工程款项可以通过施工总承包管理单位支付，也可以由业主直接支付。如果由业主直接支付，需要经过施工总承包管理单位的认可。而当采用施工总承包模式时，各个分包单位的工程款项一般由施工总承包单位负责支付。

(5) 对分包单位的管理和服务。

施工总承包管理单位和施工总承包单位一样，既要负责对现场施工的总体管理和协调，也要负责向分包人提供相应的配合施工的服务。对于施工总承包管理单位或施工总承包单位提供的某些设施和条件，如搭设的脚手架、临时用房等，如果分包人需要使用，则应由双方协商所支付的费用。

(6) 施工总承包管理的合同价格。

施工总承包管理合同中一般只确定施工总承包管理费(通常是按工程建筑安装工程造价的一定百分比计取)，而不需要确定建筑安装工程造价，这也是施工总承包管理模式的招标可以不依赖于施工图纸出齐的原因之一。分包合同一般采用单价合同或总价合同。

施工总承包管理模式与施工总承包模式相比，在合同价方面有以下优点：合同总价不是一次确定，某一部分施工图设计完成以后，再进行该部分施工招标，确定该部分合同价，因此整个建设项目的合同总额的确定较有依据；所有分包都通过招标获得有竞争力的投标报价，对业主方节约投资有利；在施工总承包管理模式下，分包合同价对业主是透明的。

国内对施工总承包管理模式存在不少误解，认为施工总承包管理单位仅做管理与协调工作，而对建设项目目标控制不承担责任。实际上每个分包合同都要经过施工总承包管理单位的确认，施工总承包管理单位有责任对分包人的质量和进度进行控制，并负责审核和控制分包合同的费用支付，负责协调各个分包的关系，负责各个分包合同的管理。因此，在组织结构和人员配备上，施工总承包管理单位仍然要有安全管理、费用控制、进度控制、质量控制、合同管理、信息管理和进行组织与协调的机构和人员。

5. 代建制模式

代建制是指投资方经过规定的程序，委托相应资质的工程管理公司或具备相应工程管理能力的其他企业、代理投资人或建设单位组织和管理项目建设的模式。代建制是一种特殊的项目管理方式。代建制除项目管理的内容外，还包括项目策划，报批，办规划、土地、环评、消防二市政、人防、绿化、开工等手续，采购施工承包商和监理服务单位等内容。目前，代建制的运作模式主要有两种。

(1) 委托代理合同模式。由项目法人(或项目业主)采用招标投标方式选定一个工程管理单位作为代建单位(受托方)，与代建单位签订代建合同。由代建人代行项目业主的职能，依据国家有关法律、法规，办理有关审批手续，自主选择工程服务商和承包商。项目建成后协助委托人组织项目的验收。

(2) 以常设性事业单位为主，实行相对集中的专业化管理。即成立政府投资项目建设管理机构，全权负责公益性项目的建设实施，建成后移交使用单位。如深圳市借鉴香港做法，成立工务局，作为负责政府投资的市政工程和其他重要公共工程建设专门管理机构，代表政府行使业主职能。

从工程项目的代建阶段可将代建制的实施方式分为全过程代建和两阶段代建。全过程

代建即委托人根据批准的项目建议书，面向社会招标代建人，由代建人根据批准的项目建议书，从项目的可研报告开始介入，负责可研报告、初步设计、建设实施乃至竣工验收的管理。两阶段代建即将建设项目分为项目前期工作阶段代建和项目建设实施阶段代建。

① 前期代建，是由投资人委托或招标选择前期代理人，协助编制可行性研究报告，负责组织可研报告的评估，完成报批手续，通过招标落实设计单位，取得规划许可证和土地使用证，协助完成土地使用拆迁工作。

② 工程代建，是由授权代建人办理开工申请报告，取得施工许可证，通过招标选择施工单位，组织管理协调工程的施工建设，履行工程如期竣工验收和交付使用的职责，负责保障工程项目在保修期内的正常使用。

【案例6-3】某市政府为了落实城镇保障性安居工程规划，改善低收入群体的居住条件，计划2013年建设10万 m^2 的廉租住房小区，以及小区道路和绿地等配套设施，解决2000户低收入居民的住房问题，建设资金主要来源于中央政府投资补助和地方政府配套资金。项目建设工作的主要内容包括可行性研究、勘察设计、工程招标、工程施工、工程监理、竣工验收等。甲工程咨询单位编制了该项目的可行性研究报告，内容包括项目需求及目标定位、项目建设方案、项目实施方案、风险评价等，并采用逻辑框架法对项目进行了总体分析。

为保证项目顺利实施，项目业主要求工程施工阶段要有施工单位的工作记录和监理单位的监理报告。项目业主保留全部工程档案，所有工程资料都可以通过现场调查和文案调查获取。试结合上下文分析项目管理的重要性。

6.2 工程项目管理组织

6.2.1 组织理论概述

1. 组织的定义

"组织"一词可以作为名词来理解，也可以作为动词来理解。作为名词理解时是指组织机构，它原本是生物学中的概念，是指机体中构成器官的单位，是由许多形态和功能相同的细胞按一定的方式结合而成的。这一含义被引申到社会政治或经济系统中，是指按照一定的宗旨和系统建立起来的集体。日常工作中的组织正是这种意义上的组

组织结构图.docx

织，是指完成特定使命的人们，为了实现共同的目标而组合成的有机整体，是成员进行各种活动的基本框架。组织作为动词来理解时，是指一种活动的过程，即安排分散的人或事物使之具有一定的系统性或整体性。在这一过程中，体现了人类对自然的改造。管理学中的组织职能，是上述两种含义的有机结合而产生和起作用的。

组织作为一种机构形式，是为了使系统达到它的特定目标使全体参加者经分工与协作以及设置不同层次的权力和责任制度而构成的一种人的组合。它可以理解如下。

(1) 它是人们具有共同目标的集合体。

(2) 它是人们相互影响的社会心理系统。

(3) 它是人们运用知识和技术的技术系统。

(4) 组织有一定结构，参加组织的人必须按一定的方式相互合作、共同努力，形成一个有机的整体。

组织作为一种活动过程，是指为达到某一目标而协调人群活动的一切工作。作为一种活动的过程，组织的对象是组织内各种可调控的资源。组织活动就是为了实现组织的整体目标而有效配置各种资源的过程。

在此概念的基础上组织理论的研究出现了两个相互联系的研究方向，即组织结构研究方向和组织行为研究方向。组织结构研究方向侧重于组织的静态研究，以建立精干、合理、高效的组织结构为目的；组织行为研究方向侧重于组织的动态研究，以建立良好的人际关系保证组织的高效运行为目的。

2. 组织结构

组织结构就是组织内部各个有机组成要素相互作用的联系方式或形式，也可称为组织的各要素相互联系的框架。组织结构具有以下特性：组织结构的复杂性、组织结构的规范性、组织结构的集权与分权性。

3. 组织结构设计

组织结构设计，是通过对组织资源(如人力资源)的整合和优化，确立企业某一阶段的最合理的管控模式，实现组织资源价值最大化和组织绩效最大化，狭义地、通俗地说，也就是在人员有限的状况下通过组织结构设计提高组织的执行力和战斗力。

企业的组织结构设计就是这样一项工作：在企业的组织中，对构成企业组织的各要素进行排列、组合，明确管理层次，分清各部门、各岗位之间的职责和相互协作关系，并使其在追求实现企业的战略目标过程中，获得最佳的工作业绩。

从最新的观念来看，企业的组织结构设计实质上是一个组织变革的过程，它是把企业的任务、流程、权力和责任重新进行有效组合和协调的一种活动。根据时代和市场的变化，进行组织结构设计或组织结构变革(再设计)的目的是为了大幅度地提高企业的运行效率和经济效益。

1) 组织结构设计的六项主要内容

(1) 职能设计。职能设计是指企业的经营职能和管理职能的设计。企业作为一个经营单位，要根据其战略任务设计经营管理职能。如果企业的有些职能不合理，那就需要进行调整，对其弱化或取消。

(2) 框架设计。框架设计是企业组织设计的主要部分，运用较多。其内容简单来说就是纵向的分层次、横向的分部门。

(3) 协调设计。协调设计是指协调方式的设计。框架设计主要研究分工，有分工就必须要有协作。协调方式的设计就是研究分工的各个层次各个部门之间如何进行合理的协调、联系配合，以保证其高效率地协作，发挥管理系统的整体效应。

(4) 规范设计。规范设计就是管理规范的设计。管理规范就是企业的规章制度，它是管理的规范和准则。结构本身设计最后要落实、体现为规章制度。管理规范保证了各个层次部门和岗位按照统一的要求和标准进行配合和行动。

(5) 人员设计。人员设计就是管理人员的设计。企业结构本身设计和规范设计，都要以管理者为依托，并由管理者来执行。因此，按照组织设计的要求，必须进行人员设计，配备相应数量和质量的人员。

(6) 激励设计。激励设计就是设计激励制度，对管理人员进行激励，其中包括正激励和负激励。正激励包括工资、福利等，负激励包括各种约束机制，也就是所谓的奖惩制度。激励制度既有利于调动管理人员的积极性，也有利于防止一些不正当和不规范的行为。

2) 组织结构设计的基本原则

在长期的企业组织变革的实践活动中，西方管理学家曾提出过一些组织设计基本原则，如管理学家厄威克曾比较系统地归纳了古典管理学派泰罗、法约尔、马克斯及韦伯等的观点，提出了 8 条指导原则，即目标原则、相符原则、职责原则、组织阶层原则、管理幅度原则、专业化原则、协调原则和明确性原则；美国管理学家孔茨等在继承古典管理学派的基础上，提出了健全组织工作的 15 条基本原则，即目标一致原则、效率原则、管理幅度原则、分级原则、授权原则、职责的绝对性原则、职权和职责对等原则、统一指挥原则、职权等级原则、分工原则、职能明确性原则、检查职务与业务部门分设原则、平衡原则、灵活性原则和便于领导原则。我国的企业在组织结构变革实践中积累了丰富的经验，也相应地提出了一些设计原则，现可以归纳如下。

(1) 任务与目标原则。企业组织设计的根本目的，是为实现企业的战略任务和经营目标服务的，这是一条最基本的原则。组织结构的全部设计工作必须以此作为出发点和归宿点，即企业任务、目标同组织结构之间是目的同手段的关系，衡量组织结构设计的优劣，要以是否有利于实现企业任务、目标作为最终的标准。从这一原则出发，当企业的任务、目标发生重大变化时，例如，从单纯生产型向生产经营型、从内向型向外向型转变时，组织结构必须作出相应的调整和变革，以适应任务、目标变化的需要。又如，进行企业机构改革，必须明确要从任务和目标的要求出发，该增则增，该减则减，避免单纯地把精简机构作为改革的目的。

(2) 专业分工和协作原则。现代企业的管理，工作量大，专业性强，分别设置不同的专业部门，有利于提高管理工作的质量与效率。在合理分工的基础上，各专业部门只有加强协作与配合，才能保证各项专业管理的顺利开展，达到组织的整体目标。贯彻这一原则，在组织设计中要十分重视横向协调问题。主要的措施有以下几个。

① 实行系统管理，把职能性质相近或工作关系密切的部门归类，成立各个管理子系统，分别由各副总经理(副厂长部长等)负责管辖。

② 设立一些必要的委员会及会议来实现协调。

③ 创造协调的环境，提高管理人员的全局观念，增加相互间的共同语言。

(3) 有效管理幅度原则。由于受个人精力、知识经验条件的限制，一名领导人能够有效领导的直属下级人数是有一定限度的。有效管理幅度不是一个固定值，它受职务的性质、人员的素质、职能机构健全与否等条件的影响。这一原则要求在进行组织设计时，领导人的管理幅度应控制在一定水平，以保证管理工作的有效性。由于管理幅度的大小与管理层次的多少成反比例关系，这一原则要求在确定企业的管理层次时，必须考虑到有效管理幅度的制约。因此，有效管理幅度也是决定企业管理层次的一个基本因素。

(4) 集权与分权相结合原则。企业组织设计时，既要有必要的权力集中，又要有必要的权力分散，两者不可偏废。集权是大生产的客观要求，它有利于保证企业的统一领导和

指挥，有利于人力、物力、财力的合理分配和使用。而分权是调动下级积极性、主动性的必要组织条件。合理分权有利于基层根据实际情况迅速而正确地做出决策，也有利于上层领导摆脱日常事务，集中精力抓重大问题。因此，集权与分权是相辅相成的，是矛盾的统一。没有绝对的集权，也没有绝对的分权。企业在确定内部上下级管理权力分工时，主要应考虑的因素有企业规模的大小、企业生产技术特点、各项专业工作的性质、各单位的管理水平和人员素质的要求等。

(5) 稳定性和适应性相结合原则。稳定性和适应性相结合原则要求组织设计时，既要保证组织在外部环境和企业任务发生变化时，能够继续有序地正常运转，同时又要保证组织在运转过程中，能够根据变化了的情况做出相应的变更，即组织应具有一定的弹性和适应性。为此，需要在组织中建立明确的指挥系统、责权关系及规章制度；同时又要求选用一些具有较好适应性的组织形式和措施，使组织在变动的环境中，具有一种内在的自动调节机制。

4. 组织行为

组织行为是指组织的个体、群体或组织本身从组织的角度出发，对内源性或外源性的刺激所作出的反应。

一般的组织行为学认为，组织行为学是系统研究组织环境中所有成员的行为，以成员个人、群体整个组织及其外部环境的相互作用所形成的行为作为研究对象。许多管理学著作把组织行为分为个体行为和群体行为。但是，这样划分组织行为并不合适，组织行为并不能简单地看作组织中人的行为，因为人不是组织的构成要素，组织行为应该是组织中要素之间以及组织要素和外部环境之间相互作用而产生的行为。虽然组织行为是一项十分复杂的社会行为，但根据组织要素的不同，管理主体所发出的行为是管理行为，管理客体所发出的行为是业务行为。因此，任何组织里的组织行为都可以分为两大类，即管理行为和业务行为。

在任何组织中，所有的工作都可以分成两类：一类是完成具体实现组织目标的工作，如工人制造产品、教师讲授课程、医生治疗疾病、秘书处理信件、会计核算成本等，我们把这类工作看成是具体的业务或操作，这类工作是非管理性的工作；另一类工作则以指挥他人完成具体任务为特征，如工厂中厂长的工作、学校中校长的工作、医院里院长的工作、公司中经理的工作，他们虽然有时也完成某些具体工作，但更多的时间则是在制订工作计划，设计组织结构，安排人力、物力、财力，领导和协调并检查他人去完成各项具体工作，这类工作是管理性的工作。

管理行为是一种影响和协调他人行为的行为，人们把由管理行为进行影响和协调的他人行为称为业务行为。对不同的组织来说，有不同的业务行为，如对工厂来说是产品设计、生产程序设计、劳动设计、生产能力计划、厂址选择、厂内布局、生产制造产品，对学校来说是授课批改作业教育学生、培养人才，对医院来说是看病和护理。这些行为都是业务行为，必须经常不断地进行，只有这样才能使组织不断前进、充满活力。通过业务行为，组织可以直接达到目的。为了确保这一基本过程顺利而有效地进行，组织还要展开另一项行为，这种行为就是管理行为，管理行为是促进业务行为实现组织目的的手段和保证。从根本上来说，管理行为与业务行为这两种行为都是为了实现组织目标而进行的，但它们之

间还是存在一定的区别。而且，对这两类行为进行区分的意义相当重大。明确管理行为和业务行为的区别，可以让每个管理者明确自己作为管理者的管理职责，不要把自己的工作与业务行为者的工作混淆起来。

(1) 行为的主体不同。从事管理行为的人可称为管理者，如企业中的厂长、公司的经理、学校中的校长、医院中的院长、政府的首长以及各类管理人员。而具有组织特点的业务行为的主体对于不同的组织来说是不一样的，对于业务行为的主体，可以称为业务人员，如工厂中的工人、公司的职员、学校中的教师、医院中的医生和护士、政府中的一般公务员等。

但是，在实际工作中，有不少组织里的人既是管理者，同时又充当了业务人员的角色，如医院的院长在给病人做手术时是业务行为者，而在从事医院的各项事务管理时却是管理者。

(2) 行为的内容不同。管理行为与业务行为内容的区别主要表现在管理行为具有普遍性，而业务行为却具有特殊性。尽管不同组织的管理行为有其不同的特殊性，但在不同性质组织中的管理行为，以及在同一组织中不同层次、不同部门的管理行为基本上是相同的，都表现为从事计划、组织、指挥和控制等；而业务行为具有特殊性，不同组织中的业务行为，以及同一组织中不同层次不同部门的业务行为，却表现出一定的特殊性，都带有不同组织、不同层次、不同部门的业务特点。正是基于此，有人认为不同组织中的管理人员相互之间是可以替换的，而学校的教师、医院的医生、企业的工人以及政府机关的职员所从事的行为就完全不同，他们之间是无法替换的。

(3) 行为的直接目的不同。应该说，组织中的一切行为都是围绕组织目标的实现而展开的。但是，两者所追求的直接目标却不同。业务行为的直接目的是实现组织的目标，而管理行为的直接目的却是协调业务行为，使组织目标能有效地实现。

5. 组织论和组织工具

组织论是一门非常重要的基础理论学科，是项目管理的母学科，它主要研究系统的组织结构模式、组织分工以及工作流程组织。

组织结构模式反映了一个组织系统中各子系统之间或各元素(各工作部门或各管理人员)之间的指令关系。

组织分工反映了一个组织系统中各子系统或各元素的工作任务分工和管理职能分工。组织结构模式和组织分工都是一种相对静态的组织关系。

工作流程组织则反映一个组织系统中各项工作之间的逻辑关系，是一种动态关系。组织工具是组织论的应用手段，用图或表等形式表示各种组织关系，包括组织结构图(管理组织结构图)、工作任务分工表、管理职能分工表和工作流程图等。

6.2.2 工程项目管理组织

任何项目均需要依托某一种组织形式来进行管理。对项目而言，管理组织是指人们为实现项目目标相互协作结合而成的集体，它通过计划、组织、领导、控制等过程对项目的各种资源进行合理配置，保证项目目标的成功实现。在项目组织不能脱离其所属的上一级组织而独立存在时，完整的项目管理组织也包括其上级组织支持项目管理的那部分机构。因为项目具有临时性、一次性，项目管理组织也具有临时性；因为目标管理是项目管理的

最基本方法，项目管理组织的设定也具有目标导向性；因为项目具有强烈的周期性，项目管理组织就应具有较大的弹性与灵活性；因为项目管理目标是项目经理和管理团队的共同承诺。所以，项目管理组织特别需要具有密切配合、团结合作的团队精神。

1. 项目组织的特点

由于项目的特点决定了项目组织和其他组织相比具有许多不同的特点，这些特点对项目的组织设计和运行有很大的影响。

1) 项目组织的一次性

工程项目是一次性任务，为了完成项目目标而建立起来的项目组织也具有一次性。项目结束或相应项目任务完成后，项目组织就解散或重新组成其他项目组织。

2) 项目组织的类型多、结构复杂

由于项目的参与者比较多，他们在项目中的地位和作用不同，而且有着各自不同的经营目标，这些单位对项目进行管理，形成了不同的项目管理类型。不同类型的项目管理，由于组织目标不同，它们的组织形式也不同，但是为了完成项目的共同目标，这些组织形式应该相互适应。

为了有效地实施项目系统，项目的组织系统应该和项目系统相一致，由于项目系统比较复杂，导致项目组织结构的复杂性。在同一项目管理中可能用不同的组织结构形式组成一个复杂的组织结构体系。例如某个项目的监理组织，总体上采用直线制组织形式，而在部分子项目中采用职能制组织形式。项目组织还要和项目参与者的单位组织形式相互适应，这也会增加项目组织的复杂性。

3) 项目组织的变化较大

项目在不同的实施阶段其工作内容不一样，项目的参与者也不一样，同一参与者，在项目的不同阶段的任务也不一样。因此，项目的组织随着项目的不同实施阶段而变化。

4) 项目组织与企业组织之间关系复杂

在很多的情况下项目组织是企业组建的，它是企业组织的组成部分。企业组织对项目组织影响很大，从企业的经营目标、企业的文化到企业资源、利益的分配都影响到项目组织效率。从管理方面看，企业是项目组织的外部环境，项目管理人员来自企业，项目组织解体后，其人员返回企业。对于多企业合作进行的项目，虽然项目组织不是由一个企业组建，但是它依附于各相关企业，受到各相关企业的影响。

2. 项目组织结构设计

组织结构是指组织内部各构成部分和各部分间所确立的较为稳定的相互关系和联系方式。项目管理的组织结构的设计是项目管理的重要内容，项目管理的组织结构是项目管理取得成效的前提和保障。

组织结构由管理层次、管理跨度、管理部门、管理职责 4 个因素组成。这些因素相互联系、相互制约。在进行组织结构设计时，应考虑这些因素之间的平衡与衔接。

1) 管理层次

管理层次是从最高管理者到最低层操作者的等级层次的数量。合理的层次结构是形成合理的权力结构的基础，也是合理分工的重要方面。管理层次多，信息传递就慢，而且会失真。层次越多，所需要的人员和设备就越多，协调的难度也就越大。

2) 管理跨度

管理跨度也称管理幅度，是指一个上级管理者能够直接管理的下属人数。跨度加大，管理人员的接触关系增多，处理人与人之间关系的数量随之增大，他所承担的工作量也随之增大。法国管理顾问格兰丘纳斯在 1933 年首先提出了通过计算一个管理者所直接涉及的工作关系数来计算他所承担的工作量的模型，即

$$C = N(2N-1 + N - 1) \tag{6-1}$$

式中：C——可能存在的工作关系数；

N——管理跨度。

通过这个模型可以发现，管理者所管理的下属人数按算术级数增加时，该管理者所直接涉及的工作关系数则呈几何级数增加。当 $N=2$ 时，$C=6$；当 $N=8$ 时，$C=1080$。所以跨度太大时，管理者所涉及的关系数太多，所承担的工作量过大，从而不能进行有效的管理。

管理跨度与管理层次相互联系、相互制约，二者成反比例关系，即管理跨度越大，则管理层次越少；反之，管理跨度越小，则管理层次越多。合理地确定管理跨度，对正确设置组织等级层次结构具有重要的意义。确定管理跨度的最基本原则是最终使管理人员能有效地领导协调其下属的活动。确定管理跨度应考虑以下几个影响因素。

① 管理者所处的层次。一般处于较高管理层次的管理者，应有较小的管理跨度，而处于较低管理层次的管理者可以有较大的管理跨度。

② 被管理者的素质。下属的素质越高，处理上下级关系所需的时间和次数就越少。具有高度责任感、受训良好的下属不但能少占用上级管理者的时间，而且接触的次数也少，可以设置较宽的管理跨度。

③ 工作性质。工作性质复杂就应设置较窄的管理跨度；相反，完成简单的工作，则可以设置较宽的管理跨度。因为面对复杂的工作，管理者需要与其下属之间保持经常的接触和联系，一起探讨完成工作的方法和措施，所以只能够设置较窄的管理跨度。

④ 管理者的意识。对授权意识较强的管理者，可以设置较宽的管理跨度，这样可以充分发挥下属的积极性，使他们能从工作中得到满足。

⑤ 组织群体的凝聚力。对具有较强的群体凝聚力的组织，即使设置较宽的管理跨度，也可以满足管理和协调的需要，而群体凝聚力较弱的组织则应设置较窄的管理跨度。

此外，确定管理跨度还应考虑空间因素组织环境、管理现代化程度以及组织信息传递方式等因素的影响。

3) 管理部门

部门的划分是将完成组织目标的总任务划分为许多具体的任务，然后把性质相似或具有密切关系的具体工作合并归类，并建立起负责各类工作的相应管理部门，并将一定的职责和权限赋予相应的单位或部门。部门的划分应满足专业分工与协作的要求。组织部门划分有多种方法，如按职能划分、按产品划分、按地区划分、按顾客划分、按市场渠道划分等。项目管理组织常用的是按职能划分和按产品划分两种。

(1) 按职能划分。

按职能划分就是按照为实现组织目标所需做的各项工作的性质和作用，把性质相同的或相似的具体工作归并为一个专门的单位负责，如建立计划财务、技术劳务、机械设备、材料、合同等部门。按职能划分是一种合乎逻辑并经过时间考验的方法，最能体现专业化

分工的原则，因而有利于提高人力的利用效率。但是按这种方法划分的部门，由于具有相对独立性，容易造成各部门之间的不协调，各部门往往只强调本部门目标的重要性而忽视组织的整体目标，而且由于协调功能较差，当组织环境变化时，应变能力较差。

(2) 按产品划分。

按产品划分就是以某种产品为中心，将为实现管理目标所需做的一切工作按是否与该产品有关而进行分类，与同产品或服务有关的工作都归为一个部门。在这些产品部门下还可以按职能进一步划分职能部门。这种划分方法的优点是有利于使用专用设备，部门内部的协调也比较容易，管理绩效的评价比较容易，有助于激发各个部门的主动性和创造性。缺点是，由于机构的重叠造成管理资源的浪费；由于部门独立性较强难以做到统一指挥。

4) 管理职责

职责是责、权、利系统的核心。职责的确定应目标明确，有利于提高效率，而且应便于考核。为了达到这个目标，在明确职责时应坚持专业化的原则，这样有利于提高管理的效率和质量。同时应授予与职责相应的权力和利益，以保证和激励部门完成其职责。

3. 项目组织结构设计的原则

项目的组织结构设计，关系到项目管理的成败，所以项目组织结构的设计应遵循下列7项原则。

1) 目的性原则

从"一切为了确保项目目标实现"这一根本目标出发，因目标而设事，因事而设岗、设机构分层次，同时定人定责，因责而授权。这是组织结构设计应遵循的客观规律，颠倒这种规律或离开项目目标，就会导致组织的低效或失败。

2) 集权与分权统一的原则

集权是指把权力集中在上级领导的手中，而分权是指经过领导的授权，将部分权力分派给下级。在一个健全的组织中不存在绝对的集权，绝对的集权意味着没有下属主管，也不存在绝对的分权，绝对的分权意味着上级领导职位的消失，也就不存在组织了。合理的分权既可以保证指挥的统一，又可以保证下级有相应的权力来完成自己的职责，能发挥下级的主动性和创造性。为了保证项目组织的集权与分权的统一，授权过程应包括确定预期的成果委派任务、授予实现这些任务所需的职权以及行使职责使下属实现这些任务。

3) 专业分工与协作统一的原则

分工就是为了提高项目管理的工作效率，把为实现项目目标所必须做的工作，按照专业化的要求分派给各个部门以及部门中的每个人，明确他们的目标、任务、该干什么和怎样干。分工要严密，每项工作都要有人负责，每个人负责他所熟悉的工作，这样才能提高效率。

分工要求协作，组织中只有分工没有协作，组织就不能有效运行。为了实现分工协作的统一，组织中应明确部门和部门内部的协作关系与配合方法，各种关系的协调应尽量规范化、程序化。

4) 管理跨度与层次划分适当的原则

适当的管理跨度加上适当的层次划分和适当的授权，是建立高效率组织的基本条件。在建立项目组织时，每一级领导都要保持适当的管理跨度，以便集中精力在职责的范围内实施有效的领导。

5) 系统化管理的原则

这是由于项目的系统性所决定的。项目是一个开放的系统，是由众多的子系统组成的有机整体，这就要求项目组织也必须是一个完整的组织结构系统；否则就会出现组织和项目系统之间的不匹配、不协调。

6) 弹性结构原则

现代组织理论特别强调组织结构应具有弹性，以适应环境的变化。弹性结构是指一个组织的部门结构、人员职责和工作职位都是可以变动的，保证组织结构能进行动态的调整，以适应组织内外部环境的变化。工程项目是一个开放的复杂系统，项目以及它所处环境的变化往往较大，所以弹性结构原则在项目组织结构设计中的意义很大，项目组织结构应能满足由于项目以及项目环境的变化而进行动态调整的要求。

7) 精简高效原则

项目组织结构设计应该把精简高效的原则放在重要的位置。组织结构中的每个部门、每个人和其他的组织要素为了一个统一的目标，组合成最适宜的结构形式，实行最有效的内部协调，使决策和执行简捷而正确，减少重复和扯皮，以提高组织效率。在保证必要职能履行的前提下，尽量简化机构，这也是提高效率的要求。

4. 项目组织结构设计的程序

1) 确定项目管理目标

项目管理目标是项目组织设立的前提，明确组织目标是组织设计和组织运行的重要环节之一。项目管理目标取决于项目目标，主要是在工期、质量、成本三大目标上。这些目标应分阶段根据项目特点进行划分和分解。

音频.项目组织结构设计
的程序.mp3

2) 确定工作内容

根据管理目标确定为实现目标所必须完成的工作，并对这些工作进行分类和组合，在进行分类和组合时，应以便于目标实现为目的，考虑项目的规模、性质、复杂程度以及组织人员的技术业务水平、组织管理水平等因素。

3) 选择组织结构形式，确定岗位职责、职权

根据项目的性质、规模、建设阶段的不同，可以选择不同的组织结构形式以适应项目管理的需要。组织结构形式的选择应考虑有利于项目目标的实现，有利于决策和执行，有利于信息的沟通。根据组织结构形式和例行性工作，确定部门和岗位以及它们的职责，并根据责、权、利一致的原则确定他们的职权。

4) 设计组织运行的工作程序和信息沟通的方式

以规范化、程序化的要求确定各部门的工作程序，规定它们之间的协作关系和信息沟通方式，即制订一系列管理制度。

5) 人员配备

按岗位职务的要求和组织原则，选配合适的管理人员，关键是各级部门的主管人员。

6.2.3　工程项目管理组织方式

1. 职能式项目组织形式

1) 职能式项目组织的含义及结构

层次化的职能式管理组织形式是当今世界上最普遍的组织形式。它是指企业按职能划分部门，如一般企业设有计划、采购、生产、营销、财务、人事等职能部门。采用职能式项目组织形式的企业在进行项目工作时，各职能部门根据项目的需要承担本职能范围内的工作，项目的全部工作作为各职能部门的一部分工作进行。也就是说，企业主管根据项目任务需要从各职能部门抽调人员及其他资源组成项目实施组织，这样的项目组织没有明确的项目主管经理，项目中各种职能的协调只能由处于职能部门顶部的部门主管来协调。项目组织的界限不十分明确，小组成员没有脱离原来的职能部门，项目工作多属于兼职工作性质。

2) 职能式项目组织的优点

(1) 资源利用上具有较大的灵活性。各职能部门主管可以根据项目需要灵活调配人力等资源的强度，待所分配的工作完成后，可做其他日常工作，降低了资源闲置成本。尤其是技术专家在本部门内可同时为其他项目服务，提高了资源利用率。

(2) 有利于提高企业技术水平。职能式项目组织形式是以职能的相似性划分部门的，同一部门人员可交流经验，共同研究，提高业务水平。而且还可保证项目不会因人员的更换而中断，从而保证项目技术的连续性。

(3) 有利于协调企业整体活动。由于职能部门主管只向企业领导负责，企业领导可以从全局出发协调各部门的工作。

3) 职能式项目组织的缺点

(1) 责任不明，协调困难。由于各职能部门只负责项目的一部分，没有一个人承担项目的全部责任，各职能部门内部人员责任也比较淡化，而且各部门常从其局部利益出发，对部门之间的冲突很难协调。

(2) 不能以项目和客户为中心。职能部门的工作方式常是面向本部门的，不以项目为关注焦点，分配给项目的人员，其积极性也不高，项目和客户的利益往往得不到优先考虑。

(3) 不利于企业领导整体协调。项目经理容易各自为政，项目组成员无视企业领导，造成只重视项目组利益，忽视企业整体利益。

(4) 项目组成员与项目有着很强的依赖关系，但项目组成员与其他部门之间有着清晰的界限，不利于项目组与外界的沟通。

(5) 项目式组织形式不允许同一资源同时分属不同的项目，对项目组成员来说，缺乏工作的连续性和保障性，进一步加剧了企业的不稳定性。

2. 矩阵式项目组织形式

1) 矩阵式组织结构的含义及基本形式

矩阵式组织是项目式组织与职能式组织结合的产物，即将按职能划分的纵向部门与按项目划分的横向部门结合起来，构成类似矩阵的管理架构，当多个项目对职能部门的专业支持形成广泛的共性需求时，矩阵式管理就是有效的组织方式。在矩阵式组织中，项目经理对项目内的活动内容和时间安排行使权力，并直接对项目的主管领导负责，而职能部门负责人则决定如何以专业资源支持各个项目，并对自己的主管领导负责。一个施工企业如采用矩阵组织结构模式，则纵向工作部门可以是计划管理、技术管理、合同管理、财务管理和人事管理部门等，而横向工作部门可以是项目部。

在矩阵组织结构中，每一项纵向和横向交汇的工作，指令来自于纵向和横向两个工作部门，因此其指令源为两个。当纵向和横向工作部门的指令发生矛盾时，由该组织系统的最高指挥者(部门)进行协调或决策。

在矩阵组织结构中，为避免纵向和横向工作部门指令矛盾对工作的影响，可以采用以纵向工作部门指令为主或以横向工作部门指令为主的矩阵结构模式，这样也可减轻该组织系统的最高指挥者(部门)的协调工作量。

2) 矩阵式组织结构的优点

(1) 它兼有部门控制式和工作队式两种组织的优点，即解决了传统模式中企业组织和项目组织相互矛盾的状况，把职能原则与对象原则融为一体。

(2) 能以尽可能少的人力，实现多个项目管理的高效率。理由是通过职能部门的协调，一些项目上的闲置人才可以及时转移到需要这些人才的项目上去，防止人才短缺，项目组织因此具有弹性和应变力。

(3) 有利于人才的全面培养。可以使不同知识背景的人在合作中相互取长补短，在实践中拓宽知识面，发挥了纵向的专业优势，可以使人才成长有深厚的专业训练基础。

3) 矩阵式组织结构的缺点

(1) 由于人员来自职能部门，且仍受职能部门控制，故凝聚在项目上的力量减弱，往往使项目组织的作用发挥受到影响。

(2) 管理人员如果身兼多职地管理多个项目，便往往难以确定管理项目的优先顺序，有时难免顾此失彼。

(3) 双重领导。项目组织中的成员既要接受项目经理的领导，又要接受企业中原职能部门的领导。在这种情况下，如果领导双方意见和目标不一致乃至有矛盾时，当事人便无所适从。

(4) 矩阵式组织对企业管理水平、项目管理水平、领导者的素质、组织机构的办事效率、信息沟通渠道的畅通，均有较高要求，因此要精干组织，分层授权，疏通渠道，理顺关系。由于矩阵式组织的复杂性和结合部多，造成信息沟通量膨胀和沟通渠道复杂化，致使信息梗阻和失真。于是，要求协调组织内部的关系时必须要有强有力的组织措施和协调办法以排除难题，为此层次、职责权限要明确划分。在意见分歧难以统一时，企业领导要及时协调。

3. 组合式组织

组合式组织是指在企事业单位的项目管理组织中存在着不止一种形式的组织方式，如项目部A采用项目式组织方式，特殊项目部B采用职能式组织方式，而甲项目群和乙项目群采用矩阵式组织方式等；或是在同一个项目组织中存在着多重组织方式，如外地分支机构A利用了总公司的职能机构形成矩阵式组织方式，而外地分支机构B则在本机构下设立

了自己的职能部门等；也可能是在单位或项目层面加入了产品型、客户型或地区型的组织结构等。

6.3 项目经理责任制

6.3.1 项目经理责任制的概念

1. 项目经理责任制

项目经理责任制是"以项目经理为责任主体的施工项目管理目标责任制制度"，它是施工项目管理的制度之一，是成功进行施工管理项目的前提和基本保证。

2. 项目经理责任制出现的原因

项目经理责任制的出现跟建筑工程的特点有直接关系。由于建筑材料品种繁多，市场价格随季节变动较大，难以控制；许多建筑材料的用量，在计量时误差较大；建筑工地的用工种类较多(模板工、钢筋工、砌砖工等)、用工数量较大，要想有效地组织工程施工，做到不怠工、提高每个人的工作效率，是非常困难的；建筑工程的工期一般情况下都是必须紧张的，要想按期、保质、保量地完工，最后还得把工程成本降到最低，难度非常大等原因，如果建筑公司仍然采用传统的"大锅饭"似的管理方式：每个工程都要由建筑公司直接派人来管理，其最后的盈亏是可想而知的。也正是因为这些原因，经过众多建筑公司的多年经验积累，才形成了今天的这种普遍采用的管理模式，即建筑工程项目经理负责制。

6.3.2 项目经理的责任与权限

尽管各工程咨询单位对项目经理的授权不尽相同，不同规模项目的项目经理的责任与权限也不是一成不变的，但大体可归纳为以下几个方面。

1. 项目经理的责任

(1) 代表咨询单位为客户开展项目服务。
(2) 制订项目组工作计划。
(3) 组织并聘用项目组成员。
(4) 发挥项目管理中的领导作用。
(5) 检查并上报项目进展情况。
(6) 协调项目组与咨询单位各部门的联系。
(7) 按预算控制项目的开支。
(8) 处理项目经理部的善后工作。

2. 项目经理的权限

(1) 管理项目组的全部工作。
(2) 充分利用咨询单位资源完成项目。
(3) 批准项目组人员、计划变更。

(4) 修正项目组预算。

(5) 批准项目组的工作报告。

6.3.3 项目经理的素质要求

1. 项目经理应具备的素质

(1) 具有符合咨询项目管理要求的领导和协调能力。

(2) 具有相应的咨询项目管理经验和业绩。

(3) 具有咨询项目管理任务的专业技术、管理、经济和法律知识。

(4) 具有良好的职业道德。

音频.项目经理的
素质要求.mp3

2. 对项目经理的考核

对项目经理的考核主要涉及以下方面。

(1) 工程咨询合同的履约情况。

(2) 项目经理在项目实施中的领导和协调水平。

(3) 发现和处理意外事件的措施是否得力。

(4) 项目咨询报告质量的评价结果。

(5) 项目组的利润指标的完成情况。

(6) 客户和咨询单位对项目经理工作的满意程度。

 本章小结

本章重点介绍了建设项目管理的基本概念、建设项目管理的组织、项目经理责任制等主要内容。通过对本章内容的学习，学生可以了解建设工程项目管理的类型、特点、管理模式等内容，掌握工程项目管理组织的相关知识以及项目经理责任制的概念。

 实训练习

1. 单选题

(1) 项目管理的特征不包括( )。

    A. 对象   B. 内容   C. 手段   D. 重复性

(2) 项目包括一系列( )的活动和任务。

    A. 具有特定目标   B. 具有明确开始和终止日期

    C. 资金有限   D. 消耗资源

(3) 项目管理的设计是为了克服不同管理水平之间的( )差距。

    A. 阶级或特权   B. 市场营销

    C. 市场营销和工程设计   D. 执行

(4) 项目型组织的特点不包括( )。

A. 突出个人负责制，项目经理享有最大限度的自主权

B. 项目组织是临时的，其成员开始是动员而来，结束时复员而去

C. 项目经理同时对项目和对职能部门负责

D. 项目组成员具有高知识结构，其主要成员都为专家

(5) 系统工程的某些特征不包括(　　)。

A. 研究大型复杂系统　　　　　　　B. 是一种方法论

C. 是一种工程实践　　　　　　　　D. 是边缘学科与交叉学科

(6) 系统的基本优势是(　　)效应。

A. 整体　　　　　B. 利润　　　　　C. 协作　　　　　D. 资源节省

2. 多选题

(1) (　　)能影响项目变化。

A. 项目的计划　　　　　　　　　　B. 项目经理的素质

C. 原定的某项活动不能实现　　　　D. 项目的组织

E. 项目采用新技术、新方法

(2) 根据项目进度控制不同的需要和用途，业主方和项目各参与方可以按(　　)构建建设工程项目多个不同的进度计划系统。

A. 不同计划深度　　　　　B. 不同项目参与方　　　　C. 不同计划功能

D. 不同计划方法　　　　　E. 不同计划周期

(3) 项目成本管理的理论和方法不包括(　　)。

A. 全过程的项目成本管理理论和方法

B. 全生命周期的项目成本管理理论和方法

C. 全面项目成本管理的理论和方法

D. 全要素项目成本管理的理论和方法

E. 全员项目成本管理的理论和方法

(4) 日常运作与项目的区别不是(　　)

A. 管理方法　　　　　B. 责任人　　　　　C. 组织机构

D. 管理过程　　　　　E. 管理的标准

(5) (　　)能影响项目变化。

A. 项目的计划　　　　　　　　　　B. 项目参与者的素质

C. 原定的某项活动不能实现　　　　D. 项目的组织

E. 项目采用新技术、新方法

3. 简答题

(1) 简述项目管理的类型。

(2) 项目组织有哪些特点？

(3) 简述项目经理的责任有哪些。

第 6 章习题答案.doc

实训工作单

班级		姓名		日期	
教学项目		建设工程工程项目管理概论			
任务	了解项目管理的组织和构成	方式		查找书籍、资料，学习项目管理的组织	
相关知识		项目管理基本知识			
其他要求					

学习总结记录

评语				指导教师	

第 7 章　建筑施工目标管理

【教学目标】

(1) 掌握施工成本管理的相关内容。

(2) 掌握施工进度计划的编制方法。

(3) 掌握施工质量控制的方法。

(4) 了解质量事故处理的方法。

【教学要求】

第 7 章.pptx

本章要点	掌握层次	相关知识点
建筑施工成本管理	(1) 了解建筑施工成本管理的概念 (2) 了解成本预测、计划、控制 (3) 了解成本核算、分析、考核	(1) 施工项目成本的分类 (2) 施工项目成本预测的作用 (3) 施工项目成本预测的程序
建筑施工进度管理	(1) 了解施工进度管理的概述 (2) 掌握施工进度计划的编制方法 (3) 掌握施工进度计划的编制方法和程序	(1) 施工进度管理的任务 (2) 施工总进度计划的编制依据 (3) 施工进度计划的编制方法 (4) 施工进度计划的编制程序
建筑施工质量管理	(1) 了解质量管理的概念 (2) 掌握工程质量的控制方法 (3) 掌握质量事故的分类及处理方法	(1) 工程项目质量管理的原则 (2) 工程质量的全方位控制 (3) 工程质量事故的分类

【案例导入】

　　宝山钢铁公司(简称宝钢)是于 1998 年 11 月 17 日成立的特大型钢铁联合企业。宝钢是中国最具竞争力的钢铁企业,年产钢能力 2000 万吨左右,盈利水平居世界领先地位,产品畅销国内外市场。宝钢在长期的企业运营中非常注重组织学习能力的培养,学习正在成为整个公司的自觉行为,学习能力成为宝钢重要的竞争优势之一。作为中国钢铁行业的领军企业,在长期的学习及创造性的运用中,宝钢的成本管理及财务管理已达到国际同行业的先进水平。

【问题导入】

　　成本管理、精细引路。实施维修成本管理对象的使用分析就是要求我们进一步细化成

本管理工作，对成本管理对象的使用进行分析，可以更直接、更具体地发现当前设备管理的薄弱点，使我们对日常管理工作实施的改善措施更具有针对性。试结合本章内容分析成本管理在企业、项目或者公司的重要性及其实施方法。

7.1 建筑施工成本管理

7.1.1 建筑施工成本管理的概念

1. 施工项目成本的内容

施工项目成本是建筑施工企业以施工项目作为成本核算对象，在施工过程中所耗费的生产资料转移价值和劳动者的必要劳动所创造的价值的货币形式。具体来说，施工过程中耗费的主、辅材料及其他材料等劳动对象的价值，是以耗用材料的价格计入施工项目成本的；施工过程中所耗费的机械、运输设备等劳动资料的价值，是以折旧的形式计入施工项目成本的；工人必要劳动创造的工程价值，是以工资形式支付并计入施工项目成本的。至于工人剩余劳动创造的价值，是以积累形式计入工程造价(即工程价格)的，其作为社会的纯收入，并未支付给工人，故而不构成施工项目成本。

成本管理图.docx

2. 施工项目成本的分类

根据建筑产品的特点和成本管理的要求，施工项目成本可按不同的标准和应用范围分类。

1) 按成本计价的定额标准分类

按成本计价的定额标准分类，施工项目成本可分为预算成本、计划成本和实际成本。

(1) 预算成本。

预算成本是按建筑安装工程实物量和国家或地区或企业制定的

建筑施工成本管理.mp4

音频.施工项目成本的
分类.mp3

预算定额及取费标准计算的社会平均成本或企业平均成本，是以施工图预算为基础进行分析、预测、归集和计算确定的。预算成本包括直接成本和间接成本，是控制成本支出、衡量和考核项目实际成本节约或超支的重要尺度。

(2) 计划成本。

计划成本是在预算成本的基础上，根据企业自身的要求，如内部承包合同的规定，结合施工项目的技术特征、自然地理特征、劳动力素质、设备情况等确定的标准成本，也称目标成本。计划成本是控制施工项目成本支出的标准，也是成本管理的目标。

(3) 实际成本。

实际成本是工程项目在施工过程中实际发生的可以列入成本支出的各项费用的总和，是工程项目施工活动中劳动耗费的综合反映。

以上各种成本的计算既有联系又有区别。预算成本反映施工项目的预计支出，实际成本反映施工项目的实际支出。实际成本与预算成本相比较，可以反映对社会平均成本(或企业平均成本)的超支或节约,综合体现了施工项目的经济效益;实际成本与计划成本的差额即是项目的实际成本降低额,实际成本降低额与计划成本的比值称为实际成本降低率;预算成本与计划成本的差额即是项目的计划成本降低额,计划成本降低额与预算成本的比值称为计划成本降低率。通过几种成本的相互比较,可以看出成本计划的执行情况。

    2) 按计算项目成本对象的范围分类

    按计算项目成本对象的范围分类,施工项目成本可分为建设项目工程成本、单项工程成本、单位工程成本、分部工程成本和分项工程成本。

    (1) 建设项目工程成本。

    建设项目工程成本是指在一个总体设计或初步设计范围内,由一个或几个单项工程组成,经济上独立核算,行政上实行统一管理的建设单位,建成后可独立发挥生产能力或效益的各项工程所发生的施工费用的总和,如某个汽车制造厂的工程成本。

    (2) 单项工程成本。

    单项工程成本是指具有独立的设计文件,在建成后可独立发挥生产能力或效益的各项工程所发生的施工费用,如某汽车制造厂内某车间的工程成本、某栋办公楼的工程成本等。

    (3) 单位工程成本。

    单位工程成本是指单项工程内具有独立的施工图和独立施工条件的工程施工中所发生的施工费用,如某车间的厂房建筑工程成本、设备安装工程成本等。

    (4) 分部工程成本。

    分部工程成本是指单位工程内按结构部位或主要工种部分进行施工所发生的施工费用,如车间基础工程成本、钢筋混凝土框架主体工程成本、屋面工程成本等。

    (5) 分项工程成本。

    分项工程成本是指分部工程中划分最小施工过程施工时所发生的施工费用,如基础开挖、砌砖、绑扎钢筋等的工程成本,是组成建设项目成本的最小成本单元。

    3) 按工程完成程度的不同分类

    按工程完成程度的不同分类,施工项目成本分为本期施工成本、本期已完施工成本、未完成施工成本和竣工施工成本。

    (1) 本期施工成本。

    本期施工成本是指施工项目在成本计算期间进行施工所发生的全部施工费用,包括本期完工的工程成本和期末未完工的工程成本。

    (2) 本期已完施工成本。

    本期已完施工成本是指在成本计算期间已经完成预算定额所规定的全部内容的分部分项工程成本,包括上期未完成由本期完成的分部分项工程成本,但不包括本期期末的未完成分部分项工程成本。

    (3) 未完施工成本。

    未完施工成本是指已投料施工,但未完成预算定额规定的全部工序和内容的分部分项工程所支付的成本。

    (4) 竣工施工成本。

    竣工施工成本是指已经竣工的单位工程从开工到竣工整个施工期间所支出的成本。

4) 按生产费用与工程量的关系分类

按生产费用与工程量的关系分类，施工项目成本分为固定成本和变动成本。

7.1.2 成本预测

施工项目成本预测，既是成本管理工作的起点，也是成本事前控制成败的关键。实践证明，合理、有效的成本决策方案和先进可行的成本计划都必须建立在科学严密的成本预测基础之上。施工项目成本预测通过对不同决策方案中成本水平的预测与比较，可以从提高经济效益的角度，为企业选择最优成本决策和制订先进可行的成本计划提供依据。施工项目成本预测是实行施工项目科学管理的一项重要工具，越来越为人们所重视。

成本预测在实践工作中虽然不常提到，但实际上人们往往不知不觉会用到，如建筑施工企业在工程投标时或中标施工时都常常根据过去的经验对工程成本进行估计，这种估计实际上就是一种预测，其发挥的作用是不可低估的。至于如何能够更加准确、有效地预测施工项目的成本，仅依靠经验估计是很难做到的，这就需要掌握科学的、系统的预测方法，以使其在施工项目经营管理中发挥更大的作用。

1. 施工项目成本预测的作用

1) 科学的成本预测是施工项目成本计划的基础

在编制施工项目成本计划之前，要在搜集、整理和分析有关施工项目成本、市场行情和施工消耗等资料的基础上，对施工项目进展过程中的物价变动等情况和施工项目成本作出符合实际的预测。

2) 科学的成本预测是施工项目成本管理的重要环节

施工项目成本预测是预测和分析的有机结合，是事后反馈与事前控制的结合。通过成本预测，有利于及时发现问题，找出施工项目成本管理中的薄弱环节，及时采取措施，控制成本。

3) 科学的成本预测是施工项目投标决策的依据

2. 施工项目成本预测的程序

科学、准确的成本预测必须遵循科学、合理的程序。

1) 制订成本预测计划

制定成本预测计划是保证成本预测工作顺利进行的基础。成本预测计划主要包括确定预测对象和目标、组织领导及工作布置、有关部门提供的配合、时间进度计划、搜集材料的范围等。如果在成本预测过程中，出现新情况或发现成本预测计划存在缺陷，则应及时修订成本预测计划，以保证成本预测的顺利开展，并获得良好的预测质量。

2) 环境调查

环境调查可从以下 3 个方面来进行。

(1) 市场调查主要是了解国民经济发展情况，国家或地区的投资规模、方向和布局及主要工程的性质和结构、市场竞争形势等。

(2) 成本水平调查主要是了解本行业各种类型工程的成本水平，本企业在各地区、各类型投标中标工程项目的成本水平和目标利润、建筑材料、劳务供应情况和市场价格及其变化趋势。

(3) 技术发展调查主要是了解国内外新技术、新设计、新工艺、新材料采用的可能性及对成本的影响。

3) 搜集和整理成本预测资料

根据成本预测计划，搜集成本预测资料是进行成本预测的重要条件。预测过程中要广泛收集与决策问题相关的成本资料。相关的成本资料一般可分为两类：一类是纵向数据资料，如施工企业各类材料的消耗量及单价的历年动态数据资料等；另一类是横向数据资料，如一定时期内同类施工项目的成本资料。

4) 建立预测模型

预测模型是用数字和语言描述和研究某一经济事件与各个影响因素之间数量关系的表达式，它是对客观经济事件发展变化的高度概括和抽象模型。简而言之，预测模型是利用象征性的符号来表达真实的经济过程，借助模型来研究、发现事物发展变化的规律。如在定性预测中设定一些逻辑思维和推理程序，在定量预测中建立数学模型。数学模型则是以数学方程式表示的预测对象与各个影响因素或相关事件之间数量依存的公式。

为了使成本预测更加规范和科学，应根据经过分析整理的资料，在研究成本变化规律的基础上建立相应的预测模型。在实验中，对于短期的成本预测，可以采用较为简单的预测模型，考虑的因素也可以相应少些；而对于较长时期的成本预测，则应采用较为复杂的预测模型和多种预测方法，考虑的因素也应多些。

5) 选择成本预测方法

成本预测方法一般有定性预测方法和定量预测方法两类。定性预测方法主要有德尔菲法、主观概率法和专家会议法等方法，是在数据资料不足或难以定量描述时，依靠个人经验和主观判断进行推断预测。定量预测方法非常多，本书主要介绍回归分析法、移动平均法、指数平滑法等几种预测方法。

6) 进行成本预测

首先根据定性预测的方法及一些横向成本资料的定量预测，对施工项目成本进行初步估计。其预测结果往往比较粗糙，需要进一步对影响施工项目成本的因素，如物价变化、劳动生产率、物料消耗、间接费用等进行详细预测，以便根据市场行情、分包企业情况、近期其他工程实施情况等，推测未来影响施工项目成本水平的因素有哪些、其影响如何。必要时可做不确定性分析，如量本利分析和敏感性分析。最后，根据初步成本预测结果及对影响因素的预测结果，确定施工项目的预测成本。

7) 分析、评价预测结果并提出预测报告

运用模型进行预测的前提条件是预测对象的发展规律也会因为条件的不同而出现误差，使预测结果偏离实际结果，因此需要对利用模型进行预测的结果进行分析评价，以便检验和修正预测结果。施工项目可以通过专业人员、技术人员根据经验检查、判断预测结果是否合理，是否会存在较大的误差，也可以通过其他预测方法进行验证，如根据新近掌握的最新资料利用原定预测模型重新预测、建立新的预测模型重新预测、采用多种预测方法对同一对象进行预测，并将每一方法下的成本预测结果进行概率评价。根据预测分析的结论，最终确定预测的结果，并在此基础上提出预测报告，确定目标成本，作为编制成本计划和进行成本控制的依据。

8) 分析预测误差

定性预测方法也称直观预测方法，是一种古典预测方法，是指对预测对象未来一般变化方向所作的预测，如对象发展的总趋势，事件发生的可能性及其造成的影响等。定性预测侧重于对事物性质的分析和预见方面。

3. 定性预测的方法

定性预测在施工项目成本预测中被广泛运用，是根据已有的信息，依靠专家的经验和主观判断，对施工项目的有关材料消耗、市场行情、成本变动等情况加以分析，作出性质上和程度上的推断和估计，综合各方面的意见之后形成成本预测结果。定性预测方法特别适合于有关预测对象的数据资料不足，或由于影响因素复杂难以用数字描述，或对主要影响难以进行定量分析的情况。

定性预测方法主要有专家会议法、德尔菲法、主观概率法、PERT 预测法等。

1) 专家会议法

专家会议法是组织施工项目成本管理有关方面的专家，运用专业知识和经验，针对预测对象，通过直观归纳，交换意见，预测工程成本。参加会议的专家，是具有丰富经验、对经营管理熟悉并有一定专长的各方面人员。专家会议法可能会出现各与会专家所给出的预测值有较大差异的情况，这时一般采用预测值的平均值或加权平均值作为预测结果。

2) 德尔菲法

德尔菲法采用函询调查，让所要预测对象有关领域的专家分别提出问题，然后将他们的回答意见综合、整理、归纳，再匿名反馈给各个专家，再次征求意见，加以综合、归纳。如此经过多次反复循环，最后得到一个比较一致并且可靠性较大的预测结果。

德尔菲法与专家会议法相比有以下优点：①匿名性，可以避免专家间的沟通、权威等因素的干扰，确保专家意见的独立性；②信息反馈沟通，由于这种沟通是匿名的，因而是有效的，不同意见可以得到应有的尊重，而不致受到压制；③预测结果的统计性，最终的预测结果已是多位专家匿名讨论的结果。德尔菲法预测的结果比专家个人判断法和专家会议法预测的结果准确，一般用于较长期的预测。

3) 主观概率法

一般而言，在数理统计以及概率论中有关事件发生的概率属于客观概率。在预测学中，客观概率常用于在已经掌握了有关事件(如市场需求量)的分布频率时，可以据此进行概率运算的情况。但有时由于缺乏历史经验，又未能进行精确分析，不得不根据自己的主观想象来估计某一事件的可能性，这种根据"个人臆测"估计的概率即是主观概率。当需要对未来事件作出预测时，主观概率的作用远比客观概率大。因为预测对象与客观情况在不断地运动、变化，寻求事件相对频数数据的试验工作极其困难，大多数情况下，只能根据个人经验以及对事件的了解来主观确定概率。

主观概率法是与专家会议法或德尔菲法相结合的预测方法。即在采用专家会议法或德尔菲法预测时，允许专家提出几个预测值，并给出每个预测值的主观概率，之后计算各位专家预测值的期望值，最后求出所有期望值的平均值作为预测结果。

4) PERT 预测法

PERT(Program Evaluationand Review Technique, 计划评审术)预测法是一种定性预测方

法。在商业上，PERT 预测法常用来做销售量的判断预测。下面以销售量预测为例，简单介绍此法的基本原理。

4. 定量预测的方法

定量预测是对预测对象未来数量方面的特征所作的预测。定量预测主要依靠历史统计资料，运用科学的方法建立数学模型，并利用这一模型来预测对象可能表现的数量。

定量预测的优点是：偏重于数量方面的分析，重视预测对象的变化程度，能作出变化程度在数量上的准确描述；主要把历史统计数据和客观实际资料作为预测的依据，运用数学方法进行处理分析，受主观因素的影响较小；可以利用计算机进行大量的计算工作和数据处理，求出适应工程进展的最佳数据曲线。

定量预测的缺点是：比较机械，不易灵活掌握，对信息资料质量要求较高。

定量预测可分为以下两类。

(1) 时间序列预测法。

时间序列就是数量指标依时间次序排列起来的统计数据，是动态数列。时间序列预测法就是对时间序列进行加工、整理和分析，利用数列所反映出来的客观变动过程、发展趋势和发展速度，进行外推和延伸，借以预测今后可能达到的水平。

(2) 回归预测法。

回归预测法是通过分析预测值与其影响因素的历史数据，找出相互关系，写出数学表达式，作为预测未来值的依据。

7.1.3　成本计划

1. 施工项目成本计划的概念

施工项目成本计划是我国建筑业从 20 世纪 50 年代开始创造的传统经验和制度，是过去计划经济体制下施工技术财务计划体系的重要内容，曾对施工项目保证工程质量、保证工程进度、降低施工成本起到过重要的推动作用。在今天的市场经济条件下，随着传统的"三级管理，两级核算"的行政体制向项目制核算体制转变，运用好施工项目成本计划将会收到更好的经济效益。

施工项目成本计划是项目全面计划管理的核心。其内容涉及项目范围内的人、财、物和项目管理职能部门等方方面面，是受企业成本计划制约而又相对独立的计划体系，并且施工项目成本计划的实现，又依赖于项目组织对生产要素的有效控制。项目作为基本的成本核算单位，就更加有利于项目成本计划管理体制的改革和完善，更有利于解决传统体制下施工预算与计划成本、施工组织设计与项目成本计划相互脱节的问题，为改革施工组织设计、创立新的成本计划体系提供了有利条件和环境。

改革、创新的主要措施，就是将编制项目质量手册、施工组织设计、施工预算或项目计划成本、项目成本计划有机结合，形成新的项目计划体系，将工期、质量、安全和成本目标高度统一，形成以项目质量管理为核心，以施工网络计划和成本计划为主体，以人工、材料、机械设备和施工准备工作计划为支持的项目计划体系。

建筑施工组织与管理

2. 市场经济条件下施工项目成本计划的特征

施工项目成本计划在工程项目中已存在许多年了，可以说历史悠久。过去人们对常见的工程项目进行费用预算或估算，并以此为依据进行项目的经济分析和决策，也是签订合同、落实责任、安排资金的工具。但在现代的项目成本管理中，成本计划已不仅仅局限于事先的成本预算、投资计划，或作为投标报价、安排工程成本进度计划的依据了，市场经济条件下施工项目成本计划的特征主要表现在以下几方面。

(1) 成本计划不再是被动的，而是积极的。成本计划不再仅仅是被动地按照已确定的技术设计、工期、实施方案和施工环境来预算工程的成本，更应该包括进行技术经济分析，从总体上考虑项目工期、成本、质量和实施方案之间的相互影响和平衡，以寻求最优的解决途径。

(2) 采用全寿命期成本计划方法。成本计划不仅针对建设成本，还要考虑运营成本的高低。在通常情况下，对施工项目的功能要求高、建筑标准高，则施工过程中的工程成本增加，但今后使用期内的运营费用会降低；反之，如果工程成本低，则运营费用会提高。这就在确定成本计划时产生了争执，于是通常通过对项目全寿命期作总经济性比较和费用优化来确定项目的成本计划。

(3) 全过程的成本计划。管理项目不仅在计划阶段进行周密的成本计划，而且要在实施过程中将成本计划和成本控制合为一体，不断根据新情况，如工程设计的变更、施工环境的变化等，随时调整和修改计划，预测项目施工结束时的成本状况以及项目的经济效益，形成一个动态控制过程。

(4) 成本计划的目标不仅是项目建设成本的最小化，同时必须与项目盈利的最大化相统一。盈利的最大化经常是从整个项目的角度分析的。如经过对项目的工期和成本的优化，选择一个最佳的工期以降低成本，但是，如果通过加班加点适当压缩工期，使得项目提前竣工投产，根据合同获得的奖金高于工程成本的增加额，这时成本的最小化与盈利的最大化并不一致，但从项目的整体经济效益出发，提前完工是值得的。

此外，现代市场经济条件下施工项目成本计划还具有时间紧、计划范围扩大等特征，如投标时间短、要求报价快、精度高，成本计划中还要包括融资计划等。

3. 施工项目成本计划的意义和必要性

成本计划是成本管理和成本会计的一项重要内容，是企业生产经营计划的重要组成部分。施工项目成本计划是施工项目成本管理的一个重要环节，是实现降低施工项目成本任务的指导性文件。从某种意义上来说，编制施工项目成本计划也是施工项目成本预测的继续。如果对承包项目所编制的成本计划达不到目标成本要求时，就必须组织施工项目管理人员重新研究降低成本的途径，再重新编制成本计划。一次次修改成本计划直至最终确定计划，实际上意味着进行了一次次的成本预测；编制成本计划的过程也是一次动员施工项目经理部全体职工，挖掘降低成本潜力的过程；同时，也是检验施工技术质量管理、工期管理、物资消耗和劳动力消耗管理等效果的全过程。

各个施工项目成本计划汇总到企业，又是事先规划企业生产技术经营活动预期经济效果的综合性计划，是建立企业成本管理责任制、开展经济核算和控制生产费用的基础。

从更大的方面来看，成本计划还是整个国民经济计划的有机组成部分，对综合平衡有着重要作用。

4. 施工项目成本计划的作用

施工项目成本计划是施工项目管理中的重要一环，正确编制施工项目成本计划的作用如下。

1) 施工项目成本计划是对生产耗费进行控制、分析和考核的重要依据

成本计划体现了社会主义市场经济体制下对成本核算单位降低成本的客观要求，也反映了核算单位降低产品成本的目标。成本计划可作为对生产耗费进行事前预计、事中检查控制和事后考核评价的重要依据。

2) 施工项目成本计划是综合平衡项目的生产经营的重要保证

每一个施工项目都有着自己的项目计划，这是一个完整的体系。在这个体系中，成本计划与其他各方面的计划有着密切的联系。它们既相互独立，又起着相互依存和相互制约的作用。如编制项目流动资金计划、企业利润计划等都需要成本计划的资料，同时，成本计划也需要以施工方案、物资与价格计划等为基础。因此，正确编制施工项目成本计划，是综合平衡项目的生产经营的重要保证。

3) 施工项目成本计划是国家编制国民经济计划的一项重要依据

成本计划是国民经济计划的重要组成部分。建筑施工企业根据国家或上级主管部门下达的降低成本指标编制的成本计划，经过逐级汇总，为编制各部门和地区的生产成本计划提供依据，国家计划部门还可以据此进行国民经济综合平衡和有计划地管理项目成本，有计划地确定国民收入，正确安排积累和消费的比例，使国民经济有计划按比例持续发展。

5. 施工项目成本计划的类型

对于一个施工项目而言，其成本计划的编制是一个不断深化的过程。在这一过程的不同阶段形成深度和作用不同的成本计划，按其作用可分为三类。

1) 竞争性成本计划

竞争性成本计划即工程项目投标及签订合同阶段的估算成本计划。这类成本计划是以招标文件中的合同条件、投标者须知、技术规程、设计图纸或工程量清单等为依据，以有关价格条件说明为基础，结合调研和现场考察获得的情况，根据本企业的工料消耗标准、水平、价格资料和费用指标，对本企业完成招标工程所需要支出的全部费用的估算。在投标报价过程中，虽也着力考虑降低成本的途径和措施，但总体上较为粗略。

2) 指导性成本计划

指导性成本计划即选派项目经理阶段的预算成本计划，是项目经理的责任成本目标。它是以合同标书为依据，按照企业的预算定额标准制订的设计预算成本计划，且一般情况下只是确定责任总成本指标。

3) 实施性成本计划

实施性成本计划即项目施工准备阶段的施工预算成本计划，它以项目实施方案为依据，落实项目经理责任目标为出发点，主要依据施工企业的施工定额，通过施工预算的编制而形成的实施性施工成本计划。

以上三类成本计划互相衔接并不断深化，构成了整个工程施工成本的计划过程。其中，竞争性计划成本带有成本战略的性质，是项目投标阶段商务标书的基础，而有竞争力的商

务标书又是以其先进合理的技术标书为支撑的。因此,它奠定了施工成本的基本框架和水平。指导性计划成本和实施性计划成本都是战略性成本计划的进一步展开和深化,是对战略性成本计划的战术安排。此外,根据项目管理的需要,实施性成本计划又可按施工成本组成、子项目组成、工程进度分别编制施工成本计划。

6. 施工项目成本计划编制的原则

成本计划的编制是一项涉及面较广、技术性较强的管理工作,为了充分发挥成本计划的作用,在编制成本计划时,必须遵循以下原则。

1) 合法性原则

编制施工项目成本计划时,必须严格遵守国家的有关法令、政策及财务制度的规定,严格遵守成本开支范围和各项费用开支标准,任何违反财务制度的规定、随意扩大或缩小成本开支范围的行为,必然使计划失去考核实际成本的作用。

2) 可比性原则

成本计划应与实际成本、前期成本保持可比性。为了保证成本计划的可比性,在编制计划时应注意所采用的计算方法,应与成本核算方法保持一致(包括成本核算对象、成本费用的汇集、结转、分配方法等),只有保证成本计划的可比性,才能有效地进行成本分析,才能更好地发挥成本计划的作用。

3) 从实际情况出发的原则

编制成本计划必须从企业的实际情况出发,充分挖掘企业内部潜力,使降低成本指标既积极可靠又切实可行。施工项目管理部门降低成本的潜力在于正确选择施工方案,合理组织施工,提高劳动生产率,改善材料供应,降低材料消耗,提高机械设备利用率,节约施工管理费用等。但要注意,不能为降低成本而偷工减料,忽视质量,不对机械设备进行必要的维护修理,片面增加劳动强度,加班加点,或减掉合理的劳保费用,忽视安全工作。

4) 与其他计划结合的原则

编制成本计划必须与施工项目的其他各项计划,如施工方案、生产进度、财务计划、资料供应及耗费计划等密切结合,保持平衡。成本计划一方面要根据施工项目的生产、技术组织措施、劳动工资、材料供应等计划来编制,另一方面又影响着其他各种计划指标,在制订其他计划时,应考虑适当降低成本的要求,与成本计划密切配合,而不能单纯考虑每种计划本身的需要。

5) 先进可行性原则

成本计划既要保持先进性,又必须现实可行,否则,就会因计划指标过高或过低而使之失去应有的作用。这就要求编制成本计划必须以各种先进的技术经济定额为依据,并针对施工项目的具体特点,采取切实可行的技术组织措施做保证。只有这样,才能使制订的成本计划既有科学根据,又有实现的可能,也只有这样,成本计划才能起到促进和激励的作用。

6) 统一领导、分级管理的原则

编制成本计划,应实行统一领导、分级管理的原则,采取走群众路线的工作方法,应在项目经理的领导下,以财务和计划部门为中心,发动全体职工总结降低成本的经验,找出降低成本的正确途径,使成本计划的制订和执行具有广泛的群众基础。

7) 弹性原则

编制成本计划应留有充分余地,保持计划具有一定的弹性。在计划期内,项目经理部的内部或外部的技术经济状况和供、产、销条件,很可能发生一些在编制计划时所未预料的变化,尤其是材料的市场价格千变万化,给计划拟定带来很大困难,因而在编制计划时应充分考虑到这些情况,使计划保持一定的应变能力。

编制成本计划,应实行统一领导、分级管理的原则,采取走群众路线的工作方法,应在项目经理的领导下,以财务和计划部门为中心,发动全体职工总结降低成本的经验,找出降低成本的正确途径,使成本计划的制订和执行具有广泛的群众基础。

7. 施工项目成本计划的编制依据

编制施工成本计划,需要广泛收集相关资料并进行整理,以作为施工成本计划编制的依据。在此基础上,根据有关设计文件、工程承包合同、施工组织设计、施工成本预测资料等,按照施工项目应投入的生产要素,结合各种因素的变化和拟采取的各种措施,估算施工项目生产费用支出的总水平,进而提出施工项目的成本计划控制指标,确定目标总成本。目标成本确定后,应将总目标分解落实到各个机构、班组及便于进行控制的子项目或工序。最后,通过综合平衡,编制完成施工成本计划。

施工成本计划的编制依据包括以下内容。

(1) 投标报价文件。

(2) 企业定额、施工预算。

(3) 施工组织设计或施工方案。

(4) 人工、材料、机械台班的市场价。

(5) 企业颁布的材料指导价格、企业内部机械台班价格、劳动力内部挂牌价格。

(6) 周转设备内部租赁价格、摊销损耗标准。

(7) 已签订的工程合同、分包合同(或估价书)。

(8) 结构件外加工计划和合同。

(9) 有关财务成本核算制度和财务历史资料。

(10) 施工成本预测资料。

(11) 拟采取的降低施工成本的措施。

(12) 其他相关资料。

8. 施工项目成本计划的组成

施工项目的成本计划一般由施工项目降低直接成本计划和间接成本计划组成。如果项目设有附属生产单位(如加工厂、预制厂、机械动力部、运输队等),那么成本计划还包括产品成本计划和作业成本计划。

1) 直接成本计划

施工项目的直接成本计划是施工项目降低工程成本中直接成本的计划,它主要反映项目直接成本的预算成本、计划降低额以及计划降低率。

2) 间接成本计划

间接成本计划主要反映施工现场管理费用的计划数及降低额。间接成本计划应根据施工项目的成本核算期,以项目总收入费的管理费为基础,制订各部门费用的收支计划,汇

总后作为施工项目的间接成本计划。在间接成本计划中，收入应与取费口径一致，支出应与会计核算中间接成本项目的内容一致。各部门应按照节约开支、压缩费用的原则，制订施工现场管理费用计划表，以保证该计划的实施。

3）成本计划表

以上成本计划的内容可以通过成本计划任务表、技术组织措施表、降低成本计划表以及施工现场管理费计划表等表格来反映。

(1) 项目成本计划任务表，它主要是反映工程项目预算成本、计划成本、成本降低额、成本降低率。成本降低额能否实现主要取决于企业采取的技术组织措施。因此，计划成本降低额这一栏要根据技术组织措施表和降低成本计划表来填写。

(2) 技术组织措施表，它是预测项目计划期内施工工程成本各项直接成本计划降低额的依据，它提出各项节约措施并确定各项措施的经济效益，是由项目经理部有关人员分别就应采取的技术组织措施预测其经济效益，最后汇总编制而成的。编制技术组织措施表的目的，是为了在不断采用新工艺、新技术的基础上提高施工技术水平，改善施工工艺过程，推广工业化和机械化施工方法，以及通过采纳合理化建议达到降低成本的目的。

(3) 降低成本计划表，它是根据企业下达给该施工项目的降低成本任务和项目经理部自己确定的降低成本指标而制订出的项目成本降低计划，是编制成本计划任务的重要依据。它是由项目经理部有关管理人员和技术人员共同协商编制的。其根据是项目的总包和分包的分工，项目中的各有关部门提供降低成本资料及技术组织措施计划。在编制降低成本计划表时还应参照近期本企业以及其他企业同类施工项目成本计划的实际执行情况。

7.1.4　成本控制

1. 施工项目成本控制的概念

施工项目成本控制是指在施工过程中，运用一定的技术和管理手段，对影响施工成本的各种因素加强管理，将施工中实际发生的各种消耗和支出严格控制在成本计划范围内。通过随时揭示并及时反馈，严格审查各项费用是否符合标准，计算实际成本和计划成本之间的差异并进行分析，进而采取多种措施，消除施工中的损失浪费现象。

建设工程项目施工成本控制应贯穿于项目从投标阶段开始直至竣工验收的全过程，它是企业全面成本管理的重要环节。施工成本控制可分为事先控制、事中控制(过程控制)和事后控制。在项目的施工过程中，需按动态控制原理对实际施工成本的发生过程进行有效控制。

合同文件和成本计划是成本控制的目标，进度报告和工程变更与索赔资料是成本控制过程中的动态资料。

成本控制的程序体现了动态跟踪控制的原理。成本控制报告可单独编制，也可以根据需要与进度、质量、安全和其他进展报告相结合，提出综合进展报告。

成本控制应满足下列要求。

(1) 要按照计划成本目标值来控制生产要素的采购价格，并认真做好材料、设备进场数量和质量的检查、验收与保管。

(2) 要控制生产要素的利用效率和消耗定额，如任务单管理、限额领料、验工报告审核等。同时要做好不可预见成本风险的分析和预控，包括编制相应的应急措施等。

(3) 控制影响效率和消耗量的其他因素(如工程变更等)所引起的成本增加。

(4) 把施工成本管理责任制度与对项目管理者的激励机制结合起来，以增强管理人员的成本意识和控制能力。

(5) 承包人必须有一套健全的项目财务管理制度，按规定的权限和程序对项目资金的使用和费用的结算支付进行审核、审批，使其成为施工成本控制的一个重要手段。

2. 施工项目成本控制的意义和目的

施工项目的成本控制，通常是指在项目成本的形成过程中，对生产经营所消耗的人力资源、物资资源和费用开支进行指导、监督、调节和限制，及时纠正将要发生和已经发生的偏差，把各项生产费用控制在计划成本的范围之内，以保证成本的实现。

施工项目的成本目标，有企业下达或内部承包合同规定的，也有项目自行规定的。但这些成本目标，一般只有一个成本降低率或降低额，即使加以分解，也不过是相对的明细成本指标而已，难以具体落实，以致目标管理往往流于形式，无法发挥控制成本的作用。因此，项目经理部必须以成本目标为依据，联系施工项目的具体情况，制订明细而又具体的成本计划，使之成为"看得见、摸得着、能操作"的实施性文件。这种成本计划应该包括每个分部分项工程的资源消耗水平，及每一项技术组织措施的具体内容和节约数量(金额)，这样既可指导项目管理人员有效地进行成本控制，又可作为企业对项目成本检查考核的依据。

由于项目管理是一次性行为，它的管理对象只有一个工程项目，且将随着项目建设的完成而结束其历史使命。在施工期间，项目成本能否降低、有无经济效益，得失在此一举，别无回旋余地，因此有很大的风险性。为了确保项目成本必盈不亏，成本控制不仅必要，而且必须做好。

从上述观点来看，施工项目成本控制的目的在于降低项目成本，提高经济效益。然而项目成本的降低，除了控制成本支出外，还必须增加工程预算收入。因为只有在增加收入的同时节约支出，才能提高施工项目成本的降低水平。

3. 施工项目成本控制的原则

1) 开源与节流相结合的原则

降低项目成本，需要一边增加收入，一边节约支出。因此，在成本控制中，也应该坚持开源与节流相结合的原则。为了更好地贯彻开源与节流原则，不但要加强成本的反馈控制和事后检查分析，还应着眼于成本的事前控制，优化施工方案，深入研究项目的设计文件和具体施工条件，拟定预防成本失控的技术、组织和措施，消灭成本控制的先天不足，做到防患于未然，有效地发挥前馈控制的作用。

2) 全面控制原则

施工项目成本控制中要遵循的全面性原则，有两方面的含义。

(1) 施工项目全员成本控制。

项目成本是一项综合性很强的指标，它涉及项目组织中每一个部门、单位和班组的工作业绩，也与每个职工的切身利益有关。因此，项目成本的高低需要大家关心，施工项目成本管理(控制)也需要项目建设者群策群力。

(2) 施工项目全过程成本控制。

系统工程的思想给施工项目成本控制工作的启迪之一就是成本控制工作的全过程性，即施工项目成本的全过程控制，是指在工程项目确定以后，自施工准备开始，经过工程施工，到竣工交付使用后的保修期结束，其中每一项经济业务都要纳入成本控制的轨道。

(3) 动态控制原则。

动态控制原则又称中间控制原则，对于具有一次性特点的施工项目成本来说，应该特别强调项目成本的中间控制。因为施工准备阶段的成本控制，只是根据上级要求和施工组织设计的具体内容确定成本目标、编制成本计划、制订成本控制的方案，为今后的成本控制做好准备。而竣工阶段的成本控制，由于成本盈亏已经基本成定局，即使发生了偏差，也来不及纠正。因此，把成本控制的重心放在基础、结构、装饰等主要施工阶段上是十分必要的。

(4) 责、权、利相结合的原则。

要使成本控制真正发挥及时、有效的作用，必须严格按照经济责任制的要求，贯彻责、权、利相结合的原则。在项目施工过程中，一方面，项目经理、工程技术人员、管理人员及各单位和生产班组都有一定的成本控制责任，从而形成整个项目的成本控制责任网络。另一方面，各部门、各单位、各班组在肩负成本控制责任的同时，还应享有成本控制的权利，即在规定的权利范围内可以决定某项费用能否开支、如何开支和开支多少，以行使对项目成本的实质性控制。此外，为充分调动每个成本中心的主动性和积极性，项目经理还必须定期对各部门、各单位、各班组在成本控制中的业绩进行检查和考评，并与工资分配紧密挂钩，实行有奖有罚。实践证明，只有责、权、利相结合的成本控制，才是名实相符的项目成本控制，才能收到预期的效果。

(5) 目标管理原则。

目标管理是贯彻执行计划的一种方式，它把计划的方针、任务、目的和措施等逐一加以分解，提出进一步的具体要求，并分别落实到执行计划的有关部门、单位甚至个人。目标管理的内容包括目标的设定和分解、目标的责任到位和执行、检查目标的执行结果以及修正目标和评价目标。

【案例 7-1】某森林半岛项目，在小区供暖方案上，有的楼设计采用的是 PPR 管，有的楼设计采用的是铝塑管。PPR 管、铝塑管是技术性能完全不同的两类管材。幼儿园工程设计时，结构设计师居然不了解当地某墙体材料，设计的墙体材料为多孔砖，在图纸会审时，结构工程师要求本工程必须用多孔砖，原因是设计荷载是按多孔砖考虑的。而在某市没有生产厂家，最近的生产厂家在新乡市获嘉县，运输成本为 0.2 元/块，方案很不经济，并且供货很难满足正常的施工需要。经与设计院多方沟通，设计院最终同意采用普通黏土砖降低造价 8 万元。结合上下文分析本案例，理解说明分析本案例采用的成本控制方法。

7.1.5 成本核算

1. 施工项目成本核算的概念

施工项目成本核算是施工项目成本管理的重要组成部分。简单地说，施工项目成本核

算是通过一定的方式、方法,对工程项目施工过程中发生的各种费用成本按照一定的对象进行分配和归集,以计算总成本和单位成本的过程。在整个施工项目成本管理过程中,项目成本核算自成体系,主要依托项目,对其实施过程中的各种耗费进行管理。施工项目成本核算的基本指导思想是以提高经济效益为目标,按照相关规定,通过全面的项目成本核算,优化工程项目的全面管理。

2. 施工项目成本核算的原则

为了发挥施工项目成本管理职能,提高施工项目管理水平,施工项目成本核算就必须讲求质量,才能提供对决策有用的成本信息。要提高成本核算质量,除了建立合理、可行的施工项目成本管理系统外,很重要的一点就是要遵循成本核算的原则。成本核算的原则主要有以下几条。

1) 权责发生制

权责发生制原则是指在收入和费用实际发生时进行确认,不必等到实际收到现金或者支付现金时才确认。凡在当期取得的收入或者当期应当负担的费用,不论款项是否已经收付,都应作为当期的收入或费用;凡是不属于当期的收入或费用,即使款项已经在当期收到或已经在当期支付,都不能作为当期的收入或费用。权责发生制原则主要是从入账时间上确定成本确认的基础,其核心是依据权责关系的发生和影响期间来确认施工项目的成本。根据权责发生制原则进行收入和成本费用的核算,才能真实地反映特定会计期间的财务成本状况和经营成果。

2) 可靠性

可靠性原则是对成本核算工作的基本要求,它要求成本核算以实际发生的支出及证明支出发生的合法凭证为依据,按一定的标准和范围加以认定和记录,做到内容真实、数字准确、资料可靠。如果成本信息不能真实反映施工项目成本的实际情况,成本核算工作就失去了存在的意义,甚至会误导成本信息使用者,导致有关决策的失误。根据可靠性原则,成本核算应当真实反映施工项目的工程成本,保证成本信息的真实性,成本信息应当能够经受验证,以核实其是否真实、可靠。

3) 相关性

施工项目成本核算是为施工项目成本管理服务的,其提供的成本信息应与决策有关,有助于决策,如果提供的成本信息对决策并没有什么作用,就不具有相关性。可见评价成本信息质量的标准除了看是否可靠、客观,还要看所提供的信息是否能满足有关方面的信息需要。相关性原则要求成本核算工作在收集、加工、处理和提供成本信息的过程中,应考虑各方面的信息需要,要能够满足各方面具有共性的信息需求。

4) 可理解性

可理解性原则要求有关施工项目成本核算的会计记录和会计信息必须清晰、简明,便于理解和使用。成本信息应当简明、易懂,能够简单明了地反映施工项目的成本情况,从而有助于成本信息的使用者正确理解、准确掌握工程成本。这就要求在成本核算过程中,要做到会计记录准确、清晰,填制会计凭证、登记会计账簿依据合法,账户对应关系清楚,文字摘要完整等。

5) 可比性

施工项目可能处于不同地区,施工活动发生于不同时期,为了保证成本信息能够满足

决策的需要，便于比较不同施工项目的成本情况和成本管理水平，只要是同样的经济业务，就应当采用同样的成本核算方法和程序。根据可比性原则，国家统一的会计制度应当尽量减少企业选择有关成本核算的会计政策的余地，同时，要求企业严格按照国家统一的会计制度的规定，选择有关成本核算的会计政策。

6) 实质重于形式

企业发生的交易或事项在多数情况下其经济实质和法律形式是一致的，但在有些情况下也会出现不一致。例如，按建筑材料采购合同的约定，施工企业支付了材料款，材料已经运抵施工现场，如果尚未安装、使用或耗用，则没有形成工程实体，不得计入施工项目成本。再如，按分包合同的约定，总承包商在分包工程的工作量完成之前预付给分包商的款项，虽然是总承包商的一项资金支出，但是该项支出并没有形成相应的工作量，因此总承包商不应将这部分支出计入累计实际发生的施工成本。

7) 重要性

重要性原则要求对于成本有重大影响的经济业务，应作为成本核算的重点，力求精确，而对于那些不太重要、琐碎的经济业务，可以相对从简处理，不要事无巨细均做详细核算。坚持重要性原则能够使施工项目的成本核算在全面的基础上保证重点，有助于加强对经济活动和经营决策有重大影响和有重要意义的关键性问题的核算，达到事半功倍，简化核算，节约人力、财力、物力和提高工作效率的目的。

8) 谨慎性

在市场经济环境下，企业的生产经营活动面临着许多风险和不确定性，如应收款项的可收回性、固定资产的使用寿命、售出存货可能发生的退货或者返修等。谨慎性原则是指企业在面临不确定性因素的情况下需要做出职业判断时，保持必要的谨慎，充分估计到各种风险和损失，既不高估资产或者收益，也不低估负债或者费用，对于可能的损失和费用，应当加以合理估计。

9) 及时性

及时性原则要求企业对成本信息应当及时处理、及时提供，成本信息具有时效性，只有能够满足决策的及时需要，成本信息才有价值。为了达到成本管理的目的，施工项目工程成本的核算、结转和成本信息的提供应当在要求的时期内完成。但要指出，成本核算遵循及时性原则，并非是越快越好，而是以确保可靠为前提，在规定时间内适时完成成本核算和成本信息的提供，不影响施工项目其他环节会计核算工作的顺利进行。

3. 施工项目成本核算的任务

鉴于施工项目成本核算在施工项目成本管理中所处的重要地位，施工项目成本核算应完成下列基本任务。

(1) 执行国家有关成本开支范围、费用开支标准、工程预算定额和企业施工预算、成本计划的有关规定，控制费用，促使项目合理，节约人力、物力和财力。这是施工项目成本核算的先决条件和首要任务。

(2) 正确、及时地核算施工过程中发生的各项费用，计算施工项目的实际成本。这是项目成本核算的主体和中心任务。

(3) 反映和监督施工项目成本计划的完成情况，为项目成本预测，为参与项目施工生产、技术和经营决策提供可靠的成本报告和有关资料，促进项目改善经营管理，降低成本，提高经济效益。这是施工项目成本核算的根本目的。

4. 施工项目成本核算的要求

为了充分发挥项目成本核算的作用，要求施工项目成本核算必须遵守以下基本要求。

1) 做好成本核算的基础工作

(1) 建立、健全材料、劳动、机械台班等内部消耗定额及材料、作业、劳务等的内部计价制度。

(2) 建立、健全各种财产物资的收发、领退、转移、报废、清查、盘点、索赔制度。

(3) 建立、健全与成本核算有关的各项原始记录和工程量统计制度。

(4) 完善各种计量检测设施，建立、健全计量检测制度。

(5) 建立、健全内部成本管理责任制。

2) 正确、合理地确定工程成本

计算期会计制度要求，施工项目工程成本的计算期应与工程价款结算方式相适应。施工项目的工程价款结算方式一般有按月结算或按季结算的定期结算方式和竣工后一次结算方式，据此，在确定工程成本计算期进行成本核算时应按以下原则处理。

(1) 建筑安装工程一般应按月或按季计算当期已完工程的实际成本。

(2) 实行内部独立核算的工业企业、机械施工、运输单位和物料供应部门应按月计算产品、作业和材料的成本。

(3) 改、扩建零星工程以及施工工期较短(一年以内)的单位工程或按成本核算对象进行结算的工程，可相应采取竣工后一次结算工程成本。

(4) 对于施工工期长、受气候条件影响大、施工活动难以在各个月份均衡开展的施工项目，为了合理负担工程成本，对某些间接成本应按年度工程量分配计算成本。

5. 遵守国家成本开支范围，划清各项费用开支界限

成本开支范围是指国家对企业在生产经营活动中发生的各项费用允许在成本中列支的范围，它体现着国家的财经方针和制度对企业成本管理的规定和要求。同时也是企业按现行制度规定，有效地进行成本管理，提高成本的可比性，降低成本，严格控制成本开支，避免重计、漏计或挤占成本的基本依据。为此要求在施工项目成本核算中划清下列各项费用开支的界限。

(1) 划清成本、费用支出和非成本、费用支出的界限。这是指划清不同性质的支出，如划清资本性支出和收益性支出，营业支出与营业外支出。施工项目为取得本期收益而在本期内发生的各项支出即为收益性支出，根据配比原则，应全部计入本期的施工项目的成本或费用。营业外支出是指与企业的生产经营没有直接关系的支出，若将之计入营业成本，则会虚增或少计施工项目的成本或费用。

另外，《施工、房地产企业财务制度》第59条规定企业的下列支出不得列入成本、费用：为购置和建造固定资产、无形资产和其他资产的支出；对外投资的支出；没收的财物，支付的滞纳金、罚款、违约金、赔偿金，以及企业费捐赠支出；国家法律，法规规定以外的各种付费；国家规定不得列入成本、费用的其他支出。

(2) 划清施工项目工程成本和期间费用的界限。根据财务制度的规定，为工程施工发生的各项直接成本，包括人工费、材料费、机械使用费和其他直接费，直接计入施工项目

的工程成本。为工程施工而发生的各项间接成本在期末按一定标准分配计入有关成本核算对象的工程成本。根据我国现行的成本核算办法——制造成本法，企业发生的管理费用(企业行政管理部门为管理和组织经营活动而发生的各项费用)、财务费用(企业为筹集资金而发生的各项费用)以及销售费用(企业在销售产品或者提供劳务过程中发生的各项费用)，作为期间费用，直接计入当期损益，并不构成施工项目的工程成本。

(3) 划清各个成本核算对象的成本界限。对施工项目组织成本核算，首先应划分若干成本核算对象，施工项目成本核算对象一经确定，就不得变更，各个成本核算对象的工程成本不可"张冠李戴"，否则就失去了成本核算和管理的意义，造成成本不实，歪曲成本信息，导致决策失误。财务部门应为每个成本核算对象设置一个工程成本明细账，并根据工程成本项目核算工程成本。

(4) 划清本期工程成本和下期工程成本的界限。划清这两者的界限，是会计核算的配比原则和权责发生制原则的要求，对于正确计算本期工程成本是十分重要的。本期工程成本是指应由本期工程负担的生产耗费，不论其收付发生是否在本期，应全部计入本期的工程成本，如本期计提的，实际尚未支付的预提费用；下期工程成本是指应由以后若干期工程负担的生产耗费，不论其是否在本期内收付发生，均不得计入本期工程成本，如本期实际发生的，应计入由以后分摊的待摊费用。

6. 施工项目成本核算的组织

(1) 以企业财会系统为依托，建立项目成本管理的控制网络组织，各项目经理部均设立经济核算部，负责本项目经理部的项目成本核算和管理，将成本管理指标自上而下地纵向层层分解到每个职工，形成纵向若干层次的项目成本管理系统。

(2) 建立项目成本跟踪核实管理小组，由财务、经营、生产、材料等部门所组成，全面负责项目成本管理的组织实施工作。财务部的成本管理室作为跟踪核实小组的常设办事机构，负责日常工作。

(3) 以机关职能科室为主体，将项目成本管理的机关管理指标，分解到有关职能部门，形成横向项目成本的多方位核算与管理体系。

7. 项目成本核算形式

推行施工项目管理，带动企业内部的结构调整，使企业由原来的公司、工程处、工程队三级管理、三级核算改为公司、项目经理部的两级管理、两级核算，减少了管理层次。根据施工项目管理的需要，通常可建立以下4种类型的核算形式。

(1) 项目经理部为内部相对独立的综合核算单位。负责整个施工项目成本的归集、核算、编制竣工结算和项目成本分析，直接对公司负责。

(2) 栋号作业承包队为施工直接费核算单位。主要负责承包合同规定的指标及项目成本的核算，编制月(季)度各项成本表和资料，直接对项目经理部负责。

(3) 施工劳务队为内部劳务费核算单位。主要负责劳务费和劳务管理费核算，编制月(季)度劳务核算报表。

(4) 机关各职能科(室)为内部管理费用限额节约价值型核算单位。主要负责与本系统业务有关的限额管理费用的核算。

7.1.6 成本分析

1. 施工项目成本分析的概念

施工成本分析，就是根据会计核算、业务核算和统计核算提供的资料，对施工成本的形成过程和影响成本升降的因素进行分析，以寻求进一步降低成本的途径。另外，通过成本分析，可从账簿、报表反映的成本现象中看清成本的实质，从而增强项目成本的透明度和可控性，为加强成本控制、实现项目成本目标创造条件。

施工项目成本分析，应该随着项目施工的进展，动态地、多形式地开展，而且要与生产诸要素的经营管理相结合。这是因为成本分析必须为生产经营服务。即通过成本分析，及时发现矛盾，及时解决矛盾，从而改善生产经营，同时又可降低成本。

2. 施工项目成本分析的目的和作用

从项目成本分析的概念来看，项目成本分析是为了寻找进一步降低成本的途径，提高项目的经济效益。通过项目成本分析，可以从项目账簿及报表中反映的成本现象看清成本实质，进而增强项目成本的透明度和可控性，最终加强成本控制，为实现项目成本目标创造条件。

1）恰当评价项目成本计划的执行效果

评价项目成本计划的执行效果，单纯凭借项目成本核算是不够的，必须在项目成本核算的基础上进行深入的项目成本分析，才可能作出比较正确的评价。

2）明晰成本超支原因

一个项目实施过程中，有很多的不可控因素，致使项目成本不可能完全与成本计划保持一致，多数情况下都会存在项目成本超支现象。超支的原因多种多样，项目的可行性研究设计、项目目标计划以及项目技术、组织、管理等任何一项出现问题，都会导致成本发生变化，造成项目成本超支，真正的原因要通过项目成本分析得以明晰。

3）寻找降低成本的措施

找到降低成本的有效措施，是项目成本分析的最终目标和主要作用。通过对项目成本超支原因的具体分析，找到压缩成本的突破口，将降低成本的措施与项目的工期、质量、合同等相关因素通盘考虑，选用比原计划更为有力的措施，缩小项目范围，提高生产效率，降低项目成本，如采用耗材少的工艺流程、替代成本高的原材料、重新选择原料供应商等降低成本措施。

在实行降低成本措施时要注意以下几个问题。

(1) 从项目一开始时就要牢固树立成本控制观念，不放过任何有可能发生成本超支的情况，因为成本超支在一定程度上是一个积累的过程，一旦成本失控，会导致计划成本无力应对整个项目工程。

(2) 当发生成本超支时，不能仅仅以降低成本为目的，而应节约一切开支，包括必须耗用的成本，虽然项目成本管理的最终目的就是要降低成本消耗，但是在降低成本的同时，必须把握住度，因为成本的过分降低也会导致一些得不偿失的后果，如项目质量下降、项目工期延长，甚至会造成更大的经济损失。

(3) 在发生成本超支采取措施时，一定要使措施的选择与项目的设计、进度等其他方面相一致，与项目的其他参与人员或投资者相协调。唯有如此，才能最大限度地发挥其作用，使措施起到应有的降低成本的效果。

3. 施工项目成本分析的依据

施工项目成本分析是揭示施工项目成本变化情况及其变化原因的过程。它在成本形成过程中，对施工项目成本进行的对比评价和剖析总结工作，贯穿于施工项目成本管理的全过程。主要是利用施工项目的成本核算资料(成本信息)，将项目的实际成本与目标成本、预算成本等进行比较，了解成本的变动情况，同时也分析主要经济指标对成本的影响，系统地研究成本变动的因素，检查成本计划的合理性，深入揭示成本变动的规律，寻找降低施工项目成本的途径。

成本分析的目的在于通过揭示成本变动原因，明确责任，总结经验教训，以便在未来的施工生产中，采取更为有效的措施控制成本，挖掘降低成本的潜力。同时，施工项目成本分析还为施工项目成本考核提供了依据。

4. 施工项目成本分析指标

进行项目成本分析，具体要分析项目实施过程中的各种有用数据，而在一个项目的实施中，数据是庞杂多样的，为了提高项目成本管理效率，项目组会采用一些行业认定的成本分析指标进行比较、考察，得出分析结论。这些成本分析指标是同影响项目成本变动的内部、外部因素直接相关的。

单单依靠一两个指标进行成本分析，是不能全面反映项目成本发生状况的。项目管理层要根据科学的数据作出变动决策，自然需要从各个不同的角度反映项目成本，利用种类不同的分析指标，可以综合、清晰地反映项目成本耗费状况，并及时将项目的进度、工期、效率、质量等分析同项目成本分析结果进行对比参照，从宏观与微观两方面准确反映项目情况。通常将项目成本分析的综合指标分为三大类。

1) 挣值原理中的各项指标

将计划工作量的预算成本、挣值、已完工作量的实际成本三者进行比较分析，并借助三者之间的费用差异、进度差异以及费用差异百分比、进度差异百分比等指标进行分析，此外，还有相对数指标的费用绩效指数、进度绩效指数等，都属于挣值原理中的指标，这一原理推广到各工业领域项目管理中后，在项目管理及控制中的作用日趋完善。

2) 效率比的各项指标

可以通过构造实际与计划相比的相对数指标，来体现项目某些方面的效率，如

$$机械生产率=实际台班数/计划台班数$$

$$劳动生产率=实际使用人工工时/计划使用人工工时$$

与此相似，还可以构造各种材料消耗率及各项费用消耗率，来反映材料消耗及费用耗费方面的效率。

3) 成本分析指标

通过实际成本与计划项目的比较分析，最后得出的各种比较结果，对已完工项目而言，有

$$成本偏差=实际成本-计划成本$$

$$成本偏差率=(实际成本-计划成本)/计划成本\times 100\%$$
$$利润=已完工项目价格-实际成本$$

根据各种成本分析指标，可以生成一系列成本项目差异分析表、各分项施工项目成本比较表等。

5. 施工项目成本分析的影响因素

1) 外部因素

外部因素又称市场经济因素，它主要包括项目的规模、项目本身的技术装备水平以及项目的专业化程度、项目团队协作水平、项目参与人员的技术技能和施工人员的操作熟练程度等，这些因素不是在短期内所能改变的，它们是贯穿整个项目实施过程的，对项目成本的变化起着主要作用。这些因素人为改变的可能性不大。

2) 内部因素

内部因素又称经营管理因素，这些因素主要有直接材料的消耗量、机械设备及能源的利用效率、项目的质量水平、劳动生产率和人工费用水平的合理性等，它们都有可能在项目实施过程中，通过改变管理策略或改善操作流程，得到一定程度的改变，进而减少成本变动。

6. 施工项目成本分析的内容

施工项目成本分析与单位工程成本分析尽管在内容上有很多相同的地方，但各有不同的侧重点。从总体上说，施工项目成本分析的内容应该包括以下 3 个方面。

1) 人工费

在实行管理层和作业层两层分离的情况下，项目施工需要的人工和人工费，由项目经理部与施工队签订劳务承包合同，明确承包范围、承包金额和双方的权利、义务。对项目经理部来说，除了按合同规定支付劳务费以外，还可能发生一些其他人工费支出，主要如下。

(1) 因实物工程量增减和调整的人工和人工费。

(2) 定额人工以外的估点工工资(如果已按定额人工的一定比例由施工队包干，并已列入承包合同的，不再另行支付)。

(3) 对在进度、质量、节约、文明施工等方面作出贡献的班组和个人进行奖励的费用。项目经理部应根据上述人工费的增减，结合劳务合同的管理进行分析。

2) 材料费

材料费分析包括主要材料、结构件和周转材料使用费的分析以及材料储备的分析。

(1) 主要材料和结构件费用的分析。主要材料和结构件费用的高低，主要受价格和消耗数量的影响。而材料价格的变动，又要受采购价格、运输费用、途中损耗、材料不足等因素的影响；材料消耗数量的变动，也要受操作损耗、管理损耗和返工损失等因素的影响，可在价格变动较大和数量超支异常时再作深入分析。为了分析材料价格和消耗数量的变化对材料和结构件费用的影响程度，可按下列公式计算，即

$$因材料价格变动对材料费的影响=(预算单价-实际单价)\times 消耗数量$$
$$因消耗数量变动对材料费的影响=(预算用量-实际用量)\times 预算价格$$

(2) 周转材料使用费分析。在实行周转材料内部租赁制的情况下，项目周转材料费的

节约或超支，决定于周转材料的周转利用率和损耗率。因为周转慢，周转材料的使用时间就长，同时也会增加租赁费支出；而超过规定的损耗，更要照原价赔偿。周转利用率和损耗率的计算公式为

$$周转利用率=实际使用数×租用期内的周转次数/(进场数×租用期)×100\%$$

$$损耗率=退场数/进场数×100\%$$

(3) 采购保管费分析。材料采购保管费属于材料的采购成本，包括材料采购保管人员的工资、工资附加费、劳动保护费、办公费、差旅费以及材料采购保管过程中发生的固定资产使用费、工具用具使用费、检验试验费、材料整理及零星运费和材料物资的盘亏及毁损等。

材料采购保管费一般应与材料采购数量同步，即材料采购多，采购保管费也会相应增加。因此，应该根据每月实际采购的材料数量(金额)和实际发生的材料采购保管费，计算"材料采购保管费支用率"，作为前后期材料采购保管费的对比分析之用。

(4) 材料储备资金分析。材料的储备资金，是根据日平均用量、材料单价和储备天数(即从采购到进场所需要的时间)计算的。上述任何两个因素的变动，都会影响储备资金的占用量。材料储备资金的分析，可以应用"因素分析法"。从以上分析内容来看，储备天数的长短是影响储备资金的关键因素。因此，材料采购人员应该选择运距短的供应单位，尽可能减少材料采购的中转环节，缩短储备天数。

3) 机械使用费

由于项目施工具有的一次性，项目经理部不可能拥有自己的机械设备，而是随着施工的需要，向企业动力部门或外单位租用。在机械设备的租用过程中，存在着两种情况，一种是按产量进行承包，并按完成产量计算费用的，如土方工程，项目经理部只要按实际挖掘的土方工程量结算挖土费用，而不必过问挖土机械的完好程度和利用程度。另一种是按使用时间(台班)计算机械费用的，如塔式起重机、搅拌机、砂浆机等，如果机械完好率差或在使用中调度不当，必然会影响机械的利用率，从而延长使用时间，增加使用费用。因此，项目经理部应该给予一定的重视。

由于建筑施工的特点，在流水作业和工序搭接上往往会出现某些必然或偶然的施工间隙，影响机械的连续作业；有时，又因为加快施工进度和工种配合，需要机械日夜不停地运转。这样，难免会有一些机械利用率很高，也会有一些机械利用不足，甚至租而不用。利用不足，台班费需要照付；租而不用，则要支付停班费。总之，都将增加机械使用费支出。因此，在机械设备的使用过程中，必须以满足施工需要为前提，加强机械设备的平衡调度，充分发挥机械的效用；同时，还要加强平时的机械设备的维修保养工作，提高机械的完好率，保证机械的正常运转。

完好台班数，是指机械处于完好状态下的台班数，它包括修理不满一天的机械，但不包括待修、在修、送修在途的机械。在计算完好台班数时，只考虑是否完好，不考虑是否在工作。

制度台班数，是指本期内全部机械台班数与制度工作天的乘积，不考虑机械的技术状态和是否工作。

4) 其他直接费

其他直接费是指施工过程中发生的除直接费以外的其他费用，包括以下内容。

(1) 二次搬运费。

(2) 工程用水电费。

(3) 临时设施摊销费。

(4) 生产工具用具使用费。

(5) 检验试验费。

(6) 工程定位复测。

(7) 工程点交。

(8) 场地清理。

其他直接费的分析主要应通过预算与实际数的比较来进行。如果没有预算数，可以计划数代替预算数。

5) 间接成本

间接成本是指为施工准备、组织施工生产和管理所需要的费用，主要包括现场管理人员的工资和进行现场管理所需要的费用。间接成本的分析，也应通过预算(或计划)数与实际数的比较来进行。

7．施工成本分析的基本方法

由于施工项目成本涉及的范围很广，需要分析的内容也很多，应该在不同的情况下采取不同的分析方法。施工成本分析的基本方法包括比较法、因素分析法、差额计算法、比率法等。

1) 比较法

比较法又称"指标对比分析法"，就是通过技术经济指标的对比，检查目标的完成情况，分析产生差异的原因，进而挖掘内部潜力的方法。这种方法具有通俗易懂、简单易行、便于掌握的特点，因而得到了广泛的应用，但在应用时必须注意各技术经济指标的可比性。

2) 因素分析法

因素分析法又称连锁置换法或连环替代法。因素分析法是将某一综合性指标分解为各个相互关联的因素，通过测定这些因素对综合性指标差异额的影响程度进而分析评价计划指标执行情况的方法。在成本分析中采用因素分析法，就是将构成成本的各种因素进行分解，测定各个因素变动对成本计划完成情况的影响程度，据此对企业的成本计划执行情况进行评价，并提出进一步的改进措施。在进行分析时，首先要假定若干因素中的一个因素发生了变化，而其他因素则不变，然后逐个替换，并分别比较其计算结果，以确定各个因素变化对成本的影响程度。

3) 差额计算法

差额计算法是因素分析法的一种简化形式，它利用各个因素的目标值与实际值的差额来计算其对成本的影响程度。

4) 比率法

比率法是指用两个以上指标的比例进行分析的方法。它的基本特点是：先把对比分析的数值变成相对数，再观察其相互之间的关系。

7.1.7　成本考核

1. 施工项目成本考核的概念

施工项目成本考核，就是施工项目完成后，对施工项目成本形成中的各级单位成本管理的成绩或失误所进行的总结与评价。

成本考核的目的在于鼓励先进、鞭策落后，促使管理者认真履行职责，加强成本管理。企业按施工项目成本目标责任制的有关规定，将成本的实际指标与计划、定额、预算进行对比和考核，评定施工项目成本计划的完成情况和各责任单位的业绩，并以此给予相应的奖励和处罚。通过成本考核，做到有奖有惩，奖罚分明，才能有效地调动企业每个职工在各自的施工岗位上努力完成目标成本的积极性，以降低施工项目成本和增加企业的积累。

2. 施工项目成本考核的特点

对各个职能部门及其主管人员的业绩评价，应以其对企业完成目标和计划中的贡献和履行职责中的成绩为依据。企业中的各个部门或单位有不同的职能，按其责任和控制范围的大小，这些责任单位可以分为成本中心、利润中心和投资中心。项目经理部是成本中心，成本中心又分为标准成本中心和费用中心。对于施工项目来说，施工队、施工班组即是标准成本中心，而项目的行政管理部门即是费用中心。因此，对项目经理部以及下属施工队、班组进行业绩考核时，应遵循成本中心业绩考核的规则。

1）　标准成本

一般来说，标准成本中心的考核指标是既定产品数量和质量条件下的标准成本。

标准成本是通过精确的调查、分析与技术测定而制订的，是用来评价实际成本、衡量工作效率的一种预计成本。在标准成本中，基本上排除了不应该发生的"浪费"，因此被认为是一种"应该成本"。标准成本在实际中有两种含义。

(1) 单位产品的标准成本，它是根据单位产品的标准消耗量和标准单价计算出来的，准确地说应称为"成本标准"。

(2) 实际产量的标准成本，它是根据实际产品产量和单位产品成本标准计算出来的。

结合施工项目的特点，标准成本可以取为预算成本或在预算成本基础上适当下调的计划成本。

2）　费用预算

通常采用费用预算来评价费用中心的成本控制业绩。简单说来，施工项目费用中心的开支构成了项目的间接成本。相对项目的直接成本来说，间接成本的预算更难确定，因为很难根据费用中心的工作质量和服务水平来确定其费用开支。

费用预算的制订在实际中有以下几种办法。

(1) 考察同行业类似职能部门的支出水平。

(2) 零星预算法，即详尽分析各项支出的必要性、金额及其取得的效果，确定费用预算。

(3) 依据历史经验来编制费用预算。从根本上说，决定费用中心预算水平有赖于了解情况的专业人员的判断。项目经理应信任费用中心的主管人员，并与他们密切配合，通过协商确定适当的预算水平。在考核预算完成情况时，要利用有经验的专业人员对费用中心的工作质量和服务水平做出有根据的判断，才能对费用中心的控制业绩做出客观评价。

3) 责任成本

施工项目成本考核主要是根据责任成本来进行考核。责任成本是以具体的责任单位(部门、单位或个人)为对象，以其承担的责任为范围所归集的成本，也就是特定成本中心的全部可控成本。

计算责任成本的关键是判别每项成本费用支出的责任归属。通常，可以按照以下原则确定责任中心的可控成本。

(1) 假如某责任中心通过自己的行动能有效地影响一项成本的数额，那么该中心就要对这项成本负责。

(2) 假如某责任中心有权决定是否使用某种资产或劳务，它就应对这些资产或劳务的成本负责。

(3) 某管理人员虽然不直接决定某项成本，但是上级要求他参与有关事项，从而对该项成本的支出施加了重要影响，则他对该成本也要承担责任。

3. 施工项目成本考核的原则

工程项目一份标书就是一个管理对象，而这个管理对象是订单生产者，在施工结构、工程标价、高度、面积等方面每个项目都不同，致使我们必须按项目的特点组织施工生产，也正因为这个个性，需要针对每个项目组织资源投入和管理人员的合理分工。虽然它有一定的特点和不同，但它仍然有一定的原则可以遵循。

(1) 按照项目经理部人员分工，进行岗位成本内容确定。每个项目有大有小，管理人员投入量也有所不同，项目大的管理人员就多些，项目有几个栋号施工时，还可能设立相应的栋号长，分别对每个单体工程或几个单体工程进行协调管理。工程体量小时，项目管理人员就相应减少，一个人可能兼几份工作，所以岗位考核，以人和岗位为主，没有岗位就计算不出管理目标，同样没有人就会失去考核的责任主体。

(2) 简单易行、便于操作的原则。项目的施工生产，每时每刻都在发生变化，考核项目的岗位成本，必须让项目相关管理人员明白，由于管理人员的专业特点，对一些相关概念不可能很清楚，所以确定的考核内容，必须简单明了，要让考核者一看就能明白。

(3) 及时性原则。岗位成本要考核的是实时成本，如果还像传统的会计核算那样，就失去了岗位考核的目的。所以，时效性是项目岗位成本考核的生命。

4. 施工项目成本考核的作用

(1) 施工项目成本考核的目的，在于贯彻落实责权利相结合的原则，促进成本管理工作的健康发展，更好地完成施工项目的成本目标。施工项目成本考核是衡量项目成本降低的实际成果，也是对成本指标完成情况的总结和评价。

(2) 在施工项目的成本管理中，项目经理和所属部门、施工队直到生产班组，都有明确的成本管理责任，而且有定量的责任成本目标。通过定期和不定期的成本考核，既可对他们加强督促，又可调动他们成本管理的积极性。

(3) 项目成本管理是一个系统工程，而成本考核则是系统的最后一个环节。如果对成本考核工作抓得不紧，或者不按正常的工作要求进行考核，前面的成本预测、成本控制、

成本核算、成本分析都将得不到及时、正确的评价。这不仅会挫伤有关人员的积极性，而且会给今后的成本管理带来不可估量的损失。

施工项目的成本考核，特别要强调施工过程中的中间考核。这对具有一次性特点的施工项目来说尤为重要。因为通过中间考核发现问题，还能"亡羊补牢"。而竣工后的成本考核，虽然也很重要，但对成本管理的不足和由此造成的损失已经无法弥补。

5. 施工项目成本考核的内容

根据以上原则，确定施工项目成本考核的内容。

1) 企业对项目经理考核的内容

(1) 项目成本目标和阶段成本目标的完成情况。

(2) 建立以项目经理为核心的成本管理责任制的落实情况。

(3) 成本计划的编制和落实情况。

(4) 对各部门、各施工队和班组责任成本的检查和考核情况。

(5) 在成本管理中贯彻责、权、利相结合原则的执行情况。

2) 项目经理对所属各部门、各施工队和班组考核的内容

(1) 对各部门的考核内容。

① 本部门、本岗位责任成本的完成情况。

② 本部门、本岗位成本管理责任的执行情况。

(2) 对各施工队的考核内容。

① 对劳务合同规定的承包范围和承包内容的执行情况。

② 劳务合同以外的补充收费情况。

③ 对班组施工任务单的管理情况，以及班组完成施工任务后的考核情况。

(3) 对生产班组的考核内容。

对生产班组的考核内容(平时由施工队考核)以分部分项工程成本作为班组的责任成本。以施工任务单和限额领料单的结算资料为依据，与施工预算进行对比，考核班组责任成本的完成情况。

【案例 7-2】甲公司有一个工程需要从海外乙公司购买一批原材料，约定运输方式为火车运输，合同签订后两个月内货物运到工程所在地。在半个月时，铁路因为损坏停止运行，乙公司在准备好材料后才知道不能用火车运输，没有跟甲公司声明就换成海上运输，材料 3 个月后才到，导致工程延误损失 100 万元。结合上下文分析进度管理的作用，乙公司在当时应该怎么做？

7.2 建筑施工进度管理

7.2.1 施工进度管理的概述

1. 施工进度管理的概念

工程进度控制管理是指在项目的工程建设过程中实施经审核批准的工程进度计划，采

用适当的方法定期跟踪、检查工程实际进度状况，与计划进度对照、比较找出两者之间的偏差，并对产生偏差的各种因素及影响工程目标的程度进行分析与评估，并组织、指导、协调、监督监理单位、承包商及相关单位及时采取有效措施调整工程进度计划。在工程进度计划执行中不断循环往复，直至按设定的工期目标(项目竣工)也既是按合同约定的工期如期完成，或在保证工程质量和不增加工程造价的条件下提前完成。

建筑施工进度管理和
施工质量管理.mp4

工程进度控制管理是工程项目建设中与质量和成本并列的三大管理目标之一，其三者之间的关系是相互影响和相互制约的。在一般情况下，加快进度、缩短工期需要增加成本(在合理科学施工组织的前提下，投入成本将不增加或少增加)。但提前竣工为开发商提前获取预期收益创造了可能性。工程进度的加快有可能影响工程的质量，而对质量标准的严格控制极有可能影响工程进度。如有严谨、周密的质量保证措施，虽严格控制而不致返工，又会保证建设进度，也保证了工程质量标准及投资费用的有效控制。

工程进度控制管理不应仅局限于考虑施工本身的因素，还应对其他相关环节和相关部门自身因素给予足够的重视，如施工图设计、工程变更、营销策划、开发手续、协作单位等。只有通过对整个项目计划系统的综合有效控制，才能保证工期目标的实现。

2. 施工进度管理的任务

进度控制的任务是根据项目实施的需要产生的。由于项目利益各方的需要不同，故其进度控制任务也不相同。业主方、设计方、施工方和供货方各有不同的进度控制任务。

1）业主方的进度控制任务

业主方的进度控制任务是控制整个项目实施阶段的进度。其中包括设计准备阶段的工作进度、设计工作进度、施工进度、物资采购工程进度、项目动用全准备阶段的工作进度。

2）设计方进度控制的任务

设计方要根据设计任务委托合同对设计工作进度的要求，编制设计工作进度计划，并控制其实施，保证设计任务委托合同的完成。在设计工作进度控制过程中，要尽可能使设计工作进度与招标工作、施工和物资采购工作的进度保持协调。设计方工作进度控制的重点是保证实现出图日期的计划目标。

3）施工方进度控制的任务

施工方进度控制的任务是根据施工任务委托合同对施工进度的要求控制施工进度，这是施工方履行合同的义务。为了完成施工进度控制的任务，施工方应视项目的特点和施工进度控制的需要，编制施工总进度计划并控制其执行；编制单位工程施工进度计划并控制其执行；编制年、季、月施工进度计划并控制其执行。

4）供货方进度控制的任务

供货方进度控制的任务是依据供货合同对供货的要求控制供货进度，这是供货方履行合同的义务。供货方进度控制依据的供货进度计划应包括招标、采购、订货、制造、验收、运输、入库等环节的进度和完成日期。

3. 施工进度控制的原理

1) 系统控制原理

将项目进度控制作为一个系统工程，首先要形成有效的进度管控流程，编制出项目进度控制规划系统，具体有项目总进度、年度、季(月)、周进度控制等内容。

2) 弹性控制原理

由于现代民用建筑项目通常具有施工周期长、影响因素多、变数大的特点，不可能完全准确地安排进度计划，使实际施工毫无偏差地按照计划来进行。因此，有必要进行弹性控制。

3) 分工协作控制原理

划分进度控制职责，形成横向和纵向两个控制系统，项目进度横向控制系统由项目经理、工程师、技术人员构成，而项目进度纵向控制系统则由监理班子组成，包括项目监理工程师、专业监理工程师和监理员等。

4) 封闭循环控制原理

项目进度按照计划、实施、调整、协调等几个阶段，构成一个封闭循环系统，当项目实施过程中进度出现偏差时，信息就会反馈到进度控制主体，后者作出偏差纠正，进行相应的调整，使项目进度朝着预定规划目标进行。项目实施过程中可以以不同的单位工程和分部工程为对象，建立相应的封闭循环系统，对进度进行协调管理。

4. 施工进度管理的措施

建筑工程进度控制的措施包括组织措施、技术措施、经济措施、合同措施和信息管理措施等。

1) 进度控制的组织措施

(1) 落实项目监理机构中进度控制部门的人员，具体控制任务和管理职责分工。

(2) 进行项目分解，如按项目结构分、按项目进展阶段分、按合同结构分，并建立编码体系。

(3) 确定进度协调工作制度，包括协调会议举行的时间、协调会议的参加人员等。

(4) 对影响进度目标实现的干扰和风险因素进行分析。风险分析要有依据，主要是根据许多统计资料的积累，对各种因素影响进度的概率及进度拖延的损失值进行计算和预测，并应考虑有关项目审批部门对进度的影响等。

2) 进度控制的技术措施

(1) 审查承包商提交的进度计划，使承包商能在合理的状态下施工。

(2) 编制进度控制工作细则，指导监理人员实施进度控制。

(3) 采用网络计划技术及其他科学适用的计划方法，并结合计算机的应用，对建筑工程进度实施动态控制。

3) 进度控制的经济措施

(1) 及时办理工程预付款及工程进度款支付手续。

(2) 对应急赶工给予优厚的赶工费用。

(3) 对工期提前给予奖励。

(4) 对工程延误收取误期损失赔偿金。

4) 进度控制的合同措施

(1) 加强合同管理，协调合同工期与进度计划之间的关系，保证合同进度目标的实现。

(2) 严格控制合同变更，对各方提出的工程变更和设计变更，监理工程师应严格审查后再补入合同文件之中。

(3) 加强风险管理，在合同中应充分考虑风险因素及其对进度的影响，以及相应的处理方法。

(4) 加强索赔管理，公正地处理索赔。

5) 信息管理措施

主要是通过计划进度与实际进度的动态比较，定期地向建设单位提供比较报告等。

7.2.2 施工进度计划的编制

1. 施工总进度计划的编制依据

(1) 工程项目的全部设计图纸，包括工程的初步设计或扩大初步设计、技术设计、施工图设计、设计说明书、建筑总平面图等。

(2) 工程项目有关概(预)算资料、指标、劳动力定额、机械台班定额和工期定额。

(3) 施工承包合同规定的进度要求和施工组织设计。

(4) 施工总方案(施工部署和施工方案)。

(5) 工程项目所在地区的自然条件和技术经济条件，包括气象、地形地貌、水文地质、交通水电条件等。

(6) 工程项目需要的资源，包括劳动力状况、机具设备能力、物资供应来源条件等。

(7) 地方建设行政主管部门对施工的要求。

(8) 国家现行的建筑施工技术、质量、安全规范、操作规程和技术经济指标。

音频.施工总进度计划
的编制依据.mp3

2. 施工进度计划的编制原则

施工进度计划的编制原则如下。

(1) 从实际出发，合理安排施工顺序，注意施工的连续性和均衡性，保证在劳动力、材料物资以及资金消耗量最少的情况下，按规定工期完成拟建工程施工任务。

(2) 采用可靠的施工方法，确保工程项目的施工在连续、稳定、安全、优质、均衡的状态下进行。

(3) 节约施工成本。

7.2.3 施工进度计划的编制方法和程序

1. 施工进度计划的编制方法

工程建设是一个系统工程，要完成一项建设工程必须协调布置好人、财、物、时间、空间，才能保证工程按预定的目标完成。当人、财、物一定的条件下，合理制订施工方案，

科学制订施工进度计划，并统揽其他各要素的安排，是工程建设的核心。同时对于提高施工单位的管理水平，都具有十分重要的现实意义。常见的编制方法如下。

1）横道图法

最常见而普遍应用的计划方法就是横道图。横道计划图是按时间坐标绘出的，横向线条表示工程各工序的施工起止时间先后顺序，整个计划由一系列横道线组成。它的优点是易于编制、简单明了、直观易懂、便于检查和计算资源，特别适合于现场施工管理。

作为一种计划管理的工具，横道图有它的不足之处。首先，不容易看出工作之间的相互依赖、相互制约的关系；其次，反映不出哪些工作决定了总工期，更看不出各工作分别有无伸缩余地(即机动时间)，有多大的伸缩余地；再者，由于它不是一个数学模型，不能实现定量分析，无法分析工作之间相互制约的数量关系；最后，横道图不能在执行情况偏离原订计划时，迅速而简单地进行调整和控制，更无法实行多方案的优选。

2）网络计划技术

与横道图相反，网络计划方法能明确地反映出工程各组成工序之间的相互制约和依赖关系，可以用它进行时间分析，确定出哪些工序是影响工期的关键工序，以便施工管理人员集中精力抓施工中的主要矛盾，减少盲目性。而且它是一个定义明确的数学模型，可以建立各种调整优化方法，并可利用电子计算机进行分析计算。国际上，工程网络计划有许多名称，如 CPM、PERT、CPA、MPM 等。工程网络计划的类型有以下几种不同的划分方法。

(1) 工程网络计划按工作持续时间的特点划分。

① 肯定型问题的网络计划。

② 非肯定型问题的网络计划。

③ 随机网络计划等。

(2) 工程网络计划按工作和事件在网络图中的表示方法划分。

① 事件网络——以节点表示事件的网络计划。

② 工作网络

——以箭线表示工作的网络计划(我国《工程网络计划技术规程》(JGJ/T 121—1999)称为双代号网络计划);

——以节点表示工作的网络计划(我国《工程网络计划技术规程》(JGJ/T 121—1999)称为单代号网络计划)。

(3) 工程网络计划按计划平面的个数划分。

① 单平面网络计划。

② 多平面网络计划(多阶网络计划、分级网络计划)。

美国较多使用双代号网络计划，欧洲则较多使用单代号搭接网络计划。我国《工程网络计划技术规程》(JGJ/T 121—1999)推荐常用的工程网络计划类型包括以下几个。

① 双代号网络计划。

② 单代号网络计划。

③ 双代号时标网络计划。

④ 单代号搭接网络计划。

在实际施工过程中，应注意横道计划和网络计划的结合使用。即在应用电子计算机编

制施工进度计划时，先用网络方法进行时间分析，确定关键工序，进行调整优化，然后输出相应的横道计划用于指导现场施工。

2. 施工进度计划的编制程序

1) 横道图的编制程序

(1) 将构成整个工程的全部分项工程纵向排列填入表中。

(2) 横轴表示可能利用的工期。

(3) 分别计算所有分项工程施工所需要的时间。

(4) 如果在工期内能完成整个工程，则将第(3)项所计算出来的各分项工程所需工期安排在图表上，编排出日程表。这个日程的分配是为了要在预定的工期内完成整个工程，对各分项工程的所需时间和施工日期进行试算分配。

音频.横道图的编制
程序.mp3

2) 网络计划的编制

在项目施工中用来指导施工，控制进度的施工进度网络计划，就是经过适当优化的施工网络。其编制程序如下。

(1) 调查研究。

调查研究就是了解和分析工程任务的构成和施工的客观条件，掌握编制进度计划所需的各种资料(这些资料的内容已在前面作了叙述)，特别要对施工图进行透彻研究，并尽可能对施工中可能发生的问题作出预测，考虑解决问题的对策等。

(2) 确定方案。

确定方案主要是指确定项目施工总体部署，划分施工阶段，制订施工方法，明确工艺流程，决定施工顺序等。这些一般都是施工组织设计中施工方案说明中的内容，且施工方案说明一般应在施工进度计划之前完成，故可直接从有关文件中获得。

(3) 划分工序。

划分工序是指根据工程内容和施工方案，将工程任务划分为若干道工序。一个项目划分为多少道工序，由项目的规模和复杂程度以及计划管理的需要来决定，只要能满足工作需要就可以了，不必过分细。大体上要求每道工序都有明确的任务内容，有一定的实物工程量和形象进度目标，能够满足指导施工作业的需要，完成与否有明确的判别标志。

(4) 估算时间。

估算时间即估算完成每道工序所需要的工作时间，也就是每项工作延续时间，这是对计划进行定量分析的基础。

(5) 编工序表。

编工序表是将项目的所有工序，依次列成表格，编排序号，以便于查对是否遗漏或重复，并分析相互之间的逻辑制约关系。

(6) 画网络图。

画网络图即根据工序表画出网络图。工序表中所列出的工序逻辑关系，既包括工艺逻辑，也包含由施工组织方法决定的组织逻辑。

(7) 画时标网络图。

画时标网络图是给上面的网络图加上时间横坐标，这时的网络图就叫做时标网络图。

在时标网络图中，表示工序的箭线长度受时间坐标的限制，一道工序的箭线长度在时间坐标轴上的水平投影长度就是该工序延续时间的长短；工序的时差用波形线表示；虚工序延续时间为零，因而虚箭线在时间坐标轴上的投影长度也为零；虚工序的时差也用波形线表示。这种时标网络可以按工序的最早开工时间来画，也可以按工序的最迟开工时间来画，在实际应用中多是前者。

(8) 画资源曲线。

根据时标网络图可画出施工主要资源的计划用量曲线。

(9) 可行性判断。

可行性判断主要是判别资源的计划用量是否超过实际可能的投入量。如果超过了，这个计划是不可行的，要进行调整，无非是要将施工高峰错开，削减资源用量高峰；或者改变施工方法，减少资源用量。这时就要增加或改变某些组织逻辑关系，重新绘制时间坐标网络图；如果资源计划用量不超过实际拥有量，那么这个计划是可行的。

(10) 优化程度判别。

可行的计划不一定是最优的计划。计划的优化是提高经济效益的关键步骤。所以，要判别计划是否最优，如果不是就要进一步优化，如果计划的优化程度已经可以令人满意(往往不一定是最优)，就得到了可以用来指导施工、控制进度的施工网络图了。

7.3　建筑施工质量管理

7.3.1　质量管理的概念

1. 质量管理的概念

工程质量是指满足业主要求的，符合国家法律、法规、技术规范标准、设计文件及合同规定的特性综合。建设工程作为一种特殊的产品，除具有一般产品共有的质量特性，如性能、寿命、可靠性、安全性、经济性等满足社会需要的使用价值及其属性外，还具有特定的内涵。

建设工程项目质量管理就是确立质量方针的全部职能及工作内容，并对其工作效果进行的一系列工作，也就是为了保证工程项目质量满足工程合同、设计文件、规范标准所采取的一系列措施、方法和手段。它是一个组织全部管理的重要组成部分，是有计划、有系统的活动。

工程项目质量管理和控制可定义为达到工程项目质量要求所采取的作业技术和活动。其质量要求主要表现为工程合同、设计文件、规范规定的质量标准。因此，工程质量控制也就是为了保证达到工程合同规定的质量标准而采取的一系列措施、手段和方法。建筑工程的质量取决于项目的各个环节，如前期规划、设计、施工、后期维护、配套设施的建设等。

2. 工程项目质量管理的原则

在进行建筑工程项目质量控制过程中，应遵循以下几个原则。

1) 坚持质量第一、用户至上的原则

市场经济经营的原则是"质量第一，用户至上"。工程项目作为一种特殊的商品，使用年限较长，直接关系到人民生命财产的安全。所以，工程项目在施工中应自始至终地把质量第一作为质量控制的基本原则。

2) 以项目团队成员为管理核心的原则

企业应注重对员工的管理，包括绩效管理、职业生涯规划、培训和提高等，这是保证工程项目施工质量的基本要求。人是质量的创造者，质量控制必须"以人为核心"，充分调动人的积极性、创造性；增强人的责任感，树立"质量第一"的观念，通过提高人的素质来避免人的失误，以人的工作质量保证各工序的质量、促进工程建设质量。

3) 以预防、预控为主的原则

预防为主，就是要从对质量的事后检查把关，转向对质量的事前控制、事中控制，从对产品质量的检查，转向对工作质量的检查、对工序质量的检查、对中间产品质量的检查，这是确保施工项目的有效措施。

4) 坚持质量标准、严格检查的原则

质量标准是评价产品质量的尺度，数据是质量控制的基础和依据。产品质量是否符合质量标准，必须通过严格检查，用数据说话。

5) 贯彻科学、公正、守法的原则

建筑施工企业的项目经理，在处理质量问题过程中，应尊重客观事实，尊重科学，不持偏见；遵纪守法，杜绝不正之风；既要坚持原则、严格要求、秉公办事，又要谦虚谨慎、实事求是、以理服人、热情帮助。

3. 工程项目质量管理的特征

由于建筑工程项目涉及面广，是一个极其复杂的综合过程，再加上项目建筑位置固定、生产流动、结构类型不一、质量要求不一、施工方法不一、体型大、整体性强、建设周期长、受自然条件影响大等特点，因此，工程项目的质量比一般工业产品的质量管理难度更大，故工程项目质量具有以下特点。

1) 工程项目质量形成过程复杂

项目建设过程就是项目质量的形成过程，因而项目决策、设计、施工和竣工验收，对工程项目质量形成都起着重要的作用和影响。

2) 影响质量的因素多

工程项目质量不仅受项目决策、材料、机械、施工工艺、操作方法、施工人员素质等人为因素的直接以及间接影响，还受到地理、地区资源等环境因素的影响，如地形地貌、地质条件、水文、气象，均直接影响施工项目的质量。

3) 质量波动大

由于工程项目的施工不像工业产品的生产，有固定的生产流水线，有规范化的生产工艺和完善的检测技术，有成套的生产设备和稳定的生产环境，同时，由于影响项目施工质量的偶然性因素和系统性因素都较多，因此，很容易产生质量变异。为此，在施工中要严防出现系统性因素的质量变异，要把质量变异控制在偶然性因素范围内。

4) 质量隐蔽性

建设项目在施工过程中，分项工程工序交接多，中间产品多，隐蔽工程多，若不及时检查实质，事后再看表面，就容易产生二次判断错误，也就是说，容易将不合格的产品认

为是合格的产品；反之，若检查不认真、测量仪表不准、读数有误，则会产生第一判断错误，也就是说容易将合格产品认为是不合格的产品。这在进行质量检查验收时应特别注意。

5) 终检的局限性

工程项目建成后，不可能像某些工业产品那样，再拆卸或解体检查内在的质量，或重新更换零件，即使发现质量有问题，也不可能像工业产品那样实行包换或退款。工程项目的终检无法进行工程内在质量的检验，发现隐蔽的质量缺陷，这是终检的局限性。

7.3.2 工程质量控制

完整的工程质量应该是功能、设施完善，能满足寿命期间正常的使用。充分发挥工程的投资价值。要全面控制工程质量，需从全方位和全过程两方面进行。工程建设质量的全方位控制，无论工程建设的规模大小，都会有 5 个方面控制内容，即人、机、料、法、环。

1. 全方位控制

1) 人

在所有因素中，人是最关键且具决定性的因素。包括个人执业资格，和单位的从业资质两方面的内容。国家现行的建设体制，对施工单位、设计单位、监理单位、勘察单位、房产单位都有资质等级的要求。从业单位不得超越资质等级承接工程项目，也不得允许其他单位以自己的名义承接工程项目。建设体制也对个人执业进行规范，推行监理工程师、建筑师、结构师、造价师等方面的注册执业制度，无相应执业资格人员不得从事相关的工作。

2) 机

机是指投入到工程上的机器设备。当代工程建设项目规模大、技术新、精度高，必须依靠先进的施工机械才有可能进行施工，有些工程项目要借助专业化的设备，否则很难胜任和开展此项工作。更不要说保证质量。同样地，有针对性地配备齐全工程所需的机械设备，工程质量也将会水到渠成。

3) 料

一项工程建设是一个不断投入产出的循环过程。投入原材料、半成品，到中间过程产品，直至成品。而且工程的特点是：上道工序将被下道工序所覆盖，其间的质量问题难以被发现，如果质量问题有所表现，则往往是较为严重且难以补救，或产生费用过高。而且质量问题不会随着时间的推移而自动消除。因此，在生产过程中按规定技术标准控制合格的原材料、半成品就非常重要。

4) 法

法是指操作工艺、方法。工程建设是一个复杂的生产过程，而且新的工艺方法不断涌现。工艺对质量有重大的影响。如钢筋的连接，以前有搭接，后来出现了焊接，大大地提高了质量。混凝土现场搅拌，质量离散性大。采用集中搅拌站(或是商品混凝土)，质量的稳定性大大提高。而且施工性能发生极大的改变。大体积混凝土有严重的水化热问题，采用掺入粉煤灰后，可以节约水泥，同时又能降低水化热。特殊的工艺方法成为一些公司的制胜法宝。

5) 环

环就是环境。工程建设总是在一些特定的环境中，环境有力地影响工程的质量。气温低、湿度大对防水工程施工就不利，而同样的条件对粉刷砂浆就是有利的条件，施工质量将会较好。低温度下钢筋的焊接比较容易出现冷脆，所以要保质证量就需要设置热处理装置。人无法控制环境，但人可以有选择地避开不利的环境影响，最大程度地保证质量。

2. 全过程控制

工程一般要经过决策、可行性研究、设计、施工、运行、保修等阶段。

1) 决策阶段

工程项目建设首先是投资意向，寻找投资项目，决策考虑是否要上项目。它是项目的源头。也是项目的基调。以后的项目均由此引发。一个决策失误的项目，就已经决定了奔向失败的方向。

2) 项目可行性研究阶段

有了投资意向考虑上项目后，需进行项目的可行性研究。仔细分析、预测项目的经济效益、社会效益、环境效益。初步确定规模、整体规划、标准等大的方向问题，基本上能为后期的建设定下总体框架，可行性研究是最终确定项目是"上"还是"不上"的决策文件。编制质量的高与低，决定项目生死存亡。

3) 设计阶段

设计根据可研决定的基本纲要统一安排项目的功能、总体布置、造型、设备选型、用料等、施工图出来以后，工程项目就已经完全确定。据国内外工程界的统计数据：设计费用占工程建设费用的1%。但是设计质量的高低确决定了整个项目另外的99%。

4) 施工阶段

设计图决定了工程项目的全部内容，工程实体是否能够完整地体现设计的意图，把图上的工程变成可触摸的工程，产生效益，施工的质量是关键手段。特别是工业建设项目，往往存在由于施工质量不到位，不能达到设计生产能力，最终导致项目没有效益或效益低下。

5) 运行和保修阶段

工程项目投入使用后要按设计的使用标准合理使用，并妥为保护，方可正常发挥工程的价值。不正当、超负荷、超强度使用工程，将会加快工程的磨损导致工程的提前损坏。要让工程按照人们的意愿充分发挥价值就需加强运行和保修阶段的控制。

【案例7-3】A 金融大厦工程项目投入使用 5 年后，计划重新对金融大厦进行装饰装修。本工程通过公开招投标确定由 B 建筑装饰公司承担施工任务，在工程施工合同的签订中，双方约定工程项目的装修施工质量应达到公司的企业标准(已通过审核认定)。在工程开工前，施工单位在上报的工程资料中，用工程装饰装修质量计划文件代替装饰工程施工组织设计文件，建设单位工程师以不符合要求为由予以拒绝。试分析建设单位工程师的做法是否正确，试说明工程装饰装修质量计划文件与装饰工程施工组织设计文件的区别。

7.3.3　质量事故的处理

1. 工程质量事故定义的概念

根据我国有关质量、质量管理和质量保证方面的国家标准的定义，凡工程产品质量没有满足某个规定的要求，就称之为质量不合格；而没有满足某个预期的使用要求或合理的期望(包括与安全性的要求)，称之为质量缺陷。在建设工程中通常所称的工程质量缺陷，一般是指工程不符合国家或行业现行有关技术标准、设计文件及合同中对质量的要求。质量缺陷分 3 种情况：一是致命缺陷，根据判断或经验，对使用、维护产品与此有关的人员可能造成危害或不安全状况的缺陷，或可能损坏最终产品的基本功能的缺陷；二是严重缺陷，是指尚未达到致命缺陷程度，但显著地降低工程预期性能的缺陷；三是轻微缺陷，是指不会显著影响工程产品预期性能的缺陷，或偏离标准但轻微影响产品的有效使用或操作的缺陷。

由于工程质量不合格或质量缺陷，而引发或造成一定的经济损失、工期延误或危及人的生命安全和社会正常秩序的事件，称为工程质量事故。

由于影响工程质量的因素众多且复杂多变，常难免会出现某种质量事故或不同程度的质量缺陷。因此，处理好工程的质量事故，认真分析原因，总结经验教训、改进质量管理与质量保证体系，使工程质量事故减少到最低程度，是质量管理工作的一个重要内容与任务。应当重视工程质量不良可能带来的严重后果，切实加强对质量风险的分析，及早制定对策和措施，重视对质量事故的防范和处理，避免已发事故的进一步恶化和扩大。

2. 工程质量事故的特点

工程质量事故具有复杂性、严重性、可变性和多发性的特点。

1)　复杂性

建筑工程与一般工业相比具有产品固定，生产过程中人和生产随着产品流动，由于建筑工程结构类型不一造成产品多样化；并且是露天作业多，环境、气候等自然条件复杂多变；建筑工程产品所使用的材料品种、规格多、材料性能也不相同；多工种、多专业交叉施工，相互干扰大，手工操作多；工艺要求也不尽相同，施工方法各异，技术标准不一等特点。因此，影响工程质量的因素繁多，造成质量事故的原因错综复杂，即使是同一类的质量事故，而原因却可能多种多样，截然不同。这增加了质量事故的原因和危害的分析难度，也增加了工程质量事故的判断和处理的难度。

2)　严重性

建筑工程是一项特殊的产品，不像一般生活用品可以报废、降低使用等级或使用档次，工程项目一旦出现质量事故，其影响较大。轻者影响施工顺利进行，拖延工期、增加工程费用，重者则会留下隐患成为危险的建筑，影响使用功能或者不能使用，更严重的还会引起建筑物的失稳、倒塌，造成人民生命、财产的巨大损失。

3)　可变性

许多建筑工程的质量问题出现后，其质量状态并非稳定于发现的初始状态，而是有可能随着时间进程而不断地发展、变化。例如，地基基础的超量沉降可能随上部荷载的不断增大而继续发展；混凝土结构出现的裂缝可能随环境温度的变化而变化，或随荷载的变化及持荷时间而变化；也就是由于材料特性的变化、荷载和应力的变化、外界自然条件和环境的变化等，都会引起工程质量问题不断发生变化。因此，在初始阶段并不严重的质量问题，如不能及时处理和纠正，有可能发展成严重的质量事故。例如，开始时细微的裂缝有可能发展导致结构断裂或倒塌事故；土坝的涓涓渗漏有可能发展为溃坝。所以，在分析、处理工程质量事故时，一定要注意质量事故的可变性，应及时采取可靠的措施，防止事故进一步恶化，或加强观测与试验，取得数据，预测未来发展的趋向。

4) 多发性

由于建筑工程产品中，受手工操作和原材料多变等影响，建筑工程中有些质量事故，在各项工程中经常发生，降低了建筑标准，影响了使用功能，甚至危及了使用安全，而成为多发性的质量通病，如屋面漏水、卫生间漏水、抹灰层开裂、脱落、预制构件裂缝、悬挑梁板开裂、折断、雨篷塌覆等。因此，总结经验、吸取教训、分析原因，采取有效预防措施十分必要。

3. 工程质量事故的分类

建筑工程质量事故一般可按事故的性质及严重程度划分。

1) 一般质量问题

由于施工质量较差，不构成质量隐患，不存在危及结构安全的因素造成直接经济损失在 5000 元以下的为一般质量问题。

2) 一般质量事故

由于勘察、设计、施工过失，造成建筑物、构筑物明显倾斜、偏移、结构主要部位发生超过规范规定的裂缝、强度不足，超过设计规定的不均匀沉降，影响结构安全和使用寿命，需返工重做或由于质量低劣、达不到合格标准，需加固补强，且改变了建筑物的外形尺寸，造成永久性缺陷的质量事故，同时，直接经济损失在 5000 元以上 50000 元以下，或造成两人以下重伤的为一般质量事故。

3) 重大质量事故

凡有下列情况之一者，可列为重大质量事故：由于责任过失造成工程坍塌、报废和造成人员伤亡或者重大经济损失。重大质量事故分三级：一级重大事故，死亡 30 人，直接经济损失 1000 万元以上，特大型桥梁主体结构垮塌；二级重大事故：死亡 10～29 人，直接经济损失 500 万～1000 万元(不含)，大型桥梁结构主体垮塌；三级重大事故：死亡 1～9 人；直接经济损失 300 万～500 万元，中小型桥梁垮塌。

4. 工程质量事故处理的程序

建筑工程在设计、施工和使用过程中，不可避免地会出现各种问题，而工程质量事故是其中最为严重又较为常见的问题，它不仅涉及建筑物的安全与正常使用，而且还关系到社会的稳定，近几年来，随着人民群众对工程质量的重视，有关建筑工程质量的投诉有增加的趋势，群体上访的事件也时有发生。建筑工程质量事故的原因有时较为复杂，其涉及的专业和部门较多，因此如何正确处理显得尤为重要，事故的正确处理应遵循一定的程序和原则，以达到科学准确、经济合理，为各方所接受。

1) 事故调查

事故调查包括事故情况与性质；涉及工程勘察、设计、施工各部门；并与使用条件和周边环境等各个方面有关。一般可分为初步调查、详细调查和补充调查。

初步调查主要针对工程事故情况、设计文件、施工内业资料、使用情况等方面，进行调查分析，根据初步调查结果，判别事故的危害程度，确定是否需采取临时支护措施，以确保人民生命财产安全，并对事故处理提出初步处理意见。

详细调查是在初步调查的基础上，认为有必要时，进一步对设计文件进行计算复核与审查，对施工进行检测确定是否符合设计文件要求，以及对建筑物进行专项观测与测量。

补充调查是在已有调查资料还不能满足工程事故分析处理时需增加的项目，一般需做某些结构试验与补充测试，如工程地质补充勘察，结构、材料的性能补充检测，载荷试验等。

2) 原因分析

在完成事故调查的基础上，对事故的性质、类别、危害程度以及发生的原因进行分析，为事故处理提供必需的依据。原因分析时，往往会存在原因的多样性和综合性，要正确区别分清同类事故的各种不同原因，通过详细的计算与分析、鉴别找到事故发生的主要原因。在综合原因分析中，除确定事故的主要原因外，还应正确评估相关原因对工程质量事故的影响，以便能采取切实有效的综合加固修复方法。工程质量事故的常见原因见表 7-1。其中第 1～5 项主要出现在施工阶段，第 6～8 项主要出现在使用阶段。

表 7-1　工程质量事故的常见原因表

阶　　段	事故原因	示　　例
施工阶段	违反程序	未经审批，无证设计，无证施工
	地质勘查	勘察不符合要求，报告不详细、不准确
	设计计算	结构方案不正确，计算错误，违反规范
	工程施工	施工工艺不当，组织不善，施工结构理论错误
	建筑材料	施工用材料、构件、制品不合格
使用阶段	使用损害	改变使用功能，破坏受力构件，增加使用荷载
	周边环境	高温、氯等有害物体腐蚀
	自然灾害	地震、风害、水灾、火灾

3) 调查后的处理

根据调查与分析形成的报告，应提出对工程质量事故是否需进行修复处理、加固处理或不作处理的建议。

经相关部门鉴证同意、确认工程质量事故不影响结构安全和正常使用，可对事故不作处理。例如，经设计计算复核，原有承载能力有一定余量可满足安全使用要求，混凝土强度虽未达到设计值，但相差不多，预估混凝土后期强度能满足安全使用要求等。

工程质量事故不影响结构安全，但影响正常使用或结构耐久性，应进行修复处理。如构件表层的蜂窝麻面、非结构性裂缝、墙面渗漏等。修复处理应委托专业施工单位进行。工程质量事故影响结构安全时，必须进行结构加固补强，此时应委托有资质的单位进行结构检测鉴定和加固方案设计，并由有专业资质的单位进行施工。

按照规定的工程施工程序，建筑结构的加固设计与施工，宜进行施工图审查与施工过程的监督和监理，防止加固施工过程中再次出现质量事故带来的各方面影响。建筑工程事故修复加固处理应满足下列原则。

(1) 技术方案切合实际，满足现行相关规范要求。

(2) 安全可靠，满足使用或生产要求。

(3) 经济合理，具有良好的性价比。

(4) 施工方便，可操作性强。

(5) 具有良好的耐久性。

修复加固处理应依据事故调查报告和建筑物实际情况，并应满足现行国家相关规范要求，并经业主同意确认。修复处理可选择不同的方法和不同的材料。它对原有结构的影响以及工程费用有直接关系，因此处理方法应遵循上述原则和要求，应根据具体工程条件确定，以确保处理工作顺利进行。

同样，修复加固处理施工应严格按照设计要求和相关标准规范的规定进行，以确保处理质量和安全，达到要求的处理效果。

 本章小结

本章以建筑施工的 3 个目标管理为框架，从成本管理出发，介绍了成本管理中的几个重要概念；随后又转向进度管理，介绍了进度管理的概念以及施工进度计划的编制等内容；最后以质量管理结尾，介绍了质量管理的基本概念、基本原则、基本方法以及质量事故的处理等知识。通过对这些内容的学习，学生们可以掌握建筑施工目标管理的相关知识，并能借助这些知识，对建筑施工目标进行一个简单的管理。

 实训练习

1. 单选题

(1) 利用横道图表示建设工程进度计划的优点是( )。

    A. 有利于动态控制   B. 明确反映关键工作

    C. 明确反映工作机动时间   D. 明确反映计算工期

(2) 监理工程师控制建设工程进度的组织措施是指( )。

    A. 协调合同工期与进度计划之间的关系

    B. 编制进度控制工作细则

    C. 及时办理工程进度款支付手续

    D. 建立工程进度报告制度

(3) 施工成本管理就是要在保证工期和质量满足要求的情况下，利用组织措施、经济措施、技术措施、合同措施把成本控制在( )范围内，并进一步寻求最大程度的节约。

    A. 成本核算   B. 成本计划   C. 成本预测   D. 成本考核

(4) 施工项目成本决策与计划的依据是(　　)。

　　A. 成本计划　　　B. 成本核算　　　C. 成本预测　　　D. 成本控制

(5) 在影响工程质量的因素中，(　　)是工程质量的基础。

　　A. 人员素质　　　B. 工程材料　　　C. 施工机械　　　D. 工艺方法

(6) 造成工程质量终检局限性的主要原因是(　　)。

　　A. 隐蔽工程多　　B. 工序交接多　　C. 检验项目多　　D. 影响因素多

2. 多选题

(1) 在建设工程设计准备阶段，监理工程师进度控制的任务包括(　　)。

　　A. 协助建设单位确定工期总目标　　B. 编制工程项目总进度计划

　　C. 编制设计阶段工作计划　　　　　D. 施工现场条件调查和分析

　　E. 编制施工总进度计划

(2) 在建设工程设计准备阶段，进度控制的主要任务包括(　　)。

　　A. 编制工程项目总进度计划　　　　B. 编制设计准备工作计划

　　C. 编制设计总进度计划　　　　　　D. 分阶段组织施工招标

　　E. 进行施工现场条件调研和分析

(3) 工程项目施工成本管理的基础工作包括(　　)。

　　A. 建立成本管理责任体系　　　　　B. 建立企业内部施工定额

　　C. 及时进行成本核算　　　　　　　D. 编制项目成本计划

　　E. 科学设计成本核算账册

(4) 按施工进度编制施工成本计划时，若所有工作均按照最早开始时间安排，则对项目目标控制的影响有(　　)。

　　A. 工程按期竣工的保证率较高　　　B. 工程质量会更好

　　C. 不利于节约资金贷款利息　　　　D. 有利于降低投资

　　E. 不能保证工程质量

(5) 按有关施工质量验收规范规定，必须进行现场质量检测且质量合格后方可进行下道工序的有(　　)。

　　A. 地基基础工程　　　　B. 主体结构工程　　　　C. 模板工程

　　D. 建筑幕墙工程　　　　E. 钢结构及管道工程

(6) 工程质量事故与其他行业的质量事故相比，其具有的特点是(　　)。

　　A. 复杂性　　B. 严重性　　C. 多发性　　D. 不变性　　E. 可变性

三、简答题

(1) 按计算项目成本对象的范围分类，成本管理可以分为哪几类？

(2) 进度管理的任务是什么？

(3) 在进行质量控制的过程中应坚持哪些原则？

第 7 章习题答案.doc

实训工作单

班级		姓名		日期	
教学项目		建筑施工目标管理			
任务	学会成本、进度、质量三方面管理		方式	查找书籍、资料，掌握三方面的管理技巧	
相关知识			建筑施工目标管理基本知识		
其他要求					

学习总结管理技巧记录

评语			指导教师	

第8章　施工合同管理

【教学目标】

(1) 熟悉施工合同的组成。
(2) 了解施工合同的变更。
(3) 掌握工程索赔及反索赔的内容。

【教学要求】

第8章.pptx

本章要点	掌握层次	相关知识点
施工合同概述	(1) 了解施工合同的概念	(1) 履行施工合同具有的作用
	(2) 掌握施工合同的组成与类型	(2) 施工合同的内容
	(3) 掌握合同订立的原则	(3) 合同订立的五大原则
施工合同管理	(1) 了解施工合同的签订	(1) 施工合同签订的原则
	(2) 了解施工合同的履行	(2) 项目经理部履行合同应遵守的规定
	(3) 掌握施工合同变更的管理方法	(3) 施工合同的变更程序
工程索赔	(1) 掌握工程索赔概述	(1) 索赔的起因
	(2) 掌握索赔的程序	(2) 索赔的内容
	(3) 了解反索赔	(3) 索赔的分类

【案例导入】

　　某城市拟新建一大型火车站，目前已审核立项。审批过程中，项目法人以公开招标方式与三家中标的一级建筑单位签订《建设工程总承包合同》，约定该三家建筑单位共同为车站主体工程承包商，承包形式为一次包干，估算工程总造价18亿元。但合同签订后，国务院计划主管部门公布该工程为国家重大建设工程项目，批准的投资计划中主体工程部分仅为15亿元。因此，该计划下达后，委托方(项目法人)要求建筑单位修改合同，降低包干造价，建筑单位不同意，委托方诉至法院，要求解除合同。

【问题导入】

　　试结合本章内容，分析项目合同管理的重要性及管理的方法。

8.1 施工合同概述

8.1.1 施工合同的概念

建设工程施工合同是发包人与承包人就完成具体工程项目的建筑施工、设备安装、设备调试、工程保修等工作内容，确定双方权利和义务的协议。施工合同是建设工程合同的一种，它与其他建设工程合同一样是双务有偿合同，在订立时应遵守自愿、公平、诚信等原则。

建设工程施工合同是建设工程的主要合同之一，其标的是将设计图纸变为满足功能、质量、进度、投资等发包人投资预期目的的建筑产品。

施工合同管理.mp4

1. 施工合同的作用

履行施工合同具有以下几方面作用。

(1) 明确建设单位和施工企业在施工中的权利和义务。施工合同一经签订，即具有法律效力，是合同双方在履行合同中的行为准则，双方都应以施工合同作为行为的依据。

(2) 是进行监理的依据和推行监理制的需要。在监理制度中，行政干预的作用被淡化了，建设单位(业主)、施工企业(承包商)、监理单位三者的关系是通过工程建设监理合同和施工合同来确立的。国内外实践经验表明，工程建设监理的主要依据是合同。监理人在工程监理过程中要做到坚持按合同办事，坚持按规范办事，坚持按程序办事。监理人必须根据合同秉公办事，监督业主和承包商都履行各自的合同义务，因此承发包双方签订一个内容合法，条款公平、完备，适应建设监理要求的施工合同是监理人实施公正监理的根本前提条件，也是推行建设监理制的内在要求。

(3) 有利于对工程施工的管理。合同当事人对工程施工的管理应以合同为依据。有关国家机关、金融机构对施工的监督和管理，也是以施工合同为其重要依据的。

(4) 有利于建筑市场的培育和发展。随着社会主义市场经济体制的建立，建设单位和施工单位将逐渐成为建筑市场的合格主体，建设项目实行真正的业主负责制，施工企业参与市场公平竞争。在建筑商品交换过程中，双方都要利用合同这一法律形式，明确规定各自的权利和义务，以最大限度地实现自己的经济目的和经济效益。施工合同作为建筑商品交换的基本法律形式，贯穿于建筑交易的全过程。无数建设工程合同的依法签订和全面履行，是建立一个完善的建筑市场的最基本条件。

2. 施工合同的特点

1) 合同标的的特殊性

施工合同的标的是各类建筑产品，建筑产品是不动产，建造过程中往往受到各种因素的影响。这就决定了每个施工合同的标的物不同于工厂批量生产的产品，具有单件性的特点。"单件性"是指不同地点建造的相同类型和级别的建筑，施工过程中所遇到的情况不尽相同，在甲工程施工中遇到的困难在乙工程中不一定发生，而在乙工程施工中可能出现甲工程中没有发生过的问题。这就决定了每个施工合同的标的都是特殊的,相互间具有不可替代性。

2) 合同履行期限的长期性

由于建筑产品体积庞大、结构复杂、施工周期较长(施工工期少则几个月,一般都是几年甚至十几年),在合同实施过程中不确定因素多,受外界自然条件影响大,合同双方承担的风险高,当主观和客观情况变化时,就有可能造成施工合同的变化,因此施工合同的变更较频繁,施工合同争议和纠纷也比较多。

3) 合同内容的多样性和复杂性

与大多数合同相比,施工合同的履行期限长、标的额大,涉及的法律关系则包括了劳动关系、保险关系、运输关系、购销关系等,具有多样性和复杂性。这就要求施工合同的条款应当尽量详尽。

4) 合同管理的严格性

合同管理的严格性主要体现在:对合同签订管理的严格性;对合同履行管理的严格性;对合同主体管理的严格性。

施工合同的这些特点,使得施工合同无论在合同文本结构还是合同内容上,都要符合工程项目建设客观规律的内在要求,以保护施工合同当事人的合法权益,促使当事人严格履行自己的义务和职责,提高工程项目的综合社会效益和经济效益。

3. 合同的内容

除由法律、法规直接规定外,合同双方当事人的权利和义务是通过合同条款来确定的。因此,《中华人民共和国合同法》第十二条规定,合同的内容由当事人约定,但一般包括以下内容。

1) 当事人的名称或者姓名和住所

如果当事人是自然人,其住所就是其户籍所在地的居住地;自然人的经常居住地与住所不一致的,其经常居住地视为住所。如果当事人是法人,其住所是其主要办事机构所在地。如果法人有两个以上的办事机构,即应区分何者为主要办事机构,主要办事机构之外的办事机构为次要办事机构,而以该主要办事机构所在地为法人的住所。

2) 标的

标的是合同权利义务所指向的对象,标的是一切合同必须具备的主要条款。合同中应清楚地写明标的的名称,以使其特定化。特别是作为标的的同一种物品会因产地的差异和质量的不同而存在差别时,更是需要详细说明标的的具体情况。例如,白棉布有原色布与漂白布之分,因此如果购买白棉布,就必须说明是购买原色布还是漂白布。

3) 数量

对于标的物的数量,合同双方当事人应选择共同接受的计量单位和计量方法,并允许规定合理的磅差和尾差。

4) 质量

标的物的质量主要包括以下 5 个方面。

(1) 标的物的物理和化学成分。

(2) 标的物的规格,通常是用度、量、衡来确定的质量特性。

（3）标的物的性能，如强度、硬度、弹性、抗腐蚀性、耐水性、耐热性、传导性和牢固性等。

（4）标的物的款式，如色泽、图案、式样等。

（5）标的物的感觉要素，如味道、新鲜度等。

5）价款或者报酬

价款是购买标的物所应支付的代价，报酬是获得服务应当支付的代价，这两项作为合同的主要条款应予以明确规定。

6）履行期限、地点和方式

当事人可以就履行期限是即时履行、定时履行、分期履行作出规定。当事人应对履行地点是在出卖人所在地，还是买受人所在地；以及履行方式是一次交付，还是分批交付，是空运、水运还是陆运应作出明确规定。

7）违约责任

当事人可以在合同中约定违约致损的赔偿方法以及赔偿范围等。

8）解决争议的方法

当事人可以约定在双方协商不成的情况下，是仲裁解决还是诉讼解决买卖纠纷。当事人还可以约定解决纠纷的仲裁机构或诉讼法院。

另外，根据《中华人民共和国合同法》第一百三十一条的规定，买卖合同的内容除依照上述规定以外，还可以包括包装方式、检验标准和方法、结算方式、合同使用的文字及其效力等条款。

8.1.2　施工合同的组成与类型

1. 施工合同文件的组成

施工合同一般由合同协议书、通用合同条款和专用合同条款三部分组成。组成合同的各项文件应互相解释、互为说明。除专用合同条款另有约定外，解释合同文件的优先顺序一般如下。

1）合同协议书

合同协议书是施工合同的总纲性法律文件，经过双方当事人签字盖章后合同即成立，具有最高的合同效力。《建设工程施工合同(示范文本)》(GF-2017-0201)(以下简称《示范文本》)合同协议书共计 13 条，主要包括工程概况、合同工期、质量标准、签约合同价和合同价格形式、项目经理、合同文件构成、承诺以及合同生效条件等重要内容，集中约定了合同当事人基本的合同权利义务。

2）通用合同条款

通用合同条款是合同当事人根据《中华人民共和国建筑法》《中华人民共和国合同法》等法律法规的规定，就工程建设的实施及相关事项，对合同当事人的权利义务作出的原则性约定。

通用合同条款共计 20 条，具体条款分别为一般约定、发包人、承包人、监理人、工程质量、安全文明施工与环境保护、工期和进度、材料与设备、试验与检验、变更、价格调整、合同价格、计量与支付、验收和工程试车、竣工结算、缺陷责任与保修、违约、不可抗力、保险、索赔和争议解决。前述条款安排既考虑了现行法律法规对工程建设的有关要求，也考虑了建设工程施工管理的特殊需要。

3）　专用合同条款

专用合同条款是对通用合同条款原则性约定的细化、完善、补充、修改或另行约定的条款。合同当事人可以根据不同建设工程的特点及具体情况，通过双方的谈判、协商对相应的专用合同条款进行修改补充。在使用专用合同条款时，应注意以下事项。

（1）　专用合同条款的编号应与相应的通用合同条款的编号一致。

（2）　合同当事人可以通过对专用合同条款的修改，满足具体建设工程的特殊要求，避免直接修改通用合同条款。

（3）　在专用合同条款中有横线的地方，合同当事人可针对相应的通用合同条款进行细化、完善、补充、修改或另行约定；如无细化、完善、补充、修改或另行约定，则填写"无"或画"/"。

2. 施工合同的类型

1）　单价合同

单价合同是指合同当事人约定以工程量清单及其综合单价进行合同价格计算、调整和确认的建设工程施工合同，在约定的范围内合同单价不作调整。单价合同是施工合同类型中最主要的一类合同类型。就招标投标而言，采用单价合同时一般由招标人提供详细的工程量清单，列出各分部分项工程项目的数量和名称，投标人按照招标文件和统一的工程量清单进行报价。

单价合同适用的范围较为广泛，其风险分配较为合理，并且能够鼓励承包人通过提高工效、管理水平等手段从节约成本中提高利润。单价合同的关键在于双方对单价和工程量的计算和确认，其一般原则是"量变价不变"：量，工程量清单所提供的量是投标人投标报价的基础，并不是工程结算的依据；工程结算时的量，是承包人实际完成的工程数量，但不包括承包人超出设计图纸范围和因承包人原因造成返工的实际工程量。价，是中标人在工程量清单中所填报的单价(费率)，在一般情况下不可改变。工程结算时，按照实际完成的工程量和工程量清单中所填报的单价(费率)办理。

按照单价的固定性，单价合同又可以分为固定单价合同和可调单价合同，其区别主要在于风险的分配不同。固定单价合同，承包人承担的风险较大，不仅包括市场价格的风险，而且包括工程量偏差情况下施工成本的风险。可调单价合同，承包人仅承担一定范围内的市场价格风险和工程量偏差对施工成本影响的风险；超出上述范围的，按照合同约定进行调整。

2）　总价合同

总价合同是指合同当事人约定以施工图、已标价工程量清单或预算书及有关条件进行合同价格计算、调整和确认的建设工程施工合同，在约定的范围内合同总价不做调整。采用总价合同类型招标，评标委员会评标时易于确定报价最低的投标人，评标过程较为简单，评标结果客观；发包人易进行工程造价的管理和控制，易支付工程款和办理竣工结算。总价合同仅适用于工程量不大且能够精确计算、工期较短、技术不太复杂、风险不大的项目。采用总价合同类型，要求发包人提供详细而全面的设计图纸，以及各项相关技术说明。

3) 成本加酬金合同

成本加酬金合同是由发包人向承包人支付工程项目的实际成本，并按照事先约定的某种方式支付酬金的合同类型。对于酬金的约定一般有两种方式：一是固定酬金，合同明确一定额度的酬金，无论实际成本大小，发包人都按照约定的酬金额度进行支付；二是按照实际成本的比率计取酬金。

采用成本加酬金合同，发包人需要承担项目实际发生的一切费用，承担几乎全部的风险；而承包人，除了施工风险和安全风险外，几乎无风险，其报酬往往也较低。这类合同的主要缺点在于发包人对工程造价不易控制，承包人也不注意降低项目成本，不利于提高工程投资效益。成本加酬金合同主要适用于以下几类项目。

(1) 需要立即开展工作的项目，如震后的救灾工作。

(2) 新型的工程项目，或者对项目内容及技术经济指标未确定的项目。

(3) 风险很大的项目。

8.1.3　合同订立的原则

在日常的工作生活中，合同是当事人或当事双方之间设立、变更、终止民事关系的协议。依法成立的合同，受法律保护。合同订立的五大原则如下。

1. 平等原则

根据《中华人民共和国合同法》第三条："合同当事人的法律地位平等，一方不得将自己的意志强加给另一方"的规定，平等原则是指地位平等的合同当事人，在充分协商达成一致意思表示的前提下订立合同的原则。这一原则包括三方面内容。

(1) 合同当事人的法律地位一律平等。不论所有制性质，也不论单位大小和经济实力的强弱，其地位都是平等的。

(2) 合同中的权利义务对等。当事人所取得财产、劳务或工作成果与其履行的义务大体相当；要求一方不得无偿占有另一方的财产，侵犯他人权益；要求禁止平调和无偿调拨。

(3) 合同当事人必须就合同条款充分协商，取得一致，合同才能成立。任何一方都不得凌驾于另一方之上，不得把自己的意志强加给另一方，更不得以强迫命令、胁迫等手段签订合同。

2. 自愿原则

根据《中华人民共和国合同法》第四条："当事人依法享有自愿订立合同的权利，任何单位和个人不得非法干预"的规定，民事活动除法律强制性的规定外，由当事人自愿约定。包括以下几点。

(1) 订不订立合同自愿。

(2) 与谁订合同自愿。

(3) 合同内容由当事人在不违法的情况下自愿约定。

(4) 当事人可以协议补充、变更有关内容。

(5) 双方也可以协议解除合同。

(6) 可以自由约定违约责任，在发生争议时，当事人可以自愿选择解决争议的方式。

3. 公平原则

根据《中华人民共和国合同法》第五条："当事人应当遵循公平原则确定各方的权利和义务"的规定，公平原则要求合同双方当事人之间的权利义务要公平合理，具体包括以下几点。

(1) 在订立合同时，要根据公平原则确定双方的权利和义务。

(2) 根据公平原则确定风险的合理分配。

(3) 根据公平原则确定违约责任。

4. 诚实信用原则

根据《中华人民共和国合同法》第六条："当事人行使权利、履行义务应当遵循诚实信用原则"的规定，诚实信用原则要求当事人在订立合同的全过程中都要诚实，讲信用，不得有欺诈或其他违背诚实信用的行为。

5. 善良风俗原则

根据《中华人民共和国合同法》第七条："当事人订立、履行合同，应当遵守法律、行政法规，尊重社会公德，不得扰乱社会经济秩序，损害社会公共利益"的规定，"遵守法律、行政法规，尊重社会公德，不得扰乱社会经济秩序和损害社会公共利益"指的就是善良风俗原则。包括以下内涵：第一，合同的内容要符合法律、行政法规规定的精神和原则；第二，合同的内容要符合社会上被普遍认可的道德行为准则。

【案例8-1】1999年，A伪造资质承包B乡政府自来水入户安装工程。工程进行期间，A因无力垫付工程款，通过其他人找来C转包了部分工程(B与C签订转包协议)。工程完成后A支取大部分工程款后失踪(约3个标段工程量)。C手里只有发包单位的主管部门所出具的安装工程量(其中一个标段)文件，但并未写明具体施工人。C以上述案情诉至法院，要求B支付其施工的工程款，法院以B支付完工程款为由判C败诉。其中C可以提供其他两个标段的工程量文件。如果上诉，C可能胜诉吗？C可以要回自己所施工标段的工程款吗？

8.2 施工合同管理

8.2.1 施工合同的签订

1. 施工合同签订的原则

1) 依法签订的原则

(1) 必须依据《中华人民共和国经济合同法》《建筑安装工程承包合同条例》《建设工程合同管理办法》等有关法律、法规。

(2) 合同的内容、形式、签订的程序均不得违法。

(3) 当事人应当遵守法律、行政法规和社会公德，不得扰乱社会经济秩序，不得损害社会公共利益。

(4) 根据招标文件的要求，结合合同实施中可能发生的各种情况

项目合同管理图片.docx

进行周密、充分的准备，按照"缔约过失责任原则"保护企业的合法权益。

2) 平等互利协商一致的原则

音频.施工合同签订
的原则.mp3

(1) 发包方、承包方作为合同的当事人，双方均平等地享有经济权利，平等地承担经济义务，其经济法律地位是平等的，没有主从关系。

(2) 合同的主要内容，须经双方协商，达成一致，不允许一方将自己的意志强加于对方、一方以行政手段干预对方、压制对方等现象发生。

3) 等价有偿原则

(1) 签约双方的经济关系要合理，当事人的权利义务是对等的。

(2) 合同条款中亦应充分体现等价有偿原则，具体如下。

① 一方给付，另一方必须按价值相等原则作相应给付。

② 不允许发生无偿占有、使用另一方财产现象。

(3) 对工期提前、质量全优要予以奖励。

(4) 延误工期、质量低劣应罚款。

(5) 提前竣工的收益由双方分享等。

4) 严密完备的原则

(1) 充分考虑施工期内各个阶段，施工合同主体间可能发生的各种情况和一切容易引起争端的焦点问题，并预先约定解决问题的原则和方法。

(2) 条款内容力求完备，避免疏漏，措辞力求严谨、准确、规范。

(3) 对合同变更、纠纷协调、索赔处理等方面应有严格的合同条款作保证，以减少双方矛盾。

5) 履行法律程序的原则

(1) 签约双方都必须具备签约资格，手续健全齐备。

(2) 代理人超越代理人权限签订的工程合同无效。

(3) 签约的程序符合法律规定。

(4) 签订的合同必须经过合同管理的授权机关鉴证、公证和登记等手续，对合同的真实性、可靠性、合法性进行审查，并给予确认，方能生效。

2. 签订施工合同的程序

1) 市场调查建立联系

(1) 施工企业对建筑市场进行调查研究。

(2) 追踪获取拟建项目的情况和信息，以及业主情况。

(3) 当对某项工程有承包意向时，可进一步详细调查，并与业主取得联系。

2) 表明合作意愿投标报价

(1) 接到招标单位邀请或公开招标通告后，企业领导做出投标决策。

(2) 向招标单位提出投标申请书，表明投标意向。

(3) 研究招标文件，着手具体投标报价工作。

3) 协商谈判

(1) 接收中标通知书后，组成包括项目经理的谈判小组，依据招标文件和中标书草拟合同专用条款。

(2) 与发包人就工程项目具体问题进行实质性谈判。

(3) 通过协商达成一致，确立双方具体权利与义务，形成合同条款。

(4) 参照施工合同示范文本和发包人拟定的合同条件与发包人订立施工合同。

4) 签署书面合同

(1) 施工合同应采用书面形式的合同文本。

(2) 合同使用的文字要经双方确定，用两种以上语言的合同文本，须注明几种文本是否具有同等法律效力。

(3) 合同内容要详尽具体，责任义务要明确，条款应严密完整，文字表达应准确规范。

(4) 确认甲方，即业主或委托代理人的法人资格或代理权限。

(5) 施工企业经理或委托代理人代表承包方与甲方共同签署施工合同。

5) 鉴证与公证

(1) 合同签署后，必须在合同规定的时限内完成履约保函、预付款保函、有关保险等保证手续。

(2) 送交工商行政管理部门对合同进行鉴证并缴纳印花税。

(3) 送交公证处对合同进行公证。

(4) 经过鉴证、公证，确认了合同的真实性、可靠性、合法性后，合同产生法律效力，并受法律保护。

【案例 8-2】某房地产开发公司开发了一个住宅小区，该公司与深圳 A 物业服务公司签订了一份合同，合同约定：A 物业公司在小区售楼期间为小区提供前期物业管理服务，前期物业管理费为 13 万元，期限截至小区正式入住之日止。同时，双方还约定在小区正式入住前，房地产开发公司必须与 A 物业公司签订正式物业服务合同，否则房地产开发公司应承担违约金 25 万元，在小区正式入住之前，房地产开发公司认为物业公司的条件过于苛刻，双方无法达成一致协议，便与另一家 B 物业管理公司签订了物业服务合同，A 物业管理公司为此向房地产开发公司索赔违约金 25 万元。请结合上下文内容分析，开发商应赔偿这 25 万元吗？

8.2.2 施工合同的履行

施工项目合同履行的主体是项目经理和项目经理部，项目经理部必须从施工项目的施工准备、施工、竣工至维修期结束的全过程中，认真履行施工合同，实行动态管理，跟踪收集、整理、分析合同履行中的信息，合理、及时地进行调整。还应对合同履行进行预测，及早提出和解决影响合同履行的问题，以避免或减少风险。

1. 项目经理部履行合同应遵守的规定

项目经理部履行施工合同应遵守下列规定。

(1) 必须遵守《中华人民共和国合同法》和《中华人民共和国建筑法》规定的各项合同履行原则和规则。

(2) 在行使权力、履行义务时应当遵循诚实信用原则和坚持全面履行的原则。全面履

行包括实际履行(标的的履行)和适当履行(按照合同约定的品种、数量、质量、价款或报酬等的履行)。

(3) 项目经理由企业授权负责组织施工合同的履行,并依据《中华人民共和国合同法》规定,与业主或监理工程师打交道,进行合同的变更、索赔、转让和终止等工作。

音频.项目经理部履行
合同应遵守的规定.mp3

(4) 如果发生不可抗力致使合同不能履行或不能完全履行时,应及时向企业报告,并在委托权限内依法及时进行处置。

(5) 遵守合同对约定不明条款、价格发生变化的履行规定,以及合同履行担保规则和抗辩权、代位权、撤销权的规则。

(6) 承包人按专用条款的约定分包所承担的部分工程,并与分包单位签订分包合同。非经发包人同意,承包人不得将承包工程的任何部分分包。

(7) 承包人不得将其承包的全部工程倒手转给他人承包,也不得将全部工程肢解后以分包的名义分别转包给他人,这是违法行为。工程转包是指:承包人不行使承包人的管理职能,不承担技术经济责任,将其承包的全部工程、或将其肢解以后以分包的名义分别转包给他人;或将工程的主要部分、或群体工程的半数以上的单位工程倒手转给其他施工单位;以及分包人将承包的工程再次分包给其他施工单位,从中提取回扣的行为。

2. 项目经理部履行施工合同应做的工作

项目经理部履行施工合同应做的工作如下。

(1) 应在施工合同履行前,针对工程的承包范围、质量标准和工期要求,承包人的义务和权利,工程款的结算、支付方式与条件,合同变更、不可抗力影响、物价上涨、工程中止、第三方损害等问题产生时的处理原则和责任承担,争议的解决方法等重要问题进行合同分析,对合同内容、风险、重点或关键性问题做出特别说明和提示,向各职能部门人员交底,落实根据施工合同确定的目标,依据施工合同指导工程实施和项目管理工作。

(2) 组织施工力量;签订分包合同;研究熟悉设计图纸及有关文件资料;多方筹集足够的流动资金;编制施工组织设计、进度计划、工程结算付款计划等,做好施工准备,按时进入现场,按期开工。

(3) 制订科学、周密的材料、设备采购计划,采购符合质量标准的价格低廉的材料、设备,按施工进度计划,及时进入现场,搞好供应和管理工作,保证顺利施工。

(4) 按设计图纸、技术规范和规程组织施工;作好施工记录,按时报送各类报表;进行各种有关的现场或实验室抽检测试,保存好原始资料;制订各种有效措施,采取先进的管理方法,全面保证施工质量达到合同要求。

(5) 按期竣工,试运行,通过质量检验,交付业主,收回工程价款。

(6) 按合同规定,做好责任期内的维修、保修和质量回访工作。对属于承包方责任的工程质量问题,应负责无偿修理。

(7) 履行合同中关于接受监理工程师监督的规定,如有关计划、建议须经监理工程师审核批准后方可实施;有些工序须监理工程师监督执行,所做记录或报表要得到其签字确认;根据监理工程师要求报送各类报表、办理各类手续;执行监理工程师的指令,接受一定范围内的工程变更要求等。承包商在履行合同中还要自觉地接受公证机关、银行的监督。

（8）　项目经理部在履行合同期间，应注意收集、记录对方当事人违约事实的证据，即对发包方或业主履行合同进行监督，作为索赔的依据。

8.2.3　施工合同变更的管理

合同变更是指合同成立以后和履行完毕以前由双方当事人依法对合同的内容所进行的修改，包括合同价款、工程内容、工程的数量、质量要求和标准、实施程序等的一切改变都属于合同变更。

工程变更一般是指在工程施工过程中，根据合同约定对施工的程序、工程的内容、数量、质量要求及标准等做出的变更。工程变更属于合同变更，合同变更主要是由于工程变更而引起的，合同变更的管理也主要是进行工程变更的管理。

1. 工程变更的原因

工程变更一般主要有以下几个方面的原因。

（1）　业主新的变更指令，对建筑的新要求。如业主有新的意图，业主修改项目计划、削减项目预算等。

（2）　由于设计人员、监理方人员、承包商事先没有很好地理解业主的意图，或设计的错误，导致图纸修改。

（3）　工程环境的变化，预定的工程条件不准确，要求实施方案或实施计划变更。

（4）　由于产生新技术和知识，有必要改变原设计、原实施方案或实施计划，或由于业主指令及业主责任的原因造成承包商施工方案的改变。

（5）　政府部门对工程新的要求，如国家计划变化、环境保护要求、城市规划变动等。

（6）　由于合同实施出现问题，必须调整合同目标或修改合同条款。

2. 变更的范围和内容

根据国家发展和改革委员会等九部委联合编制的《标准施工招标文件》中的通用合同条款的规定，除专用合同条款另有约定外，在履行合同中发生以下情形之一，应按照通用条款的规定进行变更。

（1）　取消合同中任何一项工作，但被取消的工作不能转由发包人或其他人实施。

（2）　改变合同中任何一项工作的质量或其他特性。

（3）　改变合同工程的基线、标高、位置或尺寸。

（4）　改变合同中任何一项工作的施工时间或改变已批准的施工工艺或顺序。

（5）　为完成工程需要追加的额外工作。

在履行合同过程中，承包人可以对发包人提供的图纸、技术要求以及其他方面提出合理化建议。

3. 变更的权限

根据九部委《标准施工招标文件》中通用合同条款的规定，在履行合同过程中，经发包人同意，监理人可按合同约定的变更程序向承包人作出变更指示，承包人应遵照执行。没有监理人的变更指示，承包人不得擅自变更。

4. 变更的程序

根据九部委《标准施工招标文件》中通用合同条款的规定，变更的程序如下。

1) 变更的提出

(1) 在合同履行过程中，可能发生上述"2.变更的范围和内容"中的(1)~(5)，监理人可向承包人发出变更意向书。变更意向书应说明变更的具体内容和发包人对变更的时间要求，并附必要的图纸和相关资料。变更意向书应要求承包人提交包括拟实施变更工作的计划、措施和竣工时间等内容的实施方案。发包人同意承包人根据变更意向书要求提交的变更实施方案的，由监理人按合同约定的程序发出变更指示。

(2) 在合同履行过程中，已经发生上述"2.变更的范围和内容"中的(1)~(5)约定情形的，监理人应按照合同约定的程序向承包人发出变更指示。

(3) 承包人收到监理人按合同约定发出的图纸和文件，经检查认为其中存在上述"2.变更的范围和内容"中的(1)~(5)约定情形的，可向监理人提出书面变更建议。变更建议应阐明要求变更的依据，并附必要的图纸和说明。监理人收到承包人书面建议后，应与发包人共同研究，确认存在变更的，应在收到承包人书面建议后的14天内作出变更指示。经研究后不同意作为变更的，应由监理人书面答复承包人。

(4) 若承包人收到监理人的变更意向书后认为难以实施此项变更，应立即通知监理人，说明原因并附详细依据。监理人与承包人和发包人协商后确定撤销、改变或不改变原变更意向书。

2) 变更指示

根据九部委《标准施工招标文件》中通用合同条款的规定，变更指示只能由监理人发出。变更指示应说明变更的目的、范围、变更内容以及变更的工程量及其进度和技术要求，并附有关图纸和文件。承包人收到变更指示后，应按变更指示进行变更工作。

5. 变更估价

根据九部委《标准施工招标文件》中通用合同条款的规定有以下几点。

(1) 除专用合同条款对期限另有约定外，承包人应在收到变更指示或变更意向书后的14天内，向监理人提交变更报价书，报价内容应根据合同约定的估价原则，详细开列变更工作的价格组成及其依据，并附必要的施工方法说明和有关图纸。

(2) 变更工作影响工期的，承包人应提出调整工期的具体细节。监理人认为有必要时，可要求承包人提交要求提前或延长工期的施工进度计划及相应施工措施等详细资料。

(3) 除专用合同条款对期限另有约定外，监理人收到承包人变更报价书后的14天内，根据合同约定的估价原则，由总监理工程师与合同当事人进行商定或确定变更价格。

6. 变更的估价原则

除专用合同条款另有约定外，因变更引起的价格调整按照通用条款约定处理。

(1) 已标价工程量清单中有适用于变更工作的子目的，采用该子目的单价。

(2) 已标价工程量清单中无适用于变更工作的子目的，但有类似子目的，可在合理范围内参照类似子目的单价，由监理人按第3.5款商定或确定变更工作的单价。

(3) 已标价工程量清单中无适用或类似子目的单价，可按照成本加利润的原则，由总监理工程师与合同当事人进行商定或确定变更工作的单价。

7. 计日工

根据九部委《标准施工招标文件》中通用合同条款的规定有以下几点。

(1) 发包人认为有必要时，由监理人通知承包人以计日工方式实施变更的零星工作。其价款按列入已标价工程量清单中的计日工计价子目及其单价进行计算。

(2) 采用计日工计价的任何一项变更工作，应从暂列金额中支付，承包人应在该项变更的实施过程中，每天提交以下报表和有关凭证报送监理人审批。

① 工作名称、内容和数量。

② 投入该工作所有人员的姓名、工种、级别和耗用工时。

③ 投入该工作的材料类别和数量。

④ 投入该工作的施工设备型号、台数和耗用台时。

⑤ 监理人要求提交的其他资料和凭证。

(3) 计日工由承包人汇总后，按合同约定列入进度付款申请单，由监理人复核并经发包人同意后列入进度付款。

8.3 工 程 索 赔

8.3.1 工程索赔概述

1. 索赔的概念

索赔是当事人在合同实施过程中，根据法律、合同规定及惯例，对不应由自己承担责任的情况所造成的损失，向合同的另一方当事人提出给予赔偿或补偿要求的行为。索赔权利的享有是相对的，即发包人、承包人、分包人都享有。在工程承包市场上，一般称工程承包人提出的索赔为施工索赔，即由于发包人或其他方面的原因，致使承包人在项目施工中付出了额外的费用或造成了损失，承包人通过合法途径和程序，如谈判、诉讼或仲裁，要求发包人补偿其在施工中的费用损失的过程。

2. 索赔的起因

施工合同是在招投标过程中、工程施工前签订的。合同确定的工期和合同价款是依据合同签订时的合同条件、施工条件、施工方案的状态而确定的。在施工过程中，由于干扰事件的发生，就必然使在签订合同状态下所确定的合同价款不再合适，打破原有的平衡状态，合同双方必须根据新的状态调整原合同工期和价款，形成新的平衡。

1) 工程范围变更索赔

工程范围变更索赔是指发包人和工程师指令承包人完成某项工作，而承包人认为该工作已超出原合同的承包范围，或超出其投标时估计的施工条件，因而要求补偿其额外开支。工程范围变更索赔是施工过程中最常见的情况，也是承包人进行施工索赔最多的机会。

2) 施工条件变化索赔

施工条件变化的含义是，在施工过程中，承包人"遇到了一个有经验的承包人不可能

预见到的不利的自然条件或人为障碍"，因而导致承包人为履行合同要花费计划外的额外开支。按照工程承包惯例，这些额外的开支应该得到发包人的补偿。

3）工程拖期索赔

工程拖期索赔是指承包人为了完成合同规定的工程花费了较原计划更长的时间和更大的开支，而工程拖期的责任不在承包人。工程拖期索赔的前提是由于发包人或工程师的责任或客观影响，而不是承包人的责任，是属于可原谅的拖期。

4）加速施工索赔

当工程项目的施工遇到可原谅的拖期时，采用什么措施则属于发包人的决策。一般有两种选择：延长承包人工期，允许整个工程项目竣工日期相应拖后，或者要求承包人采取加速施工的措施，使工程按计划工期建成投产。

当发包人决定采取加速施工时，应向承包人发出加速施工指令，并对承包人拟采取的加速施工措施进行审核批准，并明确加速施工费用的支付问题。承包人为加速施工增加的成本，将提出书面索赔文件，这就是加速施工索赔。

3. 索赔的作用

1）保证建设工程施工合同的实施

建设工程施工合同一经签订，合同双方即产生权利和义务关系。这种权利受法律保护，这种义务受法律制约。索赔是合同法律效力的具体表现，并且由合同的性质决定。如果没有索赔和关于索赔的法律规定，则合同形同虚设，对双方都难以形成约束。这样合同的实施就得不到保证，影响正常的社会经济秩序。索赔能对违约者起警戒作用，使其意识到违约的后果，以尽力避免违约事件发生。所以，索赔有助于工程双方更紧密地合作，有助于合同目标的实现。

2）落实和调整合同双方的经济责任关系

在施工合同履行过程中，由于未履行或不履行合同规定的义务而侵害对方的权利时，应根据对方的索赔要求，承担相应的经济责任。离开索赔，施工合同当事人双方的权利、义务关系将难以平衡。

3）维护合同当事人的正当权益

对于施工合同当事人双方来说，索赔是一种保护自己、维护自身正当权益、避免损失、增加利润的手段。在现代工程承包中，如果承包商不能进行有效的索赔，不精通索赔业务，往往使损失得不到合理、及时的补偿，从而不能进行正常的生产经营，甚至面临倒闭。

4）促使工程造价管理更加合理

施工索赔的正常开展，把原来打入工程造价的一些不可预见费用，改为按实际发生的损失支付，有助于降低工程报价，使工程造价更合理。

当然，索赔除了上述正面作用外，也存在一些负面影响。例如，有些承包商奉行"中标靠低价，盈利靠索赔"的经营策略，利用索赔为自己牟取不正当的利益；有的承包商利用索赔事件高估工程价格，漫天要价。这些经营策略虽然会一时得逞，但从长远来看，会严重影响合同当事人双方的合作气氛，同时，将严重影响承包商的信誉，必将导致承包商自身竞争力削弱。因此，作为承包商要摒弃上述做法。

4. 索赔的特征

从索赔的基本含义可以看出，索赔具有以下基本特征。

1) 索赔是双向的

只是发包人始终处于主动和有利地位，他可以通过直接从应付工程款中扣除或没收履约保函、扣留保证金甚至留置承包商的材料设备作为抵押等手段来轻易实现自己的索赔要求。因此，本项目研究的索赔问题主要是指承包人向发包人的索赔，即施工索赔。

2) 索赔是以损失的发生为前提

只有实际发生了经济损失或权利损害，一方才能向对方索赔。经济损失是指因对方因素造成合同外的额外支出，如人工费、材料费、机械费、管理费等额外开支；权利损害是指虽然没有经济上的损失，但造成了一方权利上的损害，如由于恶劣气候条件对工程进度的不利影响，承包人有权要求工期延长等。

3) 索赔是一种未经对方确认的单方行为

索赔是一种未经对方确认的单方行为，它与通常所说的工程鉴证不同。在施工过程中鉴证是承发包双方就额外费用补偿或工期延长等达成一致的书面证明材料和补充协议，它可以直接作为工程款结算或最终增减工程造价的依据，而索赔则是单方面行为，对对方尚未形成约束力，这种索赔要求能否得到最终实现，必须通过确认，如双方协商、谈判、调解或仲裁、诉讼。

可见，索赔是一种正当的权利或要求，是合情、合理、合法的行为，它是在正确履行合同的基础上争取合理的补偿，不是无中生有、无理争利，不具有惩罚性质。

5. 索赔的分类

1) 按索赔的合同依据分类

(1) 合同中明示的索赔。

合同中明示的索赔是指承包人所提出的索赔要求在该工程项目的合同文件中有文字依据，承包人可以据此提出索赔要求，并取得经济补偿。这些在合同文件中有文字规定的合同条款，称为明示条款。

(2) 合同中默示的索赔。

合同中默示的索赔，即承包人的该项索赔要求，虽然在工程项目的合同条款中没有专门的文字叙述，但可以根据该合同的某些条款的含义，推论出承包人有索赔权。这种索赔要求，同样具有法律效力，有权得到相应的经济补偿。这种有经济补偿含义的条款，在合同管理工作中被称为"默示条款"或"隐含条款"。

2) 按索赔目的分类

(1) 工期索赔。

由于非承包人责任的原因而导致施工进程延误，要求批准顺延合同工期的索赔，称为工期索赔。工期索赔形式上是对权利的要求，以避免在原定合同竣工日不能完工时，被发包人追究拖期违约责任。一旦获得批准合同工期顺延后，承包人不仅免除了承担拖期违约赔偿费的严重风险，而且可能因提前工期得到奖励，最终仍反映在经济收益上。

(2) 费用索赔。

费用索赔的目的是要求经济补偿。当施工的客观条件改变，导致承包人增加开支，承

包人要求对超出计划成本的附加开支给予补偿，以挽回不应由其承担的经济损失。费用索赔是整个工程合同的索赔重点和最终目标，工期索赔在很大程度上也是为了费用索赔。

  3) 按索赔的处理分式分类

  (1) 单项索赔。

  单项索赔是指当事人针对某一干扰事件的发生而及时地进行索赔，也就是一件索赔事件发生就处理一件。单项索赔原因单一、责任清楚，证据好整理，容易处理，并且涉及金额一般比较小，发包人较易接受。例如，监理工程师指令将某分项工程素混凝土改为钢筋混凝土，对此只需提出与钢筋有关的费用索赔即可(如果该项变更没有其他影响的话)，一般情况下，承包人应采用单项索赔的方式。

  (2) 总索赔(一揽子索赔)。

  总索赔是指在工程竣工前，承包人将施工过程中已经提出但尚未解决的索赔问题汇总，向发包人提出总索赔。总索赔中，索赔事件多，牵涉的因素多，佐证资料要求多，责任不好界定，补充额度计算较困难，而且补偿金额大，索赔谈判和处理比较困难，成功率低，一般情况下不宜使用此种方法。

8.3.2 索赔的程序

1. 索赔的时限

  在工程项目施工阶段，每出现一件索赔事件，都应按照国家有关规定、国际惯例和工程项目合同条件的规定，认真及时地协商解决。我国《建设工程施工合同(示范文本)》中对索赔的程序和时限要求有明确而严格的规定，主要包括以下几容。

  1) 甲方原因

  甲方未能按合同约定履行自己的各项义务或发生错误，以及出现应由甲方承担责任的其他情况，造成工期延误，或甲方延期支付合同价款，或因甲方原因造成乙方的其他经济损失，乙方可按下列程序以书面形式向甲方索赔。

  (1) 造成工期延误或乙方经济损失的事件发生后28天内，乙方向工程师发出索赔意向通知。

  (2) 发出索赔意向通知后28天内，乙方向工程师提出补偿经济损失和(或)延长工期的索赔报告及有关资料。

  (3) 工程师在收到乙方送交的索赔报告和有关资料后，于28天内给予答复(或)要求乙方进一步补充索赔理由和证据。

  (4) 工程师在收到乙方送交的索赔报告和有关资料后28天内未予答复或未对乙方作进一步要求，则视为该项索赔已被认可。

  (5) 当造成工期延误或乙方经济损失的该项事件持续进行时，乙方应当阶段性地向工程师发出索赔意向，在该事件终了后28天内，向工程师提交索赔的有关资料和最终索赔报告。

  2) 乙方原因

  乙方未能按合同约定履行自己的各项义务或发生错误给甲方造成损失的，甲方也应按以上各条款规定的时限和要求向乙方提出索赔。

2. 施工索赔的工作过程

施工索赔的工作过程即施工索赔的处理过程，施工索赔工作一般有以下几个步骤。

索赔要求的提出、索赔证据的准备、索赔文件(报告)的编写、索赔文件(报告)的报送、索赔文件(报告)的评审、索赔谈判与调解、索赔仲裁与诉讼。现分述如下。

1) 索赔要求的提出

当出现索赔事件时，承包商应在现场先与工程师磋商，如果不能达成妥协方案时，则应审慎地检查自己索赔要求的合理性，然后决定是否提出书面索赔要求。按照 FIDIC 合同条款，书面的索赔通知书应在引起索赔的事件发生后的 28 天以内向工程师正式提出，并抄送业主；逾期提送，将遭到业主和工程师的拒绝。

索赔通知书一般都很简单，仅说明索赔事项的名称，根据相应的合同条款，提出自己的索赔要求。索赔通知书主要包括以下内容。

(1) 引起索赔事件发生的时间及情况的简单描述。

(2) 依据合同的条款和理由。

(3) 说明将提供有关后续资料，包括有关记录和提供事件发展的动态。

(4) 说明对工程成本和工期产生不利影响的严重程度，以期引起监理工程师和业主的重视。

至于索赔金额的多少或应延长工期的天数以及有关的证据资料，可稍后再报给业主。

2) 索赔证据的准备

索赔证据的准备是施工索赔工作的重要环节，承包商在正式报送索赔文件(报告)前，要尽可能地使索赔证据完整齐备，不可"留一手"待谈判时再抛出来，以免造成对方的不愉快而影响索赔事件的解决。索赔金额的计算要准确无误，符合合同条款的规定，具有说服力；力求文字清晰，简单扼要，要重事实、讲理由，语言委婉而富有逻辑性。

3) 索赔文件(报告)的编写

索赔文件(报告)是承包商向监理工程师(或业主)提交的，要求业主给予一定的经济(费用)补偿或工期延长的正式报告。

4) 索赔文件(报告)的报送

索赔文件(报告)编写完毕后，应在引起索赔的事件发生后 28 天内尽快提交给监理工程师(或业主)，以正式提出索赔。索赔报告提交后，承包商不能被动等待，应隔一定的时间主动向对方了解索赔处理的情况，根据对方所提出的问题进一步做资料方面的准备，或提供补充资料，尽量为监理工程师处理索赔提供帮助、支持，与之合作。

索赔的关键问题在于"索"，承包商不积极主动去"索"，业主没有任何义务去"赔"。因此，提交索赔报告虽然是"索"，但还只是刚刚开始，要让业主"赔"，承包商还有许多后续工作要做。

5) 索赔文件(报告)的评审

工程师或业主接到承包商的索赔文件(报告)后，应该马上仔细阅读，并对不合理的索赔进行反驳或提出疑问，工程师可以根据自己掌握的资料和处理索赔的工作经验提出意见和主张。

(1) 索赔事件不属于业主和监理工程师的责任，而是第三方的责任。

(2) 承包商未能遵守索赔意向通知的要求。

(3) 合同中的开脱责任条款已经免除了业主补偿的责任。

(4) 索赔是由不可抗力引起的,承包商没有划分和证明双方责任的大小。

(5) 承包商没有采取适当措施避免或减少损失。

(6) 承包商必须提供进一步的证据。

(7) 损失数额计算夸大。

(8) 承包商以前已明示或暗示放弃了此次索赔的要求。

但工程师提出这些意见和主张时,也应当有充分的根据和理由。在评审过程中,承包商应对工程师提出的各种质疑作出圆满的答复。

6) 索赔谈判与调解

经过监理工程师对索赔报告的评审,与承包商进行了较充分的讨论后,工程师应提出对索赔处理决定的初步意见,并参加业主和承包商进行的索赔谈判,通过谈判,作出索赔的最后决定。

在双方直接谈判未能取得一致解决意见时,为争取通过友好协商办法解决索赔争端,可邀请中间人进行调解。有些调解是非正式的,如通过有影响的人物(业主的上层机构、官方人士或社会名流等)或中间媒介人物(双方的朋友、中间介绍人、佣金代理人等)进行幕前幕后调解。也有些调解是正式性质的。例如,在双方同意的基础上,共同委托专门的调解人进行调解。调解人可以是当地的工程师协会或承包商协会、商会等机构。这种调解要举行一些听证会和调查研究,而后提出调解方案,如双方同意则可达成协议并由双方签字和解。

7) 索赔仲裁与诉讼

对于那些确实涉及重大经济利益而又无法用协商和调解办法解决的索赔问题,而变成双方难以调和的争端,只能依靠法律程序解决。在正式采取法律程序解决之前,一般可以先通过自己的律师向对方发出正式索赔函件,此函件最好通过当地公证部门登记确认,以表示诉诸法律程序的前奏。这种通过律师致函属于"警告"性质,多次警告而无法和解(如由双方的律师商讨仍无结果),则只能根据合同中"争端的解决"条款提交仲裁或司法程序解决。

3. 索赔的原则

1) 索赔必须以合同为依据

遇索赔事件时,监理工程师应以完全独立的身份,站在客观公正的立场上,以合同为依据审查索赔要求的合理性、索赔价款的正确性。另外,承包商也只有以合同为依据提出索赔时才容易索赔成功。

2) 及时、合理地处理索赔

如承包方的合理索赔要求长时间得不到解决,积累下来可能会影响其资金周转,从而影响工程进度。此外,索赔初期可能只是普通的信件来往的单项索赔,拖到后期综合索赔,将使索赔问题复杂化(如涉及利息、预期利润补偿、工程结算及责任的划分、质量的处理等),大大增加处理索赔的难度。

音频.索赔的原则.mp3

3) 必须注意资料的积累

积累一切可能涉及索赔论证的资料，技术问题、进度问题和其他重大问题的会议应做好文字记录，并争取会议参加者签字，作为正式文档资料。同时应建立严密的工程日志，建立业务往来文件编号档案等制度，做到处理索赔时以事实和数据为依据。

4) 加强索赔的前瞻性

有效避免过多的索赔事件的发生。监理工程师应对可能引起的索赔有所预测，及时采取补救措施，避免过多索赔事件的发生。

【案例 8-3】在某汽车制造厂的土方工程中，承包商在合同标明有松软石的地方没有遇到松软石，因此工程提前 1 个月完工。但在合同中另一未标明有坚硬岩石的地方遇到更多的坚硬岩石，开挖工作变得更加困难，因此造成了实际生产效率比原计划低得多，经测算影响工期 3 个月。由于施工速度减慢，使得部分施工任务拖到雨期进行，按一般公认标准推算，又影响工期 2 个月。为此承包商准备提出索赔。试结合案例分析：

(1) 该项施工索赔能否成立？为什么？

(2) 在该索赔事件中，应提出的索赔内容包括哪两方面？

(3) 在工程施工中，通常可以提供的索赔证据有哪些？

(4) 承包商应提供的索赔文件有哪些？请协助承包商拟定一份索赔通知。

8.3.3　反索赔

反索赔就是反驳、反击或者防止对方提出的索赔，不让对方索赔成功或者全部成功。一般认为，索赔是双向的，业主和承包商都可以向对方提出索赔要求，任何一方也都可以对对方提出的索赔要求进行反驳和反击，这种反击和反驳就是反索赔。针对一方的索赔要求，反索赔的一方应以事实为依据，以合同为准绳，反驳和拒绝对方的不合理要求或索赔要求中的不合理部分。

1. 对承包商履约中的违约责任进行索赔

对承包商履约中的违约责任进行索赔。它包括以下内容。

(1) 工期延误反索赔。由于承包商的原因造成工期延误的。业主可要求支付延期竣工违约金，确定违约金的费率时可考虑的因素有：业主的盈利损失；由于工程延误引起的贷款利息的增加；工程延期带来的附加监理费用及租用其他建筑物时的租赁费。

(2) 施工缺陷反索赔。如工程存在缺陷，承包商在保修期满前(或规定的时限内)未完成应负责的修补工程，业主可据此向承包商索赔，并有权雇用他人来完成工作，发生的费用由承包商承担。

(3) 对超额利润的索赔。如工程量增加很多(超过有效合同价的 15%)，使承包商在不增加任何固定成本的情况下预期收入增加，或由于法规的变化导致实际施工成本降低，业主可向承包商索赔，收回部分超额利润。

(4) 业主合理终止合同或承包商不正当放弃合同的索赔。此时业主有权从承包商手中收回由新承包商完成工程所需的工程款与原合同未付部分的差额。

(5) 由于工伤事故给业主方人员和第三方人员造成的人身或财产损失的索赔，及承包

建筑施工组织与管理

商运送建材、施工机械设备时损坏公路、桥梁或隧道时，道桥管理部门提出的索赔等。

(6) 对指定分包商的付款索赔。在承包商未能提供已向指定分包商付款的合理证明时，业主可据监理工程师的证明书将承包商未付给指定分包商的所有款项(扣除保留金)付给该分包商，并从应付给承包商的任何款项中扣除。

2. 对承包商提出的索赔要求进行评审、反驳与修正

具体包括以下内容。

(1) 此项索赔是否具有合同依据、索赔理由是否充分及索赔论证是否符合逻辑。

(2) 索赔事件的发生是否为承包商的责任，是否为承包商应承担的风险。

(3) 在索赔事件初发时承包商是否采取了控制措施。依据国际惯例，凡遇偶然事故发生影响工程施工时，承包商有责任采取力所能及的一切措施，防止事态扩大，尽力挽回损失。如确有事实证明承包商在当时未采取任何措施，业主可拒绝其补偿损失的要求。

(4) 承包商是否在合同规定的时限内(一般为发生索赔事件后的 28 天内)向业主和监理工程师报送索赔意向通知。

(5) 认真核定索赔款额，肯定其合理的索赔要求，反驳修正其不合理的要求，使之更加可靠、准确。

总之，掌握工程索赔知识，熟练运用索赔技巧是对每个从事建筑工程管理及建筑经济活动人员的基本要求，也是其应具备的基本素质。

 本章小结

本章主要介绍了施工合同的基本概念、施工合同管理、工程索赔等内容。通过对施工合同管理的学习，可以掌握施工合同的组成和类型、合同订立的原则；了解如何管理工程施工合同；并能够熟练进行工程索赔。

 实训练习

1. 单选题

(1) 根据我国合同法的规定，以下关于合同的表述不正确的是(　　)。

    A. 合同是当事人意思表示一致的协议

    B. 合同的签订也可以经由当事人一方完成

    C. 合同的当事人具有平等的民事主体资格

    D. 合同是各种主体之间民事权利义务关系的协议

(2) 合同当事人一方将合同权利、义务全部或部分地转让给第三人，称为(　　)。

    A. 合同变更　　　　B. 合同生效　　　C. 合同转让　　　D. 合同无效

(3) 对于建议工程物资采购合同的效力有争议的，当事人应当请求(　　)确认无效。

    A. 人民法院　　　　　　　　　　B. 监理单位

    C. 建设行政主管部门　　　　　　D. 建设单位

(4) 合同法律关系内容包括(　　)。

    A. 行为　　　　　　　　B. 权利　　　　　　　　C. 当事人　　　　　D. 智力成果

(5) 在承包工作范围内，部分由承包商负责设计的图纸，应在合同约定的时间内将经过行政法规规定的审查程序批准的设计文件提交工程师审核，如果设计图纸仍有质量问题，则责任应当由(　　)承担。

    A. 发包人　　　　B. 承包人　　　　C. 工程师　　　　D. 发包人与承包人共同

2. 多选题

(1) 索赔按目的划分包括(　　)。

    A. 综合索赔　　　　　　　B. 单项索赔　　　　　　　C. 工期索赔

    D. 合同内索赔　　　　　　E. 费用索赔

(2) 指定分包商的特点主要表现为(　　)。

    A. 业主选择实施该部分工程的施工单位

    B. 指定分包商与业主签订合同

    C. 承包商负责指定分包商施工的协调管理

    D. 指定分包商的工程款从暂定金额内支付

    E. 指定分包商的违约行为视为承包商违约

(3) 合同法律关系由(　　)等要素构成。

    A. 主体　　　B. 客体　　　C. 行为　　　D. 事件　　　E. 内容

(4) 《建设工程施工合同文本》的附件包括(　　)等。

    A. 协议书　　　　　　　　B. 通用条款　　　　　　　C. 工程质量保修书

    D. 专用条款　　　　　　　E. 发包人供应材料设备一览表

(5) 在下列几种情形中，(　　)合同是可变更的合同。

    A. 损害公共利益的　　　　　　　　B. 以合法活动掩盖非法目的的

    C. 恶意串通，损害国家、集体或第三人利益的

    D. 因重大误解而订立的　　　　　　E. 在订立合同时显失公平的

三、简答题

(1) 施工合同文件由哪几部分组成？

(2) 工程变更一般是由哪些原因造成的？

(3) 简述索赔的原则。

第8章习题答案.doc

实训工作单

班级		姓名		日期	
教学项目		施工合同管理			
任务	学会施工合同管理和索赔处理	方式		查找书籍、资料，掌握合同管理方法	
相关知识		施工合同管理基本知识			
其他要求					
学习总结记录					
评语				指导教师	

第9章　职业健康安全与环境管理

【教学目标】

(1) 熟悉职业健康安全与环境管理的相关概念。
(2) 了解施工安全生产以及安全生产管理的相关知识。
(3) 掌握如何进行安全事故的分类和处理方法。
(4) 了解对文明施工和环境保护的要求。

第9章.pptx

【教学要求】

本章要点	掌握层次	相关知识点
职业健康安全与环境管理概述	(1) 了解职业健康安全与环境管理的概念 (2) 了解职业健康安全管理体系与环境管理体系	(1) 职业健康安全与环境管理的目的 (2) 施工职业健康安全与环境管理的特点 (3) 环境管理体系标准的应用原则
施工安全生产管理	(1) 了解施工安全生产的概念 (2) 了解安全生产管理的概念 (3) 掌握建筑工程项目安全管理制度的内容	(1) 施工安全生产的特点 (2) 安全生产的方针与原则 (3) 安全技术交底
生产安全事故的分类和处理	(1) 掌握安全生产事故的分类方法 (2) 掌握生产安全事故的处理方法 (3) 掌握生产安全事故应急预案的内容	(1) 安全生产事故的分类标准 (2) 生产安全事故报告的要求 (3) 生产安全事故应急预案的编制原则和主要内容
现场文明施工与环境保护的要求	(1) 掌握文明施工 (2) 了解现场环境保护	(1) 现场文明施工的要求 (2) 环境保护的目的及原则 (3) 现场环境保护的措施

【案例导入】

　　某写字楼工程外墙装修用脚手架为一字形钢管脚手架，脚手架东西长为 68m、高为 36m。2013 年 10 月 10 日，项目经理安排 3 名工人对脚手架进行拆除，由于违反拆除作业程序，当局部刚刚拆除到 24m 左右时，脚手架突然向外整体倾覆，架子上作业的 3 名工人一同坠落到地面，后被紧急送往医院抢救，2 人脱离危险，1 人因抢救无效死亡。经调查，拆除脚手架作业的 3 名工人刚刚进场两天，并非专业架子工，进场后并没有接受三级安全教育，在拆除作业前，项目经理也没有对他们进行相应的安全技术交底。

【问题导入】

请结合本章内容，解答下列问题：

(1) 何为特种作业？建筑工程施工人员哪些为特种作业人员？

(2) 何为三级安全教育？请简述三级安全教育的内容和课时要求。

(3) 建筑工程施工安全技术交底的基本要求及应包括的主要内容有哪些？

9.1 职业健康安全与环境管理概述

近年来，随着全球经济的发展，职业健康安全和环境问题日益严重。为了保证劳动生产者在劳动过程中的健康安全和保护生态环境，防止和减少生产安全事故的发生，促进能源节约和避免资源浪费，使社会的经济发展与人类的生存环境相协调，必须加强职业健康安全与环境管理。但严峻的职业健康安全和环境问题要求在解决这类问题时不能单单依靠技术手段，而应该重视生产过程中的管理以及对人们职业健康安全和环境意识的教育。

职业健康与安全管理图片.docx

9.1.1 职业健康安全与环境管理的概念

1. 职业健康安全与环境管理的含义

职业健康安全是指影响工作场所内人员、临时工作人员、合同方人员、访问者和其他人员健康安全的条件和因素。它包括为制订、实施、实现、评审和保持职业健康安全方针所需的组织结构、计划活动、职责、惯例、程序、过程和资源。

环境是指组织运行活动的外部存在，包括空气、水、土地、自然资源、植物、动物、人及其之间的相互关系。环境管理体系是整个管理体系的组成部分，包括为制订、实施、实现、评审和保护环境方针所需的组织结构、计划活动、职责、管理、程序、过程和资源。

职业健康安全与环境
管理.mp4

2. 职业健康安全与环境管理的目的

1) 职业健康安全管理的目的

职业健康安全管理的目的是在生产活动中，通过职业健康安全生产的管理活动，对影响生产的具体因素的状态进行控制，使生产因素中的不安全行为和状态减少或消除，避免事故的发生，以保证生产活动中人员的健康和安全。

对于建设工程项目，施工职业健康安全管理的目的是防止和减少生产安全事故、保护产品生产者的健康与安全、保障人民群众的生命和财产免受损失；控制影响工作场所内员工、临时工作人员、合同方人员、访问者和其他有关部门人员健康和安全的条件和因素；

考虑和避免因管理不当对员工健康和安全造成的危害。

2) 建设工程施工环境管理的目的

环境保护是我国的一项基本国策。环境管理的目的是保护生态环境，使社会的经济发展与人类的生存环境相协调。

对于建设工程项目，施工环境保护主要是指保护和改善施工现场的环境。企业应当遵照国家和地方的相关法律法规以及行业和企业自身的要求，采取措施控制施工现场的各种粉尘、废水、废气、固体废弃物以及噪声、振动对环境的污染和危害，并且要注意对资源的节约和避免资源的浪费。

3. 职业健康安全与环境管理的任务

职业健康安全与环境管理的任务是，建筑生产组织(企业)为达到职业健康安全与环境管理的目的而进行指挥与控制组织的协调活动。它包括制订、实施、实现、评审和保持职业健康安全与环境方针所需的组织结构计划活动、职责、程序、过程和资源，并为此应建立健康安全与环境管理体系，作为总管理体系的一部分。

4. 施工职业健康安全与环境管理的特点

建设工程产品及其生产与工业产品不同，有其自身的特殊性。而正是由于其特殊性，对建设工程职业健康安全和环境管理显得尤为重要。建设工程职业健康安全与环境管理应考虑以下特点。

1) 复杂性

建设工程一方面涉及大量的露天作业，受到气候条件、工程地质和水文地质、地理条件和地域资源等不可控因素的影响；另一方面受工程规模、复杂程度、技术难度、作业环境和空间有限等复杂多变因素的影响，导致施工现场的职业健康安全与环境管理比较复杂。

2) 多变性

一方面是项目建设现场材料、设备和工具的流动性大；另一方面由于技术进步，项目不断引入新材料、新设备和新工艺等变化因素，以及施工作业人员文化素质低，并处在动态调整的不稳定状态中，加大了施工现场的职业健康安全与环境管理难度。

3) 协调性

项目建设涉及的单位多、专业多、界面多、材料多、工种多，包括大量的高空作业、地下作业、用电作业、爆破作业、施工机械及起重作业等较危险的工程，并且各工种经常需要交叉或平行作业，就要求施工方做到各专业之间、单位之间互相配合，要注意施工过程中的材料交接、专业接口部分对职业健康安全与环境管理的协调性。

4) 持续性

项目建设一般具有建设周期长的特点，从前期决策、设计、施工直至竣工投产，诸多环节、工序环环相扣。前一道工序的隐患，可能在后续的工序中暴露，酿成安全事故。

5) 经济性

一方面由于项目生产周期长，消耗的人力、物力和财力大，必然使施工单位考虑降低工程成本的因素多，从而一定程度上影响了职业健康安全与环境管理的费用支出，导致施工现场的健康安全问题和环境污染现象时有发生；另一方面由于建筑产品的时代性、社会性与多样性决定了管理者必须对职业健康安全与环境管理的经济性作出评估。

6) 环境性

项目的生产手工作业和湿作业多，机械化水平低，劳动条件差，工作强度大，从而对施工现场的职业健康安全影响较大，环境污染因素多。

由于上述特点的影响，将导致施工过程中事故的潜在不安全因素和人的不安全因素较多，使企业的经营管理，特别是施工现场的职业健康安全与环境管理比其他工业企业的管理更为复杂。

9.1.2 职业健康安全管理体系与环境管理体系

1. 《职业健康安全管理体系》(GB/T 28000)标准体系构成

2011 年 12 月 30 日，我国颁布了新的《职业健康安全管理体系》(GB/T 28000)系列国家标准体系，代替了 2001 版的《职业健康安全管理体系》(GB/T 28000)，并于 2012 年 2 月 1 日正式实施，其结构如下。

《职业健康安全管理体系 要求》(GB/T 28001—2011)。

《职业健康安全管理体系 实施指南》(GB/T 28002—2011)。

GB/T 28000 系列标准的制定是为了满足职业健康安全管理体系评价和认证的需要。为满足组织整合质量、环境和职业健康安全管理体系的需要，GB/T 28000 系列标准考虑了与《质量管理体系 要求》(GB/T 19001—2016)、《环境管理体系 要求及使用指南》(GB/T 24001—2016)标准的兼容性。此外，GB/T 28000 系列标准还考虑了与国际劳工组织(ILO)的《职业健康安全管理体系指南》(ILO-OSH:2001)标准间的兼容性。

2. 职业健康安全管理体系实施的特点

职业健康安全管理体系是各类组织总体管理体系的一部分。目前，《职业健康安全管理体系》(GB/T 28000)系列标准作为推荐性标准被各类组织普遍采用，适用于各行各业、任何类型和规模的组织，用于建立组织的职业健康安全管理体系，并作为其认证的依据。其建立和运行过程的特点体现在以下几个方面。

(1) 标准的结构系统采用 PDCA 循环管理模式，即标准由"职业健康安全方针—策划—实施与运行—检查和纠正措施—管理评审"五大要素构成，采用了 PDCA 动态循环、不断上升的螺旋式运行模式，体现了持续改进的动态管理思想。

(2) 标准强调了职业健康安全法规和制度的贯彻执行，要求组织必须对遵守法律、法规做出承诺，并定期进行评审以判断其遵守的实效。

(3) 标准重点强调以人为本，使组织的职业健康安全管理由被动强制行为转变为主动自愿行为，从而要求组织不断提升职业健康安全的管理水平。

(4) 标准的内容全面、充实、可操作性强，为组织提供了一套科学、有效的职业健康安全管理手段，不仅要求组织强化安全管理，完善组织安全生产的自我约束机制，而且要求组织提升社会责任感和对社会的关注度，形成组织良好的社会形象。

(5) 实施职业健康安全管理体系标准，组织必须对全体员工进行系统的安全培训，强化组织内全体成员的安全意识，可以增强劳动者的身心健康，提高职工的劳动效率，从而为组织创造更大的经济效益。

(6) 我国《职业健康安全管理体系 要求》(GB/T 28001—2011)等同于国际上通行的《职业健康安全管理体系 要求》(BS—OHSAS18001:2007)标准,很多国家和国际组织把职业健康安全与贸易挂钩,形成贸易壁垒,贯彻执行职业健康安全管理标准将有助于消除贸易壁垒,从而可以为参与国际市场竞争创造必备的条件。

3. 环境管理体系标准

随着全球经济的发展,人类赖以生存的环境不断恶化,20世纪80年代,联合国组建了世界环境与发展委员会,提出了"可持续发展"的观点。2005年5月10日我国颁布了新的《环境管理体系》(GB/T 24000)国家标准体系,代替了1996年版的《环境管理体系》(GB/T 24000),并于2005年5月15日实施,

其中,2016年10月13日我国颁布了新的《环境管理体系 要求及使用指南》(GB/T 24001—2016),代替了2004年版本,并与2017年5月1日开始实施。因此,本章所阐述的《环境管理体系》包括以下内容。

《环境管理体系 要求及使用指南》(GB/T 24001—2016)。

《环境管理体系 原则、体系和支持技术通用指南》(GB/T 24004—2004)。

国际标准化组织制定的ISO 14000体系标准,被我国等同采用。ISO 14000环境管理体系标准是ISO(国际标准化组织)在总结了世界各国的环境管理标准化成果,并具体参考了英国的BS7750标准后,于1996年底正式推出的一整套环境系列标准。其总的目的是支持环境保护和污染预防,协调它们与社会需求和经济需求的关系,指导各类组织取得并表现出良好的环境行为。

在《环境管理体系 要求及使用指南》(GB/T 24001—2016)中认为,环境是指"组织运行活动的外部存在,包括空气、水、土地、自然资源、植物、动物、人,以及它(他)们之间的相互关系。这个定义是以组织运行活动为主体,其外部存在主要是指人类认识到的、直接或间接影响人类生存的各种自然因素及它(他)们之间的相互关系。

4. 环境管理体系标准的特点

(1) 标准作为推荐性标准被各类组织普遍采用,适用于各行各业、任何类型和规模的组织,用于建立组织的环境管理体系,并作为其认证的依据。

(2) 标准在市场经济驱动的前提下,促进各类组织提高环境管理水平,达到实现环境目标的目的。

(3) 环境管理体系的结构系统,采用的是PDCA动态循环、不断上升的螺旋式管理运行模式,在"策划—支持与运行—绩效评价—改进"四大要素构成的动态循环过程基础上,结合环境管理的特点,考虑组织所属环境、内外部问题、相关方需求及期望等因素,形成完整的持续改进动态管理体系。该模式为环境管理体系提供了一套系统化的方法,指导组织合理、有效地推行其环境管理工作。

(4) 标准着重强调与环境污染预防、环境保护等法律法规的符合性。

(5) 标准注重体系的科学性、完整性和灵活性。

(6) 标准具有与其他管理体系的兼容性。标准的制定是为了满足环境管理体系评价和认证的需要。为满足组织整合质量、环境和职业健康安全管理体系的需要,GB/T 24000系列标准考虑了与《质量管理体系要求》(GB/T 19001—2008)、《职业健康安全管理体系要求》

(GB/T 28001—2011)标准的兼容性。此外，GB/T 28000 系列标准还考虑了与国际 ISO 14000 体系标准的兼容性。

5. 环境管理体系标准的应用原则

(1) 标准的实施强调自愿性原则，并不改变组织的法律责任。

(2) 有效的环境管理需建立并实施结构化的管理体系。

(3) 标准着眼于采用系统的管理措施。

音频.环境管理体系标准
的应用原则.mp3

(4) 环境管理体系不必成为独立的管理系统，而应纳入组织整个管理体系中。

(5) 实施环境管理体系标准的关键是坚持持续改进和环境污染预防。

(6) 有效地实施环境管理体系标准，必须有组织最高管理者的承诺和责任以及全员的参与。

总之，GB/T 24000 系列标准的实施，可以规范所有组织的环境行为，降低环境风险和法律风险，最大限度地节约能源和资源消耗，从而减少人类活动对环境造成的不利影响，维持和改善人类生存和发展的环境，有利于实现经济可持续发展和环境管理现代化的需要。

9.2 施工安全生产管理

9.2.1 施工安全生产的概念

1. 安全及安全生产的概念

安全是指没有危险、不出事故的状态。安全包括人身安全、设备与财产安全、环境安全等。通俗地讲，安全就是指安稳，即人的平安无事、物的安稳可靠、环境的安定良好。

施工安全生产是指在施工过程中，通过努力改善劳动条件、克服不安全因素、防止伤亡事故发生，使劳动生产在保障劳动者安全健康和国家财产不受损失的前提下顺利进行。

2. 施工安全生产的特点

(1) 产品的固定性导致作业环境的局限性。建筑产品位于一个固定的位置，这导致了必须在有限的场地和空间上集中大量的劳动力、材料、机具来进行交叉作业，也导致了作业环境的局限性，因而容易发生物体打击等伤亡事故。

(2) 露天作业导致作业条件恶劣。建筑施工大多数在露天空旷的场地上完成，这导致工作环境相当艰苦，容易发生伤亡事故。

(3) 产品体积庞大带来了施工作业的高空性。建筑产品的体积十分庞大，操作工人大多在 10m 以上的高处进行作业，因而容易发生高处作业的伤亡事故。

(4) 产品流动性大、工人整体素质低，给安全管理带来了难度。施工人员流动性大、素质参差不齐，这要求安全管理措施必须及时、到位，这也使施工安全管理难度增大。

(5) 手工操作多、体力消耗大、强度高带来了个体劳动保护的艰巨性。在恶劣的作业环境下，施工工人的手工操作多、体能耗费大，劳动时间和劳动强度都比其他行业要大，职业危害严重，这带来了个体劳动保护的艰巨性。

(6) 产品多样性、施工工艺多变性的要求，带来了安全措施和安全管理措施的保证性。由于建筑产品具有多样性，施工工艺具有多变性，如一栋建筑物从基础、主体至竣工验收，各道施工工序均有其不同的特性，因而安全的因素各不相同。同时，随着工程建设的进行，施工现场的不安全因素也在变化。同时，施工单位必须根据工程建设进度和施工现场的情况不断、及时地采取安全技术措施和安全管理措施予以保证。

(7) 施工场地窄小带来了多工种的立体交叉性。随着城市用地的紧张，建筑由低向高发展，施工现场由宽到窄发展，这使施工场地与施工条件的矛盾日益突出，多工种交叉作业增加，这也导致机械伤害、物体打击事故增多。

(8) 拆除工程潜在危险带来作业的不安全性。随着旧城改造的深入，拆除工程数量随之加大，而原建筑物施工图纸很难找到，不断的加层或改变结构使原体系性质发生变化，这带来了作业的不安全性，容易导致拆除工程倒塌事故的发生。

建筑施工及施工安全生产的上述特点，决定了施工生产的安全隐患多存在于高处作业、交叉作业、垂直运输、个体劳动保护以及电气工具的使用上。同时，超高层、新、奇、个性化的建筑产品的出现，给建筑施工带来了新的挑战，也给建筑工程安全管理和安全防护技术提出了新的要求。

3. 安全生产的方针与原则

1) 安全生产的方针

安全生产的方针是对安全生产工作的总要求，是安全生产工作的方向。我国的安全生产方针是"安全第一、预防为主、综合治理"。安全第一是原则，预防为主、综合治理是手段和途径。

(1) 安全第一的含义。

安全第一，就是在生产经营活动中，在处理安全与生产经营活动的关系上，始终将安全放在首位，优先考虑从业人员和其他人员的人身安全，实行安全优先的原则。在确保安全的前提下，努力实现生产的其他目标。

(2) 预防为主的含义。

预防为主，就是按照系统化、科学化的管理思想，按照事故发生的规律和特点，千方百计预防事故的发生，做到防患于未然，将事故消灭在萌芽状态中。虽然人类在生产活动中还不可能完全杜绝事故的发生，但只要思想重视，预防措施得当，事故是可以减少的。

(3) 综合治理的含义。

综合治理，就是标本兼治，重在治本。在采取断然措施遏制重大、特大事故，实现安全指标的同时，积极探索和实施治本之策，综合运用科技手段、法律手段、经济手段、教育培训和必要的行政手段，从发展规划、行业管理、安全投入、科技进步、经济政策、教育培训、安全立法、激励约束以及追究事故责任、查处违法违纪等方面着手，解决影响制约我国安全生产的历史性、深层次问题，从而做到思想认识警钟长鸣，制度保证严密有效，技术支撑坚强有力，监督检查严格细致，事故处理严肃认真。

2) 安全生产的原则

(1) 管生产必须管安全

项目中的各级领导和全体员工在生产过程中，必须坚持在抓好生产的同时抓好安全工作。抓生产必须抓安全的原则，是施工项目必须坚持的基本原则，体现了安全与生产的统一。

(2) 安全具有否决权。

安全工作是衡量项目管理的一项基本内容。其要求在对项目各项指标考核评优创先时，首先考虑安全指标的完成情况，安全指标具有一票否决的作用。

(3) 职业安全卫生"三同时"。

职业安全卫生"三同时"，是指一切生产性的基本建设和技术改造工程项目，必须符合国家的职业安全卫生方面的法规和标准。职业安全卫生技术措施必须与主体工程同时设计、同时施工、同时投产使用。

(4) 事故处理的"四不放过"。

国家法律法规要求，企业一旦发生事故，在处理事故时需实施"四不放过"原则。"四不放过"是指在因工伤亡事故的调查处理中，必须坚持事故原因分析不清"不放过"，事故责任者和群众没有受到教育"不放过"，没有制定防范措施"不放过"，事故责任者和领导没有处理"不放过"。

9.2.2　安全生产管理的概念

1. 安全生产管理的含义

安全生产管理是指在施工过程中组织安全生产的全部管理活动。安全管理以国家法律、法规和技术标准等为依据，采取各种手段，通过对生产要素进行过程控制，使生产要素的不安全行为和不安全状态得以减少或消除，达到减少一般事故，杜绝伤亡事故的目的，从而保证安全管理目标的实现。

2. 安全生产管理的手段

安全生产管理有安全法规、安全技术、经济手段、安全检查与安全评价、安全教育文化手段等五大手段。

(1) 安全法规也称劳动保护法规，是保护职业安全生产的政策、规程、条例、规范和制度。其对改善劳动条件、确保职工身体健康和生命安全，维护财产安全，起着法律保护的作用。

(2) 安全技术是指在施工过程中为防止和消除伤亡事故或减轻繁重劳动所采取的措施，其基本内容包括预防伤亡事故的工程技术措施，其作用是使安全生产从技术上得到落实。

(3) 经济手段是指各类责任主体通过各类保险为自己编制一个安全网，以维护自身利益，同时，运用经济杠杆使信誉好、建筑产品质量高的企业获得较高的经济效益，对违章行为进行惩罚。经济手段有工伤保险、建筑意外伤害保险、经济惩罚制度、提取安全费用制度等。

(4) 安全检查是指在施工生产过程中，为了及时发现事故隐患，排除施工中的不安全因素，纠正违章作业，监督安全技术措施的执行，堵塞漏洞，防患于未然，而对安全生产中容易发生事故的主要环节、部位、工艺完成情况，由专门的安全生产管理机构进行全过程的动态检查，以改善劳动条件，防止工伤事故、设备事故的发生。安全评价是采用系统科学方法，辨别和分析系统存在的危险，并根据其形成事故的风险，采取相应的安全措施。安全评价的基本内容和一般过程是辨别危险性、评价风险、采取措施、达到安全指标。安全评价的形式有定性安全评价和定量安全评价。

(5) 安全教育文化手段是通过行业与企业文化，以宣传教育的方式提高行业人员、企业人员对安全的认识，增强其安全意识。

3. 安全生产管理的特点

安全生产管理具有以下特点。

1) 管理面广

由于建筑工程规模较大，生产工艺复杂，工序多，不确定因素多，安全管理工作涉及范围和控制面广。

2) 管理的动态性

建筑工程项目的单件性使得每项工程所处的条件不同，所面临的危险因素和防范措施也不同，有些工作制度和安全技术措施也不同，员工需要有个熟悉的过程。

3) 管理系统的交叉性

建筑工程项目是开放系统，受自然环境和社会环境的影响很大，安全控制需要把工程系统和环境系统及社会系统结合起来。

4) 管理的严谨性

安全状态具有触发性，其控制措施必须严谨，一旦失控就会造成损失和伤害。

4. 安全生产管理的必要性

1) 安全生产是企业效益的基础

(1) 安全生产与经济效益是辩证统一的关系。首先，安全生产是提高经济效益的基础和保证。其次，良好的经济效益能够更好地促进建筑施工企业安全生产。

(2) 安全投入是具有回报性的投资。安全投入不仅仅是一项安全帽、一副手套，还包括安全检验、配备安全人员，安全培训、安全管理制度等。若安全投入到位，其回报将逐渐显现出来。实践证明，许多企业的成功与重视安全投入有关。

2) 安全生产是经济持续健康发展的保证

安全生产不仅与国家的经济增长率、综合国力、国外市场的开拓有重要而紧密的关系，而且安全生产还关系到国民生活水平。

3) 安全生产是"三个代表"重要思想和"以人为本"精神的体现

安全生产的基本目标与我党提出的"三个代表"重要思想的基本精神是一致的，即把人民群众的根本利益放在至高无上的地位。在人民群众的各种利益中，人的生命安全与健康是最实在、最基本的利益。

4) 安全生产是保障人权、构建和谐社会的需要

近年来，党和政府一直都在为改善我国的人权状况而不懈努力着。社会生产实践的主体是人，安全生产是尊重人权、构建和谐社会的一个重要组成部分。

5. 建筑工程项目安全管理的内容

(1) 认真贯彻执行国家和地方安全生产管理工作的法律法规和方针政策、建筑工程施工安全技术标准规范及各项安全生产管理制度。结合施工项目的具体情况，制订安全技术措施、安全计划，并组织实施。

(2) 建立安全生产管理组织机构，明确职责权限，建立和落实安全生产责任制度、安全教育培训制度等，实行项目施工安全控制。

(3) 认真进行施工安全检查，实行班组安全自检、互检和专检相互结合的方法，做好安全检查、安全验收。

(4) 对安全检查中发现的安全隐患及时处理。

(5) 做好施工现场的文明施工、环境保护管理。

(6) 做好安全事故的调查和处理工作。

6. 建筑工程项目安全管理的程序

(1) 项目安全目标的确定。

按"目标管理"方法，将安全目标在以项目经理为中心的项目管理系统内进行分解，从而确定各岗位的安全目标，实现全员安全控制。

(2) 项目安全计划的编制。

对生产过程中的不安全因素，用技术手段加以消除和控制，并用文件化的方式表示，这是落实"预防为主"方针的具体体现，是进行工程项目安全控制的指导性文件。

(3) 安全计划的落实和实施。

建立健全安全生产责任制，设置安全生产设施，进行安全教育和培训，沟通和交流信息，通过安全控制，使生产作业的安全状况处于受控状态。

(4) 安全计划的检查。

根据实际情况补充和修改安全技术措施。

(5) 持续改进。

持续改进，直到完成工程项目的所有工作。

7. 建筑工程项目安全管理的基本要求

(1) 施工单位必须取得安全行政主管部门颁发的《安全施工许可证》后才可开工。

(2) 施工总承包单位和每个分包单位都应持有《施工企业安全资格审查认可证》。

(3) 各类人员必须具备相应的执业资格才能上岗。

(4) 所有新员工必须经过三级安全教育，即进公司、进项目部和进班组的安全教育。

(5) 特殊工种作业人员必须持有特种作业操作证，并严格按规定定期进行复查。

(6) 对查出的安全隐患要做到"五定"，即定整改责任人、定整改措施、定整改完成时间、定整改完成人、定整改验收人。

(7) 必须把好安全生产"六关"，即措施关、交底关、教育关、防护关、检查关、改进关。

(8) 施工现场安全设备齐全，符合现行国家及地方的有关规定。

(9) 施工机械(特别是现场安设的起重设备等)必须经安全检查合格后才能使用。

9.2.3 建筑工程项目安全管理的制度

1. 安全生产责任制

建立职业健康安全生产责任制是做好安全管理工作的重要保证，在工程实施前，由项

目经理部对各级负责人、各职能部门以及各类施工人员在管理和施工过程中应当承担的相应责任作出明确规定，也就是把安全生产责任分解到岗、落实到人，具体表现在以下几个方面。

(1) 在工程项目施工过程中，必须有符合项目特点的安全生产制度，安全生产制度要符合国家和地方，以及本企业的有关安全生产政策、法规、条例、规范和标准。参加施工的所有管理人员和工人都必须认真执行并遵守制度的规定和要求。

(2) 建立、健全安全管理责任制，明确各级人员的安全责任，这是搞好安全管理的基础。从项目经理到一线工人，安全管理应做到纵向到底、一环不漏；从专门管理机构到生产班组，安全生产应做到横向到边、层层有责。

(3) 施工项目应通过监察部门的安全生产资质审查，并得到认可。其目的是严格规范安全生产条件，进一步加强安全生产的监督管理，防止和减少安全事故的发生。

(4) 一切从事生产管理与操作的人员，应当依照其从事的生产内容和工种，分别通过企业、施工项目的安全审查，取得安全操作许可证，持证上岗。特种工种的作业人员，除必须经企业的安全审查外，还需按规定参加安全操作考核，取得安全生产监督管理机构核发的安全操作合格证。

2. 安全生产许可证制度

安全生产许可证的有效期为 3 年。安全生产许可证有效期满需要延期的，企业应当于期满前 3 个月向原安全生产许可证颁发管理机关办理延期手续。

企业在安全生产许可证有效期内，严格遵守有关安全生产的法律法规，未发生死亡事故的，安全生产许可证有效期届满时，经原安全生产许可证颁发管理机关同意，不再审查，安全生产许可证有效期延期 3 年。企业不得转让、冒用安全生产许可证或者使用伪造的安全生产许可证。企业取得安全生产许可证后，不得降低安全生产条件，并应当加强日常安全生产管理，接受安全生产许可证颁发管理机关的监督检查。任何单位或者个人对违反本条例规定的行为，有权向安全生产许可证颁发管理机关或者监察机关等有关部门举报。

3. 安全施工组织设计

(1) 安全施工组织设计包括：工程概况，控制目标，控制程序，组织机构，职责权限，规章制度，安全施工方案和施工方法，施工进度计划，施工准备，施工平面图，资源配置，安全措施，检查评价，奖惩制度，防火、防盗、不扰民措施，季节性施工安全措施，安全生产注意事项，主要安全技术保障措施，技术经济指标，环境保护等。

(2) 安全施工组织设计必须经公司技术负责人、总工程师审批和监理单位审批。

(3) 对专业性较强和危险性较大的项目，均要编制相应的专项施工组织设计或安全施工方案，如基坑支护、脚手架、施工用电、模板工程、"三宝""四口"防护、塔吊、物料提升机、人货两用电梯等安全施工方案。

(4) 施工安全技术措施和方案要有针对性。

4. 安全技术交底

职业健康安全技术交底是指导工人安全施工的技术措施，是项目职业健康安全技术方案的具体落实。职业健康安全技术交底一般由技术管理人员，根据分部分项工程的具体要

求、特点和危险因素编写，是操作者的指令性文件，因而其要具体、明确、针对性强，不得用施工现场的职业健康安全纪律、职业健康安全检查等制度代替。在进行工程技术交底的同时进行职业健康安全技术交底。

1) 交底组织

设计图技术交底由公司工程部负责，向项目经理、技术负责人、施工队长等有关部门及人员交底，各工序、工种由项目责任工长负责向各班组长交底。

2) 安全技术交底的基本要求

项目经理部必须实行逐级安全技术交底制度，纵向延伸到班组全体作业人员；技术交底必须具体、明确、针对性强；技术交底的内容应针对分部分项工程施工中给作业人员带来的潜在危害和存在问题；技术交底应优先采用新的安全技术措施；应将工程概况、施工方法、施工程序、安全技术措施等，向工长、班组长进行详细交底；在技术安全方面定期向由两个以上作业队组成的和多工种进行交叉施工的作业队伍，进行书面交底；保存书面安全技术交底签字记录。

3) 项目经理部技术交底的重点

(1) 图纸中各分部分项工程的部位及标高、轴线尺寸、预留洞、预埋件的位置、结构设计意图等有关说明。

(2) 施工操作方法，对不同工种要分别交底，施工顺序和工序间的穿插、衔接要详细说明。

(3) 新结构、新材料、新工艺的操作工艺。

(4) 冬、雨期施工措施及在特殊施工中的操作方法、注意事项、要点等。

(5) 对原材料的规格、型号、标准和质量要求。

(6) 各种混合材料的配合比添加剂要求详细交底。

(7) 各工种、各工序穿插交接时可能发生的技术问题预测。

(8) 凡发现未进行技术交底施工者，罚款 500～1000 元。

4) 交底方法

技术交底可以采用会议口头形式、文字图表形式，甚至示范操作形式，视工程施工复杂程度和具体交底内容而定。各级技术交底应有文字记录。关键项目、新技术项目应作文字交底。安全技术交底的主要内容包括以下几项。

(1) 该工程项目的施工作业特点和危险点。

(2) 针对危险点的具体预防措施。

(3) 应注意的安全事项。

(4) 相应的安全操作规程和标准。

(5) 发生事故后应及时采取的避难和急救措施。

音频.安全技术交底的
主要内容.mp3

5. 进行职业健康安全教育培训

认真搞好职业健康安全教育是职业健康安全管理工作的重要环节，是提高全员职业健康安全素质、职业健康安全管理水平和防止事故发生，从而实现职业健康安全生产的重要手段。应建立三级安全教育制度，并认真执行。三级安全教育是指公司教育、项目部教育、班组教育。三级教育的内容应包括国家和地方性法规、公司的安全制度、安全操作规程、劳动纪律等内容。

由于特种作业较一般作业的危险性更大，所以，特种作业人员必须经过安全培训和严格考核。对特种作业人员的安全教育应注意以下三点。

(1) 特种作业人员上岗作业前，必须进行专门的安全技术和操作技能的培训教育，这种培训教育要实行理论教学与操作技术训练相结合的原则，重点放在提高其安全操作技术和预防事故的实际能力上。

(2) 培训后，经考核合格方可取得操作证，并准许独立作业。

(3) 取得操作证特种作业人员，必须定期进行复审。特种作业操作证每3年复审一次。

特种作业人员在特种作业操作证有效期内，连续从事本工种10年以上，严格遵守有关安全生产法律法规的，经原考核发证机关或者从业所在地考核发证机关同意，特种作业操作证的复审时间可以延长至每6年一次。

6. 专项施工方案论证制度

依据《建设工程安全生产管理条例》第二十六条的规定：施工单位应当在施工组织设计中编制安全技术措施和施工现场临时用电方案，对下列达到一定规模的危险性较大的分部分项工程编制专项施工方案，并附具安全验算结果，经施工单位技术负责人、总监理工程师签字后实施，由专职安全生产管理人员进行现场监督，包括：基坑支护与降水工程；土方开挖工程；模板工程；起重吊装工程；脚手架工程；拆除、爆破工程；国务院建设行政主管部门或者其他有关部门规定的其他危险性较大的工程。

对前款所列工程中涉及深基坑、地下暗挖工程、高大模板工程的专项施工方案，施工单位还应当组织专家进行论证、审查。

7. 安全检查

职业健康安全检查是消除隐患、防止事故、改善劳动条件及提高员工安全生产意识的重要手段，是职业健康安全管理措施中的一项重要内容。通过安全检查可以发现工程中的危险因素，以便有计划地采取措施，保证安全生产。施工项目的安全检查应由项目经理组织，定期进行。

8. 班前安全活动

必须建立班前活动制度，班前活动必须要有针对性。各班组在当班前必须检查工作环境、安全条件、机械设备的安全防护装置、个人防护用品等。每个班组都应有各自的活动记录本，记录当天的活动内容。

9. "三同时"制度

我国境内新建、改建、扩建的基本建设项目，技术改建项目(工程)和引进的建设项目，其安全生产设施必须符合国家规定的标准，必须与主体工程同时设计、同时施工、同时投入生产和使用。安全生产设施主要是指安全技术方面的设施、职业卫生方面的设施、生产辅助性设施。

10. 工伤事故等级制度

(1) 在施工现场应建立工伤事故登记制度，对工伤事故必须按"四不放过"原则进行

处理，即事故原因不清楚"不放过"，事故责任者和群众没有受到教育"不放过"，有关责任人得不到处理"不放过"，没有制订防范措施"不放过"。

(2) 现场无论有无伤亡事故，均需按实填写伤亡事故月报表，在规定时间内上报公司安全部门。

(3) 事故发生后，事故发生单位应严格保护事故现场，采取有效措施抢救人员和财产，防止事故扩大。事故发生后，应该及时上报有关部门，并组织有关人员进行调查分析，写出事故调查分析处理报告，呈报有关部门。

11. 安全标志使用制度

安全标志的使用有以下几点原则。

(1) 施工现场的安全标志牌不得集中挂在同一位置。

(2) 安全标志牌现场挂置位置应与现场平面图位置一致。

(3) 主要施工部门、作业点和危险区域及主要通道口均应挂设相关的安全标志。悬挂高度以距离地面 2.5～3.5m 为宜。

(4) 施工机械设备应随机挂设安全操作规程。

(5) 各安全标志必须符合国家标准《安全标志及其使用导则》(GB 2894—2008)的规定(禁止标志、警告标志、指令标志、提示标志)，制作美观、统一。

(6) 施工现场使用的安全色，必须符合有关规定(安全色有 4 种颜色，即红色—禁止、停止；黄色—警告；蓝色—指令；绿色—指示、安全)。

(7) 施工现场的各种防护栏，在一般情况下是用红白相间的颜色，也可用黑黄相间的颜色，对于同一工地，要统一使用。

12. 安全资料建档制度

现场安全资料应由安全资料员或安全负责人收集管理，并应做到以下几点要求。

(1) 及时认真收集、积累和分类编制。

(2) 对资料定期进行整理和签订，确保资料的真实性、完整性和价值性。

(3) 要分科目装订成册，进行标志、编目和立卷存档。

(4) 切忌编造。

13. 特种作业持证上岗制度

垂直运输机械作业人员、起重机械安装拆卸工、爆破作业人员、起重信号工、登高架设作业人员等特种作业人员，必须按照国家有关规定经过专门的安全作业培训，并取得特种作业操作证后，方可上岗作业。

特种作业操作证书在全国范围内有效。特种作业操作证，每 3 年复审一次。连续从事本工种 10 年以上的，经用人单位进行知识更新教育后，复审时间可延长至每 6 年一次；离开特种作业岗位达 6 个月以上的特种作业人员，应当重新进行实际操作考核，经确认合格后方可上岗作业。

9.3 生产安全事故的分类和处理

9.3.1 安全生产事故的分类

1. 按照安全事故伤害程度分类

根据《企业职工伤亡事故分类》(GB 6441—1986)规定，安全事故按伤害程度分为以下几种。

(1) 轻伤，指损失 1 个工作日至 105 个工作日的失能伤害。

(2) 重伤，指损失工作日等于和超过 105 个工作日的失能伤害，重伤的损失工作日最多不超过 6000 工日。

(3) 死亡，指损失工作日超过 6000 工日，这是根据我国职工的平均退休年龄和平均寿命计算出来的。

2. 按照安全事故类别分类

根据《企业职工伤亡事故分类》(GB 6441—1986)中，将事故类别划分为 20 类，即物体打击、车辆伤害、机械伤害、起重伤害、触电、淹溺、灼烫、火灾、高处坠落、坍塌、冒顶片帮、透水、放炮、瓦斯爆炸、火药爆炸、锅炉爆炸、容器爆炸、其他爆炸、中毒和窒息以及其他伤害。

3. 按照安全事故受伤性质分类

受伤性质是指人体受伤的类型，实质上是从医学的角度给予创伤的具体名称，常见的有电伤、挫伤、割伤、擦伤、刺伤、撕脱伤、扭伤、倒塌压埋伤、冲击伤等。

4. 按照生产安全事故造成的人员伤亡或直接经济损失分类

根据 2007 年 4 月 9 日国务院发布的《生产安全事故报告和调查处理条例》(国务院令第 493 号，以下简称《条例》)第三条规定：生产安全事故(以下简称事故)造成的人员伤亡或者直接经济损失，事故一般分为以下等级。

(1) 特别重大事故，是指造成 30 人以上死亡，或者 100 人以上重伤(包括急性工业中毒，下同)，或者 1 亿元以上直接经济损失的事故。

(2) 重大事故，是指造成 10 人以上 30 人以下死亡，或者 50 人以上 100 人以下重伤，或者 5000 万元以上 1 亿元以下直接经济损失的事故。

(3) 较大事故，是指造成 3 人以上 10 人以下死亡，或者 10 人以上 50 人以下重伤，或者 1000 万元以上 5000 万元以下直接经济损失的事故。

(4) 一般事故，是指造成 3 人以下死亡，或者 10 人以下重伤，或者 1000 万元以下直接经济损失的事故。

本等级划分所称的"以上"包括本数，所称的"以下"不包括本数。

【案例 9-1】某商厦建筑面积 14800m²，钢筋混凝土框架结构，地上 5 层，地下 2 层，由市建筑设计院设计，江北区建筑工程公司施工。1996 年 4 月 8 日开工。在主体结构施工

到地上 2 层时，柱混凝土施工完毕，为使楼梯能跟上主体施工进度，施工单位在地下室楼梯未施工的情况下直接支模施工第一层楼梯混凝土。支模方法是：在+(-)0.00m 处的地下室楼梯间侧壁混凝土墙板上放置 4 块预应力混凝土空心楼板，在楼梯上面进行一楼楼梯支模。另外在地下室楼梯间采取分层支模的方法对上述 4 块预制楼板进行支撑。地下一层的支撑柱直接顶在预制楼板下面。7 月 30 日中午开始浇筑一层楼梯混凝土，当混凝土浇筑即将完工时，楼梯整体突然坍塌，致使 7 名现场施工人员坠落并被砸入地下室楼梯间内。造成 4 人死亡，3 人轻伤，直接经济损失 10.5 万元的重大事故。经事后调查发现，第一层楼梯混凝土浇筑的技术交底和安全交底均为施工单位为逃避责任而后补。本工程这起重大事故可定为哪种等级的重大事故？依据是什么？

9.3.2　生产安全事故的处理

1．生产安全事故报告和调查处理的原则

根据国家法律法规的要求，在进行生产安全事故报告和调查处理时，要坚持实事求是、尊重科学的原则，既要及时、准确地查明事故原因，明确事故责任，使责任人受到追究；又要总结经验教训，落实整改和防范措施，防止类似事故再次发生。因此，施工项目一旦发生安全事故，必须实施"四不放过"的原则。

(1) 事故原因没有查清不放过。

(2) 责任人员没有受到处理不放过。

(3) 职工群众没有受到教育不放过。

(4) 防范措施没有落实不放过。

2．事故报告的要求

根据《生产安全事故报告和调查处理条例》等相关规定的要求，事故报告应当及时、准确、完整，任何单位和个人对事故不得迟报、漏报、谎报或者瞒报。

1) 施工单位事故报告要求

生产安全事故发生后，受伤者或最先发现事故的人员应立即用最快的传递手段，将发生事故的时间、地点、伤亡人数、事故原因等情况，向施工单位负责人报告；施工单位负责人接到报告后，应当在 1 小时内向事故发生地县级以上人民政府建设主管部门和有关部门报告。实行施工总承包的建设工程，由总承包单位负责上报事故。

情况紧急时，事故现场有关人员可以直接向事故发生地县级以上人民政府建设主管部门和有关部门报告。

2) 建设主管部门事故报告要求

(1) 安全生产监督管理部门和负有安全生产监督管理职责的有关部门接到事故报告后，应当依照下列规定上报事故情况，并通知公安机关、劳动保障行政主管部门、工会和人民检察院。

① 特别重大事故、重大事故逐级上报至国务院安全生产监督管理部门和负有安全生产监督管理职责的有关部门。

② 较大事故逐级上报至省、自治区、直辖市人民政府安全生产监督管理部门和负有

安全生产监督管理职责的有关部门。

③ 一般事故上报至设区的市级人民政府安全生产监督管理部门和负有安全生产监督管理职责的有关部门。

安全生产监督管理部门和负有安全生产监督管理职责的有关部门依照前款规定上报事故情况，应当同时报告本级人民政府。国务院安全生产监督管理部门和负有安全生产监督管理职责的有关部门以及省级人民政府接到发生特别重大事故、重大事故的报告后，应当立即报告国务院。

必要时，安全生产监督管理部门和负有安全生产监督管理职责的有关部门可以越级上报事故情况。

(2) 安全生产监督管理部门和负有安全生产监督管理职责的有关部门按照上述规定逐级上报事故情况时，每级上报的时间不得超过2小时。

3) 事故报告的内容

(1) 事故发生单位概况。

(2) 事故发生的时间、地点以及事故现场情况。

(3) 事故的简要经过。

(4) 事故已经造成或者可能造成的伤亡人数(包括下落不明的人数)和初步估计的直接经济损失。

(5) 已经采取的措施。

(6) 其他应当报告的情况。

事故报告后出现新情况，以及自事故发生之日起30日内伤亡人数发生变化的，应当及时补报。

3. 事故调查

根据《条例》等相关规定的要求，事故调查处理应当坚持实事求是、尊重科学的原则，及时、准确地查清事故经过、事故原因和事故损失，查明事故性质，认定事故责任，总结事故教训，提出整改措施，并对事故责任者依法追究责任。

事故调查报告的内容应包括以下几点。

(1) 事故发生单位概况。

(2) 事故发生经过和事故救援情况。

(3) 事故造成的人员伤亡和直接经济损失。

(4) 事故发生的原因和事故性质。

(5) 事故责任的认定和对事故责任者的处理建议。

(6) 事故防范和整改措施。

事故调查报告应当附具有关证据材料，事故调查组成人员应当在事故调查报告上签名。

4. 事故处理

1) 施工单位的事故处理

(1) 事故现场处理。

事故处理是落实"四不放过"原则的核心环节。当事故发生后，事故发生单位应当严格保护事故现场，做好标识，排除险情，采取有效措施抢救伤员和财产，防止事故蔓延

扩大。

事故现场是追溯判断发生事故原因和事故责任人责任的客观物质基础。因抢救人员、疏导交通等，需要移动现场物件时，应当做出标识，绘制现场简图并做出书面记录，妥善保存现场重要痕迹、物证，有条件的可以拍照或录像。

(2) 事故登记。

施工现场要建立安全事故登记表，作为安全事故档案，对发生事故人员的姓名、性别、年龄、工种等级，负伤时间、伤害程度、负伤部门及情况、简要经过及原因记录归档。

(3) 事故分析记录。

施工现场要有安全事故分析记录，对发生轻伤、重伤、死亡、重大设备事故及未遂事故必须按"四不放过"的原则组织分析，查出主要原因，分清责任，提出防范措施，应吸取的教训要记录清楚。

(4) 要坚持安全事故月报制度，若当月无事故也要报空表。

2) 建设主管部门的事故处理

(1) 建设主管部门应当依据有关人民政府对事故的批复和有关法律法规的规定，对事故相关责任者实施行政处罚。处罚权限不属本级建设主管部门的，应当在收到事故调查报告批复后 15 个工作日内，将事故调查报告(附具有关证据材料)、结案批复、本级建设主管部门对有关责任者的处理建议等转送有权限的建设主管部门。

(2) 建设主管部门应当依照有关法律法规的规定，对因降低安全生产条件导致事故发生的施工单位给予暂扣或吊销安全生产许可证的处罚；对事故负有责任的相关单位给予罚款、停业整顿、降低资质等级或吊销资质证书的处罚。

(3) 建设主管部门应当依照有关法律法规的规定，对事故发生负有责任的注册执业资格人员给予罚款、停止执业或吊销其注册执业资格证书的处罚。

5. 法律责任

1) 事故报告和调查处理的违法行为

根据《条例》规定，对事故报告和调查处理中的违法行为，任何单位和个人有权向安全生产监督管理部门、监察机关或者其他有关部门举报，接到举报的部门应当依法及时处理。

事故报告和调查处理中的违法行为，包括事故发生单位及其有关人员的违法行为，还包括政府、有关部门及有关人员的违法行为，其种类主要有以下几种。

(1) 不立即组织事故抢救。

(2) 在事故调查处理期间擅离职守。

(3) 迟报或者漏报事故。

(4) 谎报或者瞒报事故。

(5) 伪造或者故意破坏事故现场。

(6) 转移、隐匿资金和财产，或者销毁有关证据、资料。

(7) 拒绝接受调查或者拒绝提供有关情况和资料。

(8) 在事故调查中作伪证或者指使他人作伪证。

(9) 事故发生后逃匿。

(10) 阻碍、干涉事故调查工作。

(11) 对事故调查工作不负责任，致使事故调查工作有重大疏漏。

(12) 包庇、袒护负有事故责任的人员或者借机打击报复。

(13) 故意拖延或者拒绝落实经批复的对事故责任人的处理意见。

2) 法律责任

(1) 事故发生单位主要负责人有上述(1)~(3)条违法行为之一的，处上一年年收入40%~80%的罚款；属于国家工作人员的，依法给予处分；构成犯罪的，依法追究刑事责任。

(2) 事故发生单位及其有关人员有上述(4)~(9)条违法行为之一的，对事故发生单位处100万元以上500万元以下的罚款；对主要负责人、直接负责的主管人员和其他直接责任人员处上一年年收入60%~100%的罚款；属于国家工作人员的，依法给予处分；构成违反治安管理行为的，由公安机关依法给予治安管理处罚；构成犯罪的，依法追究刑事责任。

(3) 有关地方人民政府、安全生产监督管理部门和负有安全生产监督管理职责的有关部门有上述(1)、(3)、(4)、(8)、(10)条违法行为之一的，对直接负责的主管人员和其他直接责任人员依法给予处分；构成犯罪的，依法追究刑事责任。

(4) 参与事故调查的人员在事故调查中有上述(11)、(12)条违法行为之一的，依法给予处分；构成犯罪的，依法追究刑事责任。

(5) 有关地方人民政府或者有关部门故意拖延或者拒绝落实经批复的对事故责任人的处理意见的，由监察机关对有关责任人员依法给予处分。

9.3.3 生产安全事故应急预案的内容

1. 生产安全事故应急预案的概念

生产安全事故应急预案是指事先制订的关于生产安全事故发生时进行紧急救援的组织、程序、措施、责任及协调等方面的方案和计划，是对特定的潜在事件和紧急情况发生时所采取措施的计划安排，是应急响应的行动指南。

编制应急预案的目的，是避免紧急情况发生时出现混乱，确保按照合理的响应流程采取适当的救援措施，预防和减少可能随之引发的职业健康安全和环境影响。

2. 生产安全事故应急预案体系的构成

生产安全事故应急预案应形成体系，针对各级各类可能发生的事故和所有危险源制订专项应急预案和现场应急处置方案，并明确事前、事中、事后的各个过程中相关部门和有关人员的职责。生产规模小、危险因素少的施工单位，综合应急预案和专项应急预案可以合并编写。

1) 综合应急预案

综合应急预案是从总体上阐述事故的应急方针、政策，应急组织结构及相关应急职责，应急行动、措施和保障等基本要求和程序，是应对各类事故的综合性文件。

2) 专项应急预案

专项应急预案是针对具体的事故类别(如基坑开挖、脚手架拆除等事故)、危险源和应急保障而制订的计划或方案，是综合应急预案的组成部分，应按照综合应急预案的程序和要

求组织制订，并作为综合应急预案的附件。专项应急预案应制订明确的救援程序和具体的应急救援措施。

　　3) 现场处置方案

　　现场处置方案是针对具体的装置、场所或设施、岗位所制订的应急处置措施。现场处置方案应具体、简单、针对性强。现场处置方案应根据风险评估及危险性控制措施逐一编制，做到事故相关人员应知应会，熟练掌握，并通过应急演练，做到迅速反应、正确处置。

3. 生产安全事故应急预案编制原则和主要内容

　　1) 生产安全事故应急预案编制原则

　　制订安全生产事故应急预案时，应当遵循以下原则。

　　(1) 重点突出、针对性强。应急预案编制应结合本单位安全方面的实际情况，分析可能导致发生事故的原因，有针对性地制订预案。

　　(2) 统一指挥、责任明确。预案实施的负责人以及施工单位各有关部门和人员如何分工、配合、协调，应在应急救援预案中加以明确。

　　(3) 程序简明、步骤明确。应急预案程序要简明，步骤要明确，具有高度可操作性，保证发生事故时能及时启动、有序实施。

　　2) 生产安全事故应急预案编制的主要内容

　　(1) 制订应急预案的目的和适用范围。

　　(2) 组织机构及其职责。明确应急预案救援组织机构、参加部门、负责人和人员及其职责、作用和联系方式。

　　(3) 危害辨识与风险评价。确定可能发生的事故类型、地点、影响范围及可能影响的人数。

　　(4) 通告程序和报警系统。包括确定报警系统及程序、报警方式、通信联络方式，向公众报警的标准、方式、信号等。

　　(5) 应急设备与设施。明确可用于应急救援的设施和维护保养制度，明确有关部门可利用的应急设备和危险监测设备。

　　(6) 求援程序。明确应急反应人员向外求援的方式，包括与消防机构、医院、急救中心的联系方式。

　　(7) 保护措施程序。保护事故现场的方式方法，明确可授权发布疏散作业人员及施工现场周边居民指令的机构及负责人，明确疏散人员的接收中心或避难场所。

　　(8) 事故后的恢复程序。明确决定终止应急、恢复正常秩序的负责人，宣布应急取消和恢复正常状态的程序。

　　(9) 培训与演练。包括定期培训、演练计划及定期检查制度，对应急人员进行培训，并确保合格者上岗。

　　(10) 应急预案的维护。更新和修订应急预案的方法，根据演练、检测结果完善应急预案。

　　【案例 9-2】某市拟在第二大街地下 0.7m 深处铺设一条污水管道，为不破坏路面，准备采用顶管施工，该工程由某建筑公司第一工程处承接。1999 年 9 月 4 日，项目经理电话安排 3 名工人进行前期准备工作，在南城立交桥北侧 100m 处的污水管道井内，开出一条直径为 1.1m、长度为 12m 的管道，将与道路东侧雨水收集井相连接。3 名工人到现场后，1 名工人下井到 1.2m 深处电钻进行钻孔，工作不到 1 小时就出现中毒症状并晕倒在井下，地面上 2 人见状相继下井抢救，因未采取任何保护措施，也相继中毒窒息晕倒，3 人全部死亡。请简要说明应急预案应包括哪些核心内容? 应急演练有哪几种方式?

4. 生产安全应急预案的管理

建设工程生产安全事故应急预案的管理包括应急预案的评审、备案、实施和奖惩。

国家安全生产监督管理总局负责应急预案的综合协调管理工作。国务院其他负有安全生产监督管理职责的部门按照各自的职责负责本行业、本领域内应急预案的管理工作。

县级以上地方各级人民政府安全生产监督管理部门负责本行政区域内应急预案的综合协调管理工作。县级以上地方各级人民政府其他负有安全生产监督管理职责的部门按照各自的职责负责辖区内本行业、本领域应急预案的管理工作。

9.4 现场文明施工与环境保护的要求

9.4.1 文明施工

1. 文明施工的概念

文明施工是指保持施工现场良好的作业环境、卫生环境和工作秩序。文明施工主要包括：规范施工现场的场容，保持作业环境的整洁卫生；科学组织施工，使生产有序进行；建设施工对周围居民和环境的影响；遵守施工现场文明施工的规定和要求，保证职工的安全和身体健康。

文明施工的意义在于，能促进企业管理水平的提高，符合现代化施工的客观要求；文明施工代表企业的形象；有利于培养和提高施工队伍的整体素质。

2. 现场文明施工的要求

(1) 工地主要入口要设置简朴规整的大门，门旁必须设立明显的标牌，标明工程名称、施工单位和工程负责人姓名等内容。

(2) 施工现场建立文明施工责任制，划分区域，明确管理负责人，实行挂牌制。

(3) 施工现场场地平整，道路坚实畅通，有排水措施，地下管道施工完后要及时回填平整，清除积土。

(4) 现场施工临时水电要有专人管理，不得有长流水、长明灯。

(5) 施工现场的临时设施，要严格按施工组织设计确定的施工平面图布置、搭设或埋设整齐。

(6) 工人操作地点和周围必须清洁整齐，做到活完脚下清、工完场地清，丢撒在楼梯、楼板上的砂浆混凝土要及时清除，落地灰要回收过筛后使用。

(7) 砂浆、混凝土在搅拌、运输、使用过程中要做到不撒、不漏、不剩，砂浆、混凝土必须有容器或垫板，如有撒、漏情况要及时清理。

(8) 要有严格的成品保护措施，严禁损坏污染成品，堵塞管道。严禁在建筑物内大小便。

(9) 建筑物内清除的垃圾渣土，要通过临时搭设的竖井、利用电梯井或采取其他措施稳妥下卸，严禁从门窗口向外抛掷。

(10) 施工现场不准乱堆垃圾。应在适当地点设置临时堆放点，并定期外运。清运渣土垃圾及流体物品，要采取遮盖防漏措施，运送途中不得遗撒。

(11) 根据工程性质和所在地区的不同情况，采取必要的围护和遮挡措施，并保持外观整洁。

(12) 根据施工现场情况设置宣传标语和黑板报，并适时更换内容，切实起到表扬先进、督促后进的作用。

(13) 施工现场严禁居住家属，严禁居民在施工现场穿行、玩耍。

(14) 现场使用的机械设备，要按平面布置规划固定点存放，遵守机械安全规程，经常保持机身及周围环境的清洁，机械的标记、编号明显，安全装置可靠。

(15) 清洗机械排出的污水要有排放措施，不得随地流淌。

(16) 在用的搅拌机、砂浆机旁必须设有沉淀池，不得将水直接排放入下水道及河流等处。

(17) 塔吊轨道按规定铺设整齐稳固，塔边要封闭，道渣不外溢，路基内外排水畅通。

(18) 施工现场应建立不扰民措施，针对施工特点设置防尘和防噪声设施，夜间施工必须有当地主管部门的批准。

【案例 9-3】某公司办公楼工程为 3 层(局部 4 层)框架结构，建筑面积 10000m²，由市建一公司承接后，转包给私人包工头(挂靠该建筑公司、使用该公司资质)自行组织施工。该工程中厅屋盖主钢筋混凝土结构，长度为 36m，宽度为 20m，高度为 15m，模板支架采用木杆，木杆直径为 30~60mm，立杆间距为 0.7~0.8m，步距为 1.7~1.9m。于 2004 年 5 月 20 日下午开始浇筑混凝土，由于模板支架木杆过细，又缺少水平拉结和剪刀撑，造成架体承载力不够。当连续作业到 21 日凌晨时，突然发生屋顶梁板整体坍塌，造成 5 人死亡、1 人重伤的重大事故。分析这起事故发生的主要原因是什么？

9.4.2 现场环境保护

环境保护是按照法律的规定、各级主管部门和企业的要求，保护和改善现场的环境。控制现场的各种粉尘、废水、废气、固体废物、噪声、震动等对环境的污染和危害。环境保护是文明施工的重要内容之一。

1. 环境保护的目的

(1) 保护和改善环境质量，从而保护人民的身心健康，防止人体在环境污染影响下产生遗传突变和退化。

(2) 合理开发和利用自然资源，减少或消除有害物质对环境的影响，加强生物多样性的保护，维护生物资源的生产能力，使之得以恢复。

2. 环境保护的原则

(1) 经济建设与环境保护协调发展的原则。

(2) 预防为主、防治结合、综合治理的原则。

(3) 依靠群众保护环境的原则。

(4) 环境经济责任原则，即污染者付费的原则。

3. 环境保护的要求

(1) 工程的施工组织设计中应有防治扬尘、噪声、固体废物和废水等污染环境的有效措施，并在施工作业中认真组织实施。

(2) 施工现场应建立环境保护管理体系，层层落实，责任到人，并保证有效运行。

(3) 对施工现场防治扬尘、噪声、水污染及环境保护管理工作进行检查。

音频.环境保护的要求.mp3

(4) 定期对职工进行环保法规知识的培训考核。

4. 现场环境保护的措施

1) 大气污染的防治

大气污染主要包括气体状态污染物(如二氧化硫、一氧化氮等)、粒子状态污染物(如飘尘)、工程施工对大气产生的污染物(如运输装卸过程中产生的粉尘、施工机械尾气等)。

(1) 严格控制施工现场和施工运输过程中的降尘和飘尘对周围大气的污染，可采取清扫、洒水、遮盖、密封等措施降低污染。

(2) 严格控制有毒、有害气体的产生和排放，如禁止随意焚烧油毡、橡胶、塑料、皮革、树叶、枯草、各种包装物等废弃物品，尽量不使用有毒有害的涂料等化学物质。

(3) 所有机动车的尾气排放应符合国家现行标准。

2) 水污染的防治

禁止将有毒、有害废弃物作为土方回填；施工现场搅拌站废水、现制水磨石的污水、电石的污水，应经沉淀池沉淀后再排入污水管道或河流，当然最好能采取措施回收利用；现场存放的油料必须对库房地面进行防渗处理，防止油料跑、冒、滴、漏，污染水体；化学药品、外加剂等应妥善保管，库内存放，防止污染环境。

3) 施工现场的噪声控制

建设工程施工现场的噪声控制措施包括严格控制人为噪声进入施工现场，不得高声喊叫、无故敲打模板，最大限度地减少噪声扰民；在人口稠密区进行强噪声作业时，应严格控制作业时间；采取措施从声源上降低噪声，如尽量选用低噪声设备和工艺代替高噪声设备与加工工艺，如低噪声振捣器、风机、空压机、电锯等在声源处安装消声器消声；采用吸声、隔声、隔振和阻尼等声学处理的方法，在传播途径上控制噪声。

4) 施工现场固体废物处理

固体废物是生产、建设、日常生活和其他活动中产生的固态、半固态污染物。施工工地常见的固体废物有建筑渣土、废弃的散装建筑材料、生活垃圾、包装材料、粪便等。固体废物的主要处理和处置方法有下列几种。

(1) 物理处理。包括压实浓缩、破碎、分选、脱水干燥等。

(2) 化学处理。包括氧化还原、中和、化学浸出等。

(3) 生物处理。包括好氧处理、厌氧处理等。

(4) 热处理。包括焚烧、热解、焙烧、烧结等。

(5) 固化处理。包括水泥固化法和沥青固化法等。

(6) 回收利用。包括回收利用和集中处理等资源化、减量化的方法。

(7) 处置。包括土地填埋、焚烧、储留池储存等。

5) 光污染的处理

(1) 对施工现场照明工具的种类、灯光亮度加以控制，不对着居民区照射，并利用隔离屏障(如灯罩、搭设排架密挂草帘或篷布等)。

(2) 电气焊应尽量远离居民区或在工作面设避光屏障。

 本章小结

本章首先详细阐述了职业健康安全与环境管理的相关概念，包括职业健康安全与环境管理的目的、特点、任务以及职业健康安全管理体系与环境管理体系等内容；其次介绍了施工安全生产管理的知识点；再次介绍了生产安全事故的分类和处理的概念；最后介绍了我国法律法规对现场文明施工与环境保护的要求，通过这些内容的学习，帮助学生熟悉、了解、掌握职业健康安全与环境管理的相关知识，使学生在以后的工作学习中能够学以致用。

 实训练习

1. 单选题

(1) 在职业健康安全管理体系与环境管理体系的运行中，组织对其自身的管理体系所进行的检查和评价称为(　　)。

　　A. 持续改进　　　B. 管理评审　　　C. 内部审核　　　D. 系统评审

(2) 在建设工程项目决策阶段，建设单位职业健康安全与环境管理的任务是(　　)。

　　A. 对环境保护和安全设施的设计提出建议

　　B. 办理有关安全与环境保护的各种审批手续

　　C. 对生产安全事故的防范提出指导意见

　　D. 将保证安全施工的措施报有关管理部门备案

(3) 关于职业健康与安全管理体系内部审核的说法，正确的是(　　)。

　　A. 内部审核是按照上级要求对体系进行的检查和评价

　　B. 内部审核是最高管理者对管理体系的系统评价

　　C. 内部审核是管理体系接受外部监督的一种机制

　　D. 内部审核是管理体系自我保证和自我监督的一种机制

(4) 作业文件是职业健康安全与环境管理体系文件的组成之一，其内容包括(　　)。

A. 管理手册、管理规定、监测活动准则及程序文件

B. 操作规程、管理规定、监测活动准则及程序文件引用的表格

C. 操作规程、管理规定、监测活动准则及管理手册

D. 操作规程、管理规定、监测活动准则及程序文件

(5) 下列建设工程安全隐患的不安全因素中，属于"物的不安全状态"指的是（   ）。

A. 个人防护用品缺失　　　　　　B. 物体存放不当

C. 未正确使用个人防护用品　　　D. 对易燃易爆等危险品处理不当

2. 多选题

(1) 在建设工程项目决策阶段，建设单位职业健康安全与环境管理的任务包括（   ）。

A. 提出生产安全事故防范的指导意见

B. 办理有关安全的各种审批手续

C. 提出保障施工作业人员安全和预防生产安全事故的措施建议

D. 办理有关环境保护的各种审批手续

E. 将保证安全施工的措施报有关管理部门备案

(2) 建设工程生产安全检查的主要内容包括（   ）。

A. 管理检查　　　B. 危险源检查　　　C. 思想检查

D. 隐患检查　　　E. 整改检查

(3) 建设工程施工安全控制的具体目标包括（   ）。

A. 提高员工安全生产意识　　　B. 改善生产环境和保护自然环境

C. 减少或消除人的不安全行为　　D. 安全事故整改

E. 减少或消除设备、材料的不安全状态

(4) 根据《特种作业人员安全技术考核管理规则》，下列建设工程活动中，属于特种作业的有（   ）。

A. 建筑登高架设作业　B. 钢筋焊接作业　　C. 建筑外墙抹灰作业

D. 卫生洁具安装作业　E. 起重机械操作作业

(5) 安全事故隐患治理原则包括（   ）。

A. 单项隐患综合治理原则　　　B. 预防和减灾并重治理原则

C. 重点治理原则　　D. 静态治理原则　　E. 动态治理原则

(6) 按照我国现行规定，安全检查的重点是（   ）。

A. 查思想　　　　B. 查管理　　　　C. 查三违

D. 查安全责任制的落实　　　　E. 查隐患

3. 简答题

(1) 施工职业健康安全与环境管理的特点有哪些？

(2) 生产安全事故报告和调查处理的原则是什么？

(3) 环境保护的原则有哪些？

第9章习题答案.doc

实训工作单

班级		姓名		日期	
教学项目		职业健康安全与环境管理			
任务	学会现场安全生产管理和事故处理	方式		借鉴真实的事故案例进行学习分析	
相关知识		职业健康安全与环境管理的基本知识			
其他要求					

学习总结案例分析记录

评语			指导教师	

第 10 章　建筑施工信息管理

【教学目标】

(1) 熟悉施工信息管理的相关概念。

(2) 了解信息技术的应用现状。

(3) 掌握施工信息管理的任务和方法。

【教学要求】

第 10 章.pptx

本章要点	掌握层次	相关知识点
建筑施工信息管理概述	(1) 了解建筑施工信息管理概述 (2) 了解信息技术在建筑业的应用现状 (3) 了解建筑施工中应用信息技术的必要性 (4) 了解建筑工程管理信息化的意义	(1) 建筑工程项目的信息 (2) 建筑行业采用信息技术的进展缓慢的主要原因 (3) 建筑工程管理信息化的意义 (4) 信息技术在工程管理中的开发和应用的意义
施工信息管理的任务和方法	(1) 掌握信息管理的主要工作内容 (2) 掌握建筑工程项目管理信息系统的功能 (3) 了解建筑施工项目信息管理的原则 (4) 了解项目信息管理的任务	(1) 信息管理的主要工作 (2) 投资控制和成本控制的功能 (3) 建设工程项目信息管理的工作原则 (4) 信息管理手册的主要内容
基于 BIM 的工程项目管理信息系统设计设想	(1) 了解基于 BIM 的工程项目管理信息系统整体构想 (2) 掌握基于 BIM 的工程项目管理信息系统的架构及功能 (3) 了解基于 BIM 的工程项目管理信息系统的运行	(1) 基于 BIM 构建的工程项目管理信息系统的优势 (2) 工程项目管理信息系统架构 (3) 基于 BIM 模型的信息管理系统在项目全寿命期内的具体运作

【案例导入】

　　信息化与网络化是海尔现代物流最基本的特征。2000 年以来，海尔斥巨资采用了 SAP 公司提供的 ERP 系统(企业资源计划或规划系统)和 BBP 系统(原材料网上采购系统)以保证在接到订单的那一刻起，所有与这个订单有关系的部门和个人都能同步运行起来。

【问题导入】

不仅仅是企业，现在建设工程项目也需要信息管理，信息管理已经是现在项目必不可少的手段，请结合下文了解信息管理在工程建设中的重要作用。

10.1　建筑施工信息管理概述

10.1.1　建筑施工信息管理概述

1. 信息的概念

信息指的是用口头的方式、书面的方式或电子的方式传输(传达、传递)的知识、新闻，或可靠的或不可靠的情报。声音、文字、数字和图像等都是信息表达的形式。建设工程项目的实施需要人力资源和物质资源，应认识到信息也是项目实施的重要资源之一。

建筑施工信息管理.mp4

2. 信息管理的概念

信息管理指的是信息传输的合理的组织控制。施工方在投标过程中、承包合同洽谈过程中、施工准备工作中、施工过程中、验收过程中，以及在保修期工作中形成大量的各种信息。这些信息不但在施工方内部各部门间流转，其中许多信息还必须提供给政府建设主管部门、业主方、设计方、相关的施工合作方和供货方等，还有许多有价值的信息应有序地保存，可供其他项目施工借鉴。上述过程包含了信息传输的过程，由谁(哪个工作岗位或工作部门等)、在何时、向谁(哪个项目主管和参与单位的工作岗位或工作部门等)、以什么方式、提供什么信息等，这就是信息管理的内涵。信息管理不能简单理解为仅对产生的信息进行归档和一般的信息领域的行政事务管理。为充分发挥信息资源的作用和提高信息管理水平，施工单位和其项目管理部门都应设置专门的工作部门(或专门的人员)负责信息管理。

3. 项目的信息管理的概念

项目的信息管理是通过对各个系统、各项工作和各种数据的管理，使项目的信息能方便和有效地获取、存储、存档、处理和交流。项目信息管理的目的旨在通过有效的项目信息传输的组织和控制为项目建设的增值服务。

(1) 各个系统可视为与项目的决策、实施和运行有关的各系统，它可分为建设工程项目决策阶段管理子系统、实施阶段管理子系统和运行阶段管理子系统。其中，实施阶段管理子系统又可分为业主方管理子系统、设计方管理子系统、施工方管理子系统和供货方管理子系统等。

(2) 各项工作可视为与项目的决策、实施和运行有关的工作。例如，施工方管理了系统中的工作包括安全管理、成本管理、进度管理、质量管理、合同管理、信息管理、施工现场管理等。

(3) 数据并不仅指数字，在信息管理中，数据作为一个专门术语，包括数字、文字、图像和声音。在施工方项目信息管理中，各种报表、成本分析的有关数字、进度分析的有关数字、质量分析的有关数字以及各种来往的文件、设计图纸、施工摄影和摄像资料与录音资料等都属于信息管理中数据的范畴。

为充分发挥信息资源的作用和提高信息管理水平,施工单位和其项目管理部门都设置专门的工作部门(或专门人员)负责信息管理。

4. 建筑工程项目的信息

建筑工程项目的信息包括在项目决策过程、实施过程(设计准备、设计、施工和物资采购过程等)和运行过程中产生的信息,以及其他与项目建设有关的信息,具体包括项目组织类信息、管理类信息、经济类信息、技术类信息和法规类信息。

5. 信息交流的重要性

据有关国际文献的资料统计,有以下发现。

(1) 建设工程项目实施过程中存在的诸多问题,其中 2/3 与信息交流(信息沟通)即一方没有及时,或没有将另一方所需要的信息(如所需的信息内容、针对性的信息和完整的信息),或没有将正确的信息传递给另一方的问题有关。如施工已产生了重大质量问题的隐患,而没有向有关技术负责人及时汇报。

(2) 建设工程项目 10%~33%的费用增加与信息交流存在的问题有关,如业主方没有将施工进度严重拖延的信息及时告知大型设备供货方,而设备供货方仍按原计划将设备运到施工现场,致使大型设备在现场无法存放和妥善保管,从而造成费用的增加。

(3) 在大型建设工程项目中,信息交流的问题导致工程变更和工程实施的错误占工程总成本的 3%~5%。如设计变更没有及时通知施工方而导致返工。

由此可见信息交流对项目实施影响之大。

10.1.2 信息技术在建筑业的应用现状

随着信息技术应用的增加,在复杂项目上应用信息技术,会对管理有极大帮助,劳动生产率将会随之提高。但通过对信息技术应用的调查,发现建筑行业采用信息技术的进展还非常缓慢,主要原因如下。

(1) 建筑业部分人士缺少对信息技术的了解和掌握。通常,建筑业人士多忙于项目管理工作,没有时间了解和掌握最新的信息技术。

(2) 建筑行业高度分散,适用于大型项目的信息技术并不适用小项目。

(3) 大型建筑承包商有雄厚的资金实力,因而愿意投资于复杂的信息技术,如门户网站;但对于小承包商而言,尽管许多小型建筑工程公司也可以从信息技术的应用中获利,但由于资金限制或者认为在应用新技术时会存在困难,且短期内很难见到效益而不愿意投资,从而造成了信息孤岛的存在。

【案例 10-1】江铃国际集团管理信息系统以总部为中心,各下属单位集中建账,两个区域之间采用互联网进行传递数据,总部对整个集团的财务信息可以一目了然,方便地实现了账、证、表数据的高度集成,保证了集团公司集中式管理的实现。实现异地实时查询与统计分析,充分发挥领导的监控职能。试结合本节分析企业(项目或公司)信息管理的必要性。

10.1.3　建筑施工中应用信息技术的必要性

在传统的建筑施工管理模式中，项目中各种信息的存储主要是基于表格或单据等纸面形式，信息的加工和整理完全由大量的手工计算来完成；信息的交流绝大部分是通过人与人之间的手工传递甚至口头传递；信息的检索，则完全依赖于对文档资料的翻阅和查看。信息从它的产生、整理、加工、传递到检索和利用，都是以一种缓慢的速度在运行，这容易影响信息作用的及时发挥而造成项目管理工作的失误。随着现代工程建设项目规模的不断扩大，施工技术的难度与质量的要求不断提高，各部门和单位交互的信息量不断扩大，信息的交往与传递变得越来越频繁，建筑施工管理的复杂程度和难度越来越突出。由此可见，传统的项目管理模式在速度、可靠性及经济可行性等方面，已明显地限制了施工企业在市场经济激烈竞争中的生存和可持续发展。

近年来，一些具备一定实力的建筑施工企业，率先应用先进的计算机技术来辅助参与某些项目管理工作。例如，使用概预算软件编制施工概预算，使用网络计划软件安排施工进度，使用 AutoCAD 图形软件绘制竣工图等。通过这些软件的使用，建筑施工管理的质量和效率有了显著改善和提高。这说明在建筑施工中应用信息技术是非常必要的。

(1)　基于信息技术提供的可能性，对管理过程中需要处理的所有信息进行高效的采集、加工、传递和实时共享，减少部门之间对信息处理的重复工作，共享的信息为管理服务、为项目决策提供可靠的依据。

(2)　使监督检查等控制及信息反馈变得更为及时、有效，使以生产计划和物资计划为典型代表的计划工作能够依据已有工程的计划经验而变得更为先进合理，使建筑施工活动及项目管理活动流程的组织更加科学化，并正确引导项目管理活动的开展，以提高施工管理的自动化水平。

10.1.4　建筑工程管理信息化的意义

1. 建筑工程管理信息化的意义

(1)　促进了工程管理变革。具体包括以下内容。

① 　工程管理手段的变革。

② 　工程管理组织的变革。

③ 　工程管理思想方法的变革。

④ 　新的工程管理理论。

(2)　改变了传统的设计观念、手段和方式。

(3)　实现了建筑业从纵向一体化向横向一体化生产模式的转变。

(4)　加速了信息化施工的进程。

① 　传感技术、分析计算以及控制技术在具体施工过程中的应用。

② 　施工过程中使用虚拟仿真技术。

③ 　一批成熟的单项软件产品的应用。

(5)　推进了建设企业信息化。

2. 信息技术在工程管理中的开发和应用的意义

工程管理信息资源的开发和信息资源的充分利用，可吸取类似项目的正反两方面经验和教训，许多有价值的组织信息、管理信息、经济信息、技术信息和法规信息将有助于项目决策期多种可能方案的选择，有利于项目实施期的项目目标控制，也有利于工程项目建成后的运行。信息技术在工程管理中的开发和应用的意义在于以下几点。

(1) "信息存储数字化和存储相对集中"有利于项目信息的检索和查询，有利于数据和文件版本的统一，并有利于项目的文档管理。

(2) "信息处理和变换的程序化"有利于提高数据处理的准确性，并可提高数据处理的效率。

(3) "信息传输的数字化和电子化"可提高数据传输的抗干扰能力，使数据传输不受限制，并可提高数据传输的保真度和保密性。

(4) "信息获取便捷""信息透明度提高"以及"信息流扁平化"有利于项目参与方之间的交流和协同工作。

建筑工程管理信息化有利于提高建设工程项目的经济效益和社会效益，以达到为项目建设增值的目的。

【案例 10-2】天瑞集团是以铸造业为主体，同时拓展水泥、旅游、发电等领域于一体的综合性大型企业集团。随着公司规模的不断扩大，下属企业多，位置相对分散，业务范围广。集团的蓬勃发展对内部管理也提出了更高的要求。其中，改革和完善财务及业务管理体制，并以此为起点，实现企业全面信息化管理，成为天瑞集团加强管理的关键环节，由此，集团领导高瞻远瞩，决定抓住时机，建设一套先进、实用、可靠的管理信息系统，以适应天瑞集团的总体发展战略。试分析工程项目信息管理系统如何在具体工程中应用。

10.2 施工信息管理的任务和方法

10.2.1 信息管理的主要工作内容

信息管理的主要工作内容如下。

(1) 建立项目信息编码体系。

(2) 建立项目信息管理制度。

(3) 进行项目信息的收集、分类、存档和整理。

(4) 提供项目管理报表(包括投资控制、进度控制、质量控制、合同管理报表)。

(5) 建立会议制度，整理各类会议记录。

(6) 督促设计单位、施工单位、供货单位及时整理工程的技术经济档案和资料。

音频.信息管理的主要工作内容.mp3

由于建设工程项目大量数据处理的需要，在当今时代应重视利用信息技术的手段进行信息管理。其核心的手段是基于互联网的信息处理平台。

1. 施工项目相关的信息管理工作

与施工项目相关的信息管理的主要工作如下。

1) 收集并整理相关公共信息

公共信息包括：法律、法规和部门规章信息、市场信息以及自然条件信息。

(1) 法律、法规和部门规章信息，可采用编目管理或建立计算机文档存入计算机。无论采用哪种管理方式，都应在施工项目信息管理系统中建立法律、法规和部门规章表。

(2) 市场信息包括：材料价格表，材料供应商表，机械设备供应商表，机械设备价格表，新材料、新技术、新工艺、新管理方法信息表等。应通过每一表格及时反映出市场动态。

(3) 自然条件信息，应建立自然条件表，表中应包括地区、场地土类别、年平均气温、年最高气温、年最低气温、冬雨风季时间、年最大风力、地下水位高度、交通运输条件、环保要求等内容。

2) 收集并整理工程总体信息

以房屋建设工程为例，工程总体信息包括：工程名称、工程编号、建筑面积、总造价；建设单位、设计单位、施工单位、监理单位和参与建设其他各单位等基本项目信息；以及基础工程、主体工程、设备安装工程、装饰装修工程、建筑造型等特点；工程实体信息、场地与环境、施工合同信息等。

3) 收集并整理相关施工信息

施工信息内容包括：施工记录信息；施工技术资料信息等。

施工记录信息包括：施工日志、质量检查记录、材料设备进场记录、用工记录表等。

施工技术资料信息包括：主要原材料、成品、半成品、构配件、设备出厂质量证明和试(检)验报告，施工试验记录，预检记录，隐蔽工程验收记录，基础、主体结构验收记录，设备安装工程记录，施工组织设计，技术交底资料，工程质量检验评定资料，竣工验收资料，设计变更洽商记录，竣工图等。

2. 收集并整理相关项目管理信息

项目管理信息包括：项目管理规划(大纲)信息，项目管理实施规划信息，项目进度控制信息，项目质量控制信息，项目安全控制信息，项目成本控制信息，项目现场管理信息，项目合同管理信息，项目材料管理信息，构配件管理信息，工、器具管理信息，项目人力资源管理信息，项目机械设备管理信息，项目资金管理信息，项目技术管理信息，项目组织协调信息，项目竣工验收信息，项目考核评价信息等。

(1) 项目进度控制信息包括：施工进度计划表、资源计划表、资源表、完成工作分析表等。

(2) 项目成本信息要通过责任目标成本表、实际成本表、降低成本计划和成本分析等来管理和控制成本的相关信息。而降低成本计划由成本降低率表、成本降低额表、施工和管理费降低计划表组成。成本分析由计划偏差表、实际偏差表、目标偏差表和成本现状分析表等组成。

(3) 项目安全控制信息主要包括：安全交底、安全设施验收、安全教育、安全措施、安全处罚、安全事故、安全检查、复查整改记录等。

（4）项目竣工验收信息主要包括：施工项目质量合格证书、单位工程交工质量核查表、交工验收证明书、施工技术资料移交表、施工项目结算、回访与保修书等。

10.2.2 建筑工程项目管理信息系统的功能

1．投资控制的功能

（1）进行项目的估算、概算、预算、标底、合同价、投资使用计划和实际投资的数据计算与分析。

（2）进行项目的估算、概算、预算、标底、合同价、投资使用计划和实际投资的动态比较，并形成各种比较报表。

（3）进行计划资金的投入和实际资金的投入比较分析。

（4）根据工程进展进行投资预测等。

2．成本控制的功能

（1）进行投标估算的数据计算和分析。

（2）计划施工成本。

（3）计算实际成本。

（4）进行计划成本与实际成本的比较分析。

（5）根据工程的进展进行施工成本预测等。

3．进度控制的功能

（1）计算工程网络计划的时间参数，并确定关键工作和关键线路。

（2）绘制网络图和计划横道图。

（3）编制资源需求量计划，进行进度计划执行情况的比较分析。

（4）根据工程的进展情况进行工程进度预测。

4．合同管理的功能

（1）合同基本数据查询。

（2）合同执行情况的查询和统计分析。

（3）标准合同文本查询和合同辅助起草等。

10.2.3 建筑施工项目信息管理的原则

建设工程项目信息管理的工作原则包括以下内容。

（1）标准化原则。

（2）有效性原则。

（3）定量化原则。

（4）时效性原则。

（5）高效处理原则。

（6）可预见原则。

10.2.4 项目信息管理的任务

1. 信息管理手册

业主方和项目参与各方都有各自的信息管理任务，各方都应编制各自的信息管理手册。信息管理手册描述和定义信息管理做什么、谁做、什么时候做和其工作成果是什么等，主要内容包括以下几项。

(1) 信息管理的任务(信息管理任务目录)。

(2) 信息管理的任务分工表和管理职能分工表。

(3) 信息的分类。

(4) 信息的编码体系和编码。

(5) 信息输入输出模型。

(6) 各项信息管理工作的工作流程图。

(7) 信息流程图。

(8) 信息处理的工作平台及其使用规定。

(9) 各种报表和报告的格式以及报告周期。

(10) 项目进展的月度报告、季度报告、年度报告和工程总报告的内容及其编制。

(11) 工程档案管理制度。

(12) 信息管理的保密制度等。

音频.信息管理手册的
主要内容.mp3

2. 信息管理部门的工作任务

项目管理班子中各个工作部门的管理工作都与信息处理有关，而信息管理部门的主要工作任务如下。

(1) 负责编制信息管理手册，在项目实施过程中进行信息管理手册必要的修改和补充，并检查和督促其执行。

(2) 负责协调和组织项目管理班子中各个工作部门的信息处理工作。

(3) 负责信息处理工作平台的建立和运行维护。

(4) 与其他工作部门协同组织收集信息、处理信息和形成各种反映项目进展与项目目标控制的报表和报告。

(5) 负责工程档案管理等。

在国际上，许多建设工程项目都专门设立信息管理部门(或称为信息中心，以确保信息管理工作的顺利进行；也有一些大型建设工程项目专门委托咨询公司从事项目信息跟踪和分析，以信息流指导物质流，从宏观上对项目的实施进行控制。

10.3 基于 BIM 的工程项目管理信息系统设计设想

10.3.1 基于 BIM 的工程项目管理信息系统整体构想

随着全球化、知识化和信息化时代的来临，信息日益成为主导全球经济的基础。在现代信息技术的影响下,现代建设项目管理已经转变为对项目信息的管理。传统的信息沟通方式已远远不能满足现代大型工程项目建设的需要,实践中许多的索赔与争议事件归根结底都是由于信息错误传达或不完备造成的。如何为工程项目的建设营造一个集成化的沟通和相互协调的环境,提高工程项目的建设效益,已成为国内外工程管理领域的一个非常重要而迫切的研究课题。

项目信息管理图片.docx

目前在信息系统理论研究方面,国内绝大多数研究将焦点集中在整个系统构架的理论研究上。我国建筑业的信息化,充其量是为建设项目管理的过程提供了一些工具,而没有为我国建设项目管理带来根本性的变革。国外项目管理信息系统集成化程度较高,但也只是几个建设过程信息的集成、功能的集成,并不是完全意义上集成化的项目管理信息系统,近年来,作为建筑信息技术新的发展方向,BIM 从一个理想概念成长为如今的应用工具,给整个建筑行业带来了多方面的机遇与挑战。

1. 建筑信息模型

建筑信息模型(BIM),是指在开放的工业标准下设施的物理和功能特征,及其相关的项目生命周期信息的可计算或可运算的表现形式。BIM 以三维数字技术为基础,通过一个共同的标准,目前主要是 IFC,集成了建设工程项目各种相关信息的工程数据模型。作为一项新的计算机软件技术,BIM 从 CAD 扩展到更多的软件程序领域,如工程造价、进度安排,还蕴藏着服务于设备管理等方面的潜能。BIM 给建筑行业的软件应用增添了更多的智能工具,实现了更多的职能工序。设计师通过运用新式工具,改变了以往方案设计的思维方式;承建方由于得到新型的图纸信息,改变了传统的操作流程;管理者则因使用统筹信息的新技术,改变其前前后后工作日程、人事安排等一系列任务的分配方法。

在实际应用上,BIM 的信息技术可以帮助所有工程参与者提高决策效率和正确性。比如,建筑设计可以从三维来考虑推敲建筑内外的方案;施工单位可取其墙上参数化的混凝土类型、配筋等信息,进行水泥等材料的备料及下料;物业单位则可以用之进行可视化物业管理等。基于 BIM 的项目系统能够在网络环境中,保持信息即时刷新,并能够提供访问、增加、变更、删除等操作,使建筑师、工程师、施工人员、业主、最终用户等所有项目系统相关用户可以清楚、全面地了解项目此时的状态。这些信息在建筑设计、施工过程和后期运行管理过程中,可以促使加快决策进度、提高决策质量、降低项目成本。

2. 基于 BIM 构建的工程项目管理信息系统的优势分析

传统的建设工程项目管理信息系统,由于工程管理涉及的单位和部门众多,信息输入只能停留在本部门或者单体工程的界面,常常出现滞后现象,难以及时进行整体工程的相互传输,阻碍了整个工程的信息汇总,必然形成信息孤岛现象。基于 BIM 构建的工程项目管理信息系统除了具有传统管理信息系统的特征优势外,还能满足以下要求。

(1) 集成管理要求。随着工程总承包模式的不断推广和运用,人们越来越强调项目的集成化管理,同时对管理信息系统的要求也越来越高。例如,将项目的目标设计、可行性研究、决策、设计和计划、供应、实施控制、运行管理等综合起来,形成一体化的管理过程;将项目管理的各种职能,如成本管理、进度管理、质量管理、合同管理、信息管理等综合起来,形成一个有机的整体。

(2) 全寿命周期管理要求。全寿命管理理念就是要求工程项目的建设和管理要在考虑工程项目全寿命过程的平台上进行，在工程项目全寿命期内综合考虑工程项目建设的各种问题，使得工程项目的总体目标达到最优。反映在管理信息系统建设上，就是管理信息系统的建设不仅仅是为了工程项目实施过程，同时应考虑管理信息系统在工程竣工后纳入企业运行阶段的应用，这样既可以满足业主实际工作的需要，又为业主、最终用户、承包商、分包商、监理机构、施工方等提供了一些后期总结数据。

10.3.2 基于 BIM 的工程项目管理信息系统的架构及功能

1. 工程项目管理信息系统架构

系统采用 B/S(Browser/Server，浏览器/服务器)结构，用户通过 Web 浏览器，访问广域网即可实现信息的共享。大多数事务通过服务器端加以实现，终端和服务器以及终端之间通过网络的连接，数据可以得到即时的传输和集成加工。这样的系统架构分为 3 层，即操作层、应用层和数据服务层。

第 1 层是操作层，也叫用户界面，供终端用户群(包括业主、设计单位、总承包方、分包方、施工方、最终用户等)通过网络提供的浏览器，用户群在网络许可范围内(专线、VPN甚至整个广域网)，通过网络协议，经过身份识别，并进行相应操作权限赋权后进入系统，进行相关操作。

第 2 层是应用层，将管理信息系统应用程序加载于应用服务器上，通过中间件接收用户访问指令，再将处理结果反馈给用户。

第 3 层是数据服务层，通过中间件的连接，负责将涉及数据处理的指令进行翻译和处理，如读取、查询、删除、新增等操作。

其中，数据流同步触发器是一个实现 BIM 的重要组件。在系统数据库进行实现的时候，该触发器是加载在数据库所有数据表空间上的一个应用程序。利用该组件，当前端应用程序发出任何操作指令(如检索、增加、删除等)时，同步触发器就可以将各数据库进行集成后，反馈给相应操作用户。在普通信息管理系统中，因为没有利用该组件对所有数据库的数据进行集成，所以系统无法提供各数据。

2. 工程项目管理信息系统模块及其功能

基于项目集成化和全生命周期管理的理念，工程项目管理信息系统共分为 9 大模块。

(1) 项目前期管理模块。主要是对前期策划所形成的文件进行保存和维护，并提供查询的功能。

(2) 项目策划管理模块。在这个模块中，最重要的是编码体系和WBS。编码体系一旦定下来，是不可以更改的。每项工作的编码都是唯一的，一个编码就代表了一项工作。在项目管理过程中，网络分析、成本管理、数据的储存、分析、统计都依靠编码来识别，编码设计对项目的整个计划及管理系统的运行效率都有很大的影响。

音频.工程项目管理信息系统模块及其功能.mp3

(3) 招标投标管理模块。对工程招投标而言，只要模拟相关招投标法规定的程序即可。另外，对招标投标的管理应该根据工期计划和采购计划，合理安排招标的工作。

(4) 进度管理模块。该模块的主要组成部分有工期目标和施工总进度计划，单位工程施工进度计划，分部(项)工程施工进度计划，季度、月(旬)作业计划等。此外，该模块还应能提供进度控制的分析方法，如网络计划法、S曲线法、香蕉曲线法等。

(5) 投资控制管理模块。项目总投资确定以后就需按各子项目、按项目实施的各个分阶段进行投资分配，编制建设概算和预算，确定计划投资，进而在工程进展的过程中，控制每个子项目、每一阶段的实际投资支出，确保项目投资目标实现。投资控制模块就是为实现这一目标而设立的。投资控制模块可用于制订投资计划，提供实际投资支出的信息，将实际投资与计划投资的动态跟踪相比较，进行项目投资趋势分析，为项目管理人员采取决策措施提供依据，同时还应具备提供S曲线法、香蕉曲线法等投资控制的分析方法。

(6) 质量管理模块。质量管理是一个质量保证体系，包括设计质量、施工质量和设备质量，是通过以验收为核心流程的规范管理，它主要通过各种质量文档的分类管理来实现。质量控制模块是用于对设计质量、施工质量和设备安装质量等的控制和管理，它的功能是提供有关工程质量的信息。另外，还提供质量控制的分析方法，如排列图法、因果分析图法等。

(7) 合同管理模块。工程合同管理是对工程项目中相关合同的策划、签订、履行、变更、索赔和争议解决的管理。合同的控制信息包括：合同当事人、标的、数量和质量、工期、价款或酬金、履行的地点、期限和方式、违约责任、风险分担、争议解决等，可通过不同归口进行相应的操作。其中，变更管理分模块是合同管理模块中的重要部分。

(8) 物资设备管理模块。针对工程项目不同阶段和状态，对具体的物资和设备进行输入输出调用的管理，并采用相关的分析方法，如ABC法等。

(9) 后期运行评价管理模块。主要是反映项目运行以后的状况，也对反映工程项目整体管理工作的数据进行汇总，为业主、最终用户、承包商、分包商、监理机构、施工方等提供一些后期总结数据。

10.3.3 基于BIM的工程项目管理信息系统的运行

基于BIM模型的工程项目管理信息系统的运作，就是用户通过局域网(乃至整个互联网范围内)，向系统服务器发送查询、信息变更等操作请求，由系统根据该用户所有权限的定义，按操作方式、用户权限等的差异，从系统数据库服务器中集成其所需，从项目前期至检索的时点的所有相关工程项目信息。以文字和二维或三维图纸的形式，由系统应用服务器进行界面组织，集成反馈给用户，供用户进行相关操作。基于BIM模型的信息管理系统在项目全寿命期内的具体运作如下。

1. 项目前期、策划阶段

此阶段主要利用项目前期管理模块和项目策划管理模块，可以在系统形成一个三维模型，前期参与各方可以对该三维模型进行各方面的模拟试验，进而做出可行性判断、设计方案的修正。由于数据的集成共用，最终可以得出理想、设计精准的项目三维模型、前期文档、平面设计图纸等一系列的成果。

2. 项目招投标阶段

此阶段主要利用招标投标管理模块，可以进行一些基于网络的开放性操作。将项目前期形成的若干成果进行适度公布，并组织公开招投标。招标单位可以在一定程度上，规避投标单位由于对项目理解误差造成的费用和时间的损失，还可以避免一些串谋、权力寻租等行为的发生；投标单位也可以从这些开放性的集成文件里做出合理、准确的标案，而且各方都可以基于一个公正合理的平台进行竞标。当最终标案经过系统公示产生后，将招投标文件输入系统，形成产生项目合同依据的有效电子文档，并以此产生项目的总承包等一系列合同文件。

3. 项目施工阶段

此阶段利用质量、进度、投资控制模块，对所有系统模块(此时系统所有模块才全部参与运作)进行有效控制。在该过程中，随着项目的进展，将产生各种合同文件、物资采购及调用记录、合同及项目设计等的变更记录以及施工进度、投资分析图等一系列系统文件。在有效的系统使用范围内，项目参与各方可以随时调用权限范围内的项目集成信息，可以有效避免因为项目文件过多而造成的信息不对称的发生。

4. 项目运营阶段

在运营管理阶段主要利用后期运行及评估模块，可以及时提供有关建筑物使用情况、入住维修记录、财务状况等集成信息。利用系统提供的这些实时数据，物业管理承包方、最终用户等还可对项目做出准确的运营决策。

【案例10-3】基于BIM的四维项目管理技术是将建筑物及其施工现场三维模型与施工进度相链接，并与施工资源、质量、安全、成本信息集成于一体，形成四维施工信息模型，实现工程项目的动态、集成和可视化管理。当前被业内认可并广为应用的是清华大学本课题组研发的基于BIM的工程项目四维动态管理系统(简称4DBIM-GCPSU)，该系统实现了基于BIM和网络的施工进度、人力、材料、设备、成本、安全、质量和场地布置的四维动态集成管理以及施工过程的四维可视化模拟，并成功应用于国家体育场、青岛海湾大桥、广州西塔等多个大型工程项目。目前，通过进一步扩展信息模型、管理功能和应用范围，系统不仅用于建筑工程，而且并已推广到桥梁、风电、地铁隧道、高速公路和设备安装等工程领域，正在上海国际金融中心、昆明新机场设备安装、邢汾高速公路等多个大型工程项目推广应用。试结合本章内容分析BIM在以后工程中的发展趋势及其所起到的作用。

BIM是建筑工程信息化历史上的一个革新。通过建立基于BIM的工程项目管理信息系统，使计算机可以表达项目的所有信息，信息化的建筑设计才能得以真正实现。系统可以实现项目基本信息管理、进度管理、质量管理、资金管理的整合，通过管理和利用项目统计数据，挖掘数据的潜力，发挥其决策支持功能；系统可以为行业规划与决策提供多维的信息支持，突破项目信息管理的传统方式。随着BIM的发展，不仅仅是现有技术的进步和更新换代，也将促使生产组织模式和管理方式的转型，并长远地影响人们对于项目的思维模式。

本章小结

　　本章主要讲述了建筑施工信息管理的概念、现状、必要性和意义，以及施工信息管理的任务和方法，这些内容的学习帮助学生了解了目前在整个建筑行业越来越重要的信息管理的相关内容，为学生以后重视信息管理、掌握信息管理、应用信息管理打下良好的基础。

实训练习

1. 单选题

(1) 项目的结构编码应依据(　　)，对项目结构的每一层的每一组成部分进行编码。

　　A. 项目结构图　　B. 系统结构图　　C. 项目组织结构图　　D. 组织矩阵图

(2) 基于网络的信息处理平台是由一系列的(　　)构成。

　　A. 硬件和软件　　B. 文档资料　　C. 专用网站　　D. 计算机网络

(3) 项目的信息管理是通过对各个系统、各项工作和各种数据的管理，使项目的(　　)能方便和有效地获取、存储、存档、处理和交流。

　　A. 情况　　　　　B. 资料　　　　C. 信息　　　　　D. 数据

(4) 我国在项目管理中最薄弱的工作环节是(　　)。

　　A. 质量管理　　B. 数据管理　　C. 工程管理　　D. 信息管理

(5) 建设工程的项目信息门户是基于互联网技术的重要管理工具。可以作为一个建设工程服务的项目信息门户主持者的是(　　)。

　　A. 建设行政主管部门　　　　　B. 设计单位

　　C. 业主委托的工程顾问公司　　D. 施工单位

2. 多选题

(1) 建设工程管理项目的信息资源不包括(　　)。

　　A. 组织类工程信息　　B. 管理类工程信息　　C. 经济类工程信息

　　D. 建筑类工程信息　　E. 行政类工程信息

(2) 为形成各类报表和报告，应当建立包括(　　)的工作流程。

　　A. 收集信息、录入信息　　　　B. 信息管理和输出

　　C. 审核信息、加工信息　　　　D. 信息整理和共享

　　E. 信息传输和发布

(3) 项目信息门户的核心功能包括(　　)。

　　A. 项目参与各方的信息交流　　B. 工程安全管理

　　C. 项目参与各方的共同工作　　D. 项目文档管理

　　E. 工程进度管理

(4) 建设工程项目的信息管理是通过对(　　)的管理，使项目的信息能方便和有效地获

取、存储、存档、处理和交流。

    A. 各个系统   B. 各种材料   C. 各种工程

    D. 各项工作   E. 各种数据

(5) 项目信息门户的主持者可以是( )。

    A. 业主   B. 总承包商   C. 设计方

    D. 代表业主利益的工程顾问公司   E. 施工方

3. 简答题

(1) 简述信息技术在建筑业的应用现状。

(2) 建筑工程管理信息化的意义是什么?

(3) 建设工程项目信息管理的工作原则是什么?

第 10 章习题答案.doc

实训工作单

班级		姓名		日期	
教学项目		建筑施工信息管理			
任务	学会建筑施工信息管理		方式	参考书籍、资料掌握建筑信息管理技巧	
相关知识			建筑施工信息管理的基本知识		
其他要求					

学习总结信息管理技巧分析记录

评语				指导教师	

参 考 文 献

[1] 曹吉鸣，林知炎. 工程施工组织与管理[M]. 上海：同济大学出版社，2004.

[2] 丁士昭. 建设工程项目管理[M]. 北京：中国建筑工业出版社，2006.

[3] 曹吉鸣，徐伟. 网络计划技术与施工组织设计[M]. 上海：同济大学出版社，2000.

[4] 陈建国，商显义. 工程计量与造价管理[M]. 上海：同济大学出版社，2007.

[5] 贾广社. 项目总控——建设工程的新型管理模式[M]. 上海：同济大学出版社，2003.

[6] 于立君，孙宝庆. 建筑工程施工组织[M]. 北京：高等教育出版社，2005.

[7] 施骞，胡文发. 工程质量管理[M]. 上海：同济大学出版社，2006.

[8] 刘伟. 工程质量管理与系统控制[M]. 武汉：武汉大学出版社，2004.

[9] 中国建设监理协会. 建设工程进度控制[M]. 北京：中国建筑工业出版社，2006.

[10] 朱宏亮. 项目进度管理[M]. 北京：清华大学出版社，2002.

[11] 尤建新，曹吉鸣. 建筑企业管理[M]. 北京：中国建筑工业出版社，2008.

[12] 全国一级建造师职业资格考试用书编写委员会. 建设工程项目管理[M]. 北京：中国建筑工业出版社，
     2004.

[13] 高茂远. 中国浦东干部学院工程建设与管理[M]. 上海：同济大学出版社，2005.